电脑技巧从入门到精通丛书

Windows 10+Office 2016
新手办公从入门到精通

刘瑞新　等编著

机械工业出版社

Windows 10 与 Office 2016 的结合为用户提供了完整的办公解决方案，本书就是这样一本全面介绍 Windows 10 与 Office 2016 的书籍。

全书采用"步骤讲述+图示注解"的方式对知识点、操作步骤进行讲解，所有实例的每一步操作，均配有对应的插图和注释，以便读者在学习过程中能够直观、清晰地看到操作过程和效果，提高学习效率。全书内容均以实例为主线，在此基础上适当扩展知识点，真正实现学以致用，以保证读者轻松掌握本书内容。

本书既适合初学 Windows 10 与 Office 2016 的用户，以及 Windows 7 与 Office 2010 等之前版本的用户阅读，又适合有一定操作经验的办公人员用来提高办公技能和查阅的资料。同时非常适合作为大中专院校相关专业学生和计算机培训班学员的教材或辅导用书。

本书配有授课电子课件，需要的教师可登录 www.cmpedu.com 免费注册、审核通过后下载，或联系编辑索取（QQ：1239258369，电话：010-88379739）。

图书在版编目（CIP）数据

Windows 10+Office 2016 新手办公从入门到精通 / 刘瑞新等编著. —北京：机械工业出版社，2017.3

（电脑技巧从入门到精通丛书）

ISBN 978-7-111-55972-6

Ⅰ.①W… Ⅱ.①刘… Ⅲ.①Windows 操作系统 ②办公自动化－应用软件
Ⅳ.①TP316.7 ②TP317.1

中国版本图书馆 CIP 数据核字（2017）第 013106 号

机械工业出版社（北京市百万庄大街 22 号　邮政编码 100037）
策划编辑：王海霞　　责任编辑：王海霞
责任校对：张艳霞　　责任印制：常天培
中教科（保定）印刷股份有限公司印刷
2017 年 3 月第 1 版·第 1 次印刷
184mm×260mm·20.5 印张·502 千字
0001—4000 册
标准书号：ISBN 978-7-111-55972-6
定价：59.00 元

微软声称：Windows 10 与 Office 2016 的结合将为用户提供最完整的办公解决方案，在安装了 Windows 10 的 PC、平板电脑和手机上，使用 Office 2016 可以帮助用户在任何时间、任何地点完成文档的创建、编辑工作，所有设备上的文档都完全一致。本书就是这样一本全面介绍 Windows 10 与 Office 2016 的图书，包括 Windows 10 的安装、升级，Windows 10 的使用，以及 Office 2016 主要组件 Word 2016、Excel 2016、PowerPoint 2016、OneNote 2016、Outlook 2016 的使用。本书将 Office 2016 的新特性、新功能与基本功能融为一体进行介绍，绝不像有些书仅仅是把 Office 2010 书稿中的图换为 Office 2016 版本那样。

微软权威专家说："Windows 10 是一个不同以往的操作系统，这不是一个渐进式的改变，而是一个为将来的十亿用户带来更高效率的新一代 Windows 操作系统。"Windows 10 有许多不同于先前版本的操作方法，即便用户能熟练操作 Windows 7 等先前版本，但是，不经过专门学习却很难熟练操作 Windows 10。所以，本书将引导您轻松掌握 Windows 10 的使用，步入高手行列。本书主要内容有 Windows 10 的"开始"菜单和"开始"屏幕、Cortana（小娜）的使用、控制中心、"文件资源管理器"的使用、网络配置、Microsoft Edge、Microsoft 账户、OneDrive 的使用、系统设置与管理，以及 Office 2016 的五大组件 Word 2016、Excel 2016、PowerPoint 2016、OneNote 2016 和 Outlook 2016 的使用等。内容覆盖范围从 Windows 10 到 Office 2016 的所有常用功能、应用，实现一本通。书中穿插了大量典型案例，以帮助读者快速提高办公效率。全书采用"步骤讲述+图示注解"的方式对知识点、操作步骤进行讲解，所有实例的每一步操作均配有对应的插图和注释，以便读者在学习过程中能够直观、清晰地看到操作过程和效果，提高学习效率。全书内容均以实例为主线，在此基础上适当扩展知识点，真正实现学以致用，以保证读者轻松学会本书内容。

本书主要作者刘瑞新教授具有丰富的实践经验和一线教学经验，拥有 20 多年的图书编写和出版经历，从 Windows 95、Office 95 开始教学和编写相关教材，出版过的 Windows 和 Office 教材从 Windows 98 到 Windows 7，从 Office 95、Office 97、Office 2000、Office XP、Office 2003、Office 2007、Office 2010，到 Office 2013 等版本，多部教材获全国优秀畅销书奖，被纳入国家"十五""十一五""十二五"规划教材，成为业界知名图书作者，受到广大读者的认可和推荐。

本书适合初学 Windows 10 与 Office 2016 的用户阅读，以及 Windows 7 与 Office 2010 及之前版本的用户，又适合有一定操作经验的办公人员学习以提高办公技能，或作为查阅的资料，同时非常适合作为大中专院校相关专业和计算机培训班师生的教材或辅导用书。由于写作时间仓促，版本较新，再加上微软一直在升级 Windows 10 与 Office 2016，操作界面和方法也会出现不同，书中难免出现疏漏和不足之处，还望广大读者批评指正。

本书由刘瑞新等编著，其中刘瑞新编写第 1、2、4、5 章，张治斌编写第 3、7 章，刘桂玲编写第 6、8 章，王丽影编写第 9、10、11 章，范晓燕编写第 12、13 章，刘克纯、韩建敏、庄恒、田金雨、骆秋容、王如雪、曹媚珠、陈文焕、刘有荣、李刚、孙明建、李索、刘大学、徐维维、沙世雁、缪丽丽、田金凤、陈文娟、李继臣、王如新、赵艳波、王茹霞、田同福、徐云林、崔瑛瑛、翟丽娟、庄建新编写第 14 章及课件制作等。全书由刘瑞新教授统编定稿。

　　书中部分内容参考了网上部分资料，由于参考内容来源广泛，篇幅有限，恕不一一列出，在此一并表示感谢。

　　为了配合教学，机械工业出版社为读者提供了电子教案，读者可在 www.cmpedu.com 上下载。

编　者

目 录

第 1 章　Windows 10 快速入门

　　Windows 10 是微软公司于 2015 年 7 月 29 日发布的新一代跨平台的操作系统，它在易用性、安全性等方面都比先前版本优秀，是目前消费级别的操作系统中的佼佼者。本章主要介绍快速掌握 Windows 10 桌面的操作、任务栏的操作，以及 Cortana（小娜）的使用技巧等内容。

1.1 计算机的启动与登录

启动计算机就是在计算机没有打开电源的情况下，将计算机电源打开，并引导操作系统，直到可以在操作系统下操作计算机。正确启动计算机的步骤如下。

1）按一下显示器的电源开关，显示器上的指示灯亮。

2）按一下机箱上的电源开关，机箱上的指示灯亮，并能听到机箱上风扇的响声。

3）2011 年以后生产的计算机还支持 UEFI 启动方式，这样 Windows 10 可以实现快速开机。不同型号的计算机，开机时显示的内容也不同，其中对用户最有用的提示是进入 BIOS Setup 的提示，但显示时间很短，一闪就过去了。如果不需要设置 BIOS，不要按键盘按键。

4）引导 Windows 10 操作系统，显示欢迎界面，如图 1-1 所示，按键盘上的任意键或者单击鼠标。

显示登录界面，如图 1-2 所示，输入该账户的登录密码，按〈Enter〉键或单击密码框右端的箭头按钮➡。Windows 10 可使用两种登录账户，分别是本地账户和 Microsoft 账户。

图 1-1　Windows 10 欢迎界面

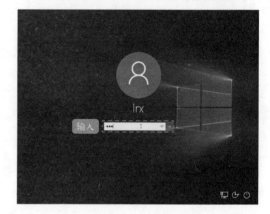

图 1-2　登录界面

密码验证通过后，进入 Windows 10 系统桌面，如图 1-3 所示，表示计算机启动完成。

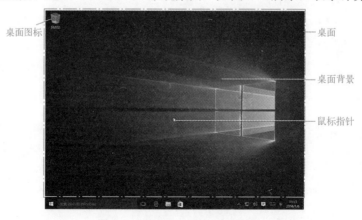

图 1-3　Windows 10 的系统桌面

名师点拨

如果设置有多个用户账户，首先要选择登录账户，然后输入密码。

1.2 初识 Windows 10 的桌面

桌面是打开计算机并登录到 Windows 之后看到的主屏幕区域，如图 1-3 所示。桌面就像平时使用的桌子台面一样，桌面上可以放置桌面背景和桌面图标。在 Windows 中，桌面是各种操作的起点，所有的操作都是从桌面开始的，所以认识桌面是操作 Windows 10 的第一步。

桌面通常是指任务栏以上的部分，包括桌面背景和桌面图标。打开的程序或文件夹窗口会出现在桌面上。此外，还可以将一些项目（如程序、文件等）放在桌面上，并且随意排列它们。

1.2.1 桌面背景

桌面背景也称壁纸、桌布，可以是一幅画，也可以是纯色背景。Windows 10 默认的桌面背景如图 1-3 所示，用户可以把自己喜欢的图片设置为桌面。设置桌面背景的方法将在后文详细介绍。

1.2.2 桌面图标

桌面图标是代表文件、文件夹、程序和其他项目的小图片，由图标和对应的名称组成。默认情况下，Windows 10 在桌面上只有"回收站"图标。桌面图标分为系统图标和快捷方式图标。

1. 系统图标

系统图标是指 Windows 系统自带的图标，包括"回收站""此电脑""网络""控制面板"和用户的文件 5 个。鼠标指针放在系统图标上，会显示该图标的功能说明，如图 1-4 所示。

2. 快捷方式图标

快捷方式图标是指用户自己创建的或应用程序自动创建的图标。快捷方式图标的左下角有一个箭头。鼠标指针放在快捷方式图标上，会显示该快捷方式图标对应文件的位置，如图 1-5 所示。

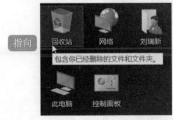

图 1-4 系统图标

图 1-5 快捷方式图标

双击桌面图标可以打开应用程序或功能窗口。桌面图标的添加、删除等操作，将在后文详细介绍。

1.2.3 任务栏与"开始"按钮

任务栏是位于屏幕底部的水平长条,"开始"按钮 位于任务栏的最左端,用鼠标单击"开始"按钮 ,或者按键盘上的〈Windows〉键 ,将弹出"开始"菜单和"开始"屏幕,如图 1-6 所示。左侧的"开始"菜单中依次是用户账户头像、常用的应用程序列表以及快捷选项;右侧是"开始"屏幕,由多个磁贴组成。

图 1-6 "开始"菜单和"开始"

📁 名师点拨

若要关闭"开始"菜单,用鼠标再次单击"开始"按钮 ,或者单击"开始"菜单之外的区域,或者再次按〈Windows〉键 ,或者按〈Esc〉键。后面将详细介绍"开始"菜单的使用。

 1.3 关机、重启与睡眠

在"开始"菜单的子"电源"子菜单,有三个命令,分别是"睡眠""关机"与"重启",如图 1-7 所示。

图 1-7 "开始"菜单中的"电源"子菜单

1.3.1　关机

在使用计算机后，若长时间不使用计算机，则应该将计算机关掉。这样做不仅节省电能，而且能延长计算机硬件的寿命。

1. 正常关闭计算机

关闭计算机前，最好先关闭 Windows 桌面上打开的窗口，再执行关机操作。Windows 10 的关机操作步骤如下。

1）采用下面任何一种方法关机，效果相同。

- 使用"开始"菜单关机。单击"开始"按钮，选择"电源"命令，显示如图 1-7 所示的电源选项，包括关机、重启与睡眠，然后选择"关机"命令。
- 使用计算机电源开关关机。在 Windows 10 的电源管理中，保持默认设置不变，按下计算机电源按钮（Power 按钮）即可自动关闭计算机。
- 使用〈Windows+X〉组合键关机。在打开的快捷菜单中选择"关机或注销"命令，然后可在显示的子菜单中选择"关机"命令。
- 使用〈Ctrl+Alt+Delete〉组合键关机。按〈Ctrl+Alt+Delete〉组合键显示功能界面，单击右下角的电源按钮，在弹出的菜单中选择"关机"命令；如果要取消可按〈Esc〉键。

2）屏幕显示"正在关机"提示，稍后自动关闭主机电源。

3）按一下显示器上的电源开关按钮，关闭显示器。

4）关闭电源插座或插线板上的电源开关；或者把主机电源插头、显示器电源插头，从插座或插线板上拔出。

2. 强制关闭计算机

在使用计算机时，有时会遇到开启某程序后，鼠标指针无法移动，不能进行任何操作，这就是所谓的"死机"。此时，无法通过上述关机方法正常关机，只能强制关机，即按下机箱电源开关（主机前面的 Power 按钮）不放，几秒钟后，待主机电源关闭再松开主机电源开关。如果这种方法也无法关机，则直接关闭电源插座或插线板上的电源开关，或拔掉插板电源插头，对于笔记本计算机则可以拔出电池。

 1.3.2　重启

重启（即重新启动）是指在计算机使用的过程中遇到某些故障、改动设置、安装更新等情况时，需要重新引导操作系统的方法。重新启动是在开机状态下进行的。重新启动的方法是在 Windows 的"开始"菜单的"电源"子菜单中，选择"重启"命令，则计算机会重新引导 Windows 10 操作系统。

 1.3.3　睡眠

在计算机进入睡眠状态时，显示器将关闭，通常计算机的风扇也会停转，计算机机箱外侧的一个指示灯将闪烁或变黄，因为 Windows 将记住并保存正在进行的工作状态。因此，在睡眠前不需要关闭程序和文件。计算机处于睡眠状态时，将切断除内存外其他配件的电源，工作状态的数据都将保存在内存中，所以耗电量极少。

若要唤醒计算机，可以通过按计算机电源按钮恢复工作状态。但是，并不是所有的计算机都一样。有些计算机可能能够通过按键盘上的任意键、单击鼠标按钮或打开便携式计算机的盖子来唤醒计算机。

 名师点拨

如果打开的窗口比较多，设置的操作环境比较复杂，在离开一段时间时，建议采用"睡眠"代替"关机"，这样可以使计算机快速恢复到睡眠前的状态，避免了一系列的打开程序、设置工作环境的操作。

1.4 Windows 10 桌面的操作

桌面是打开计算机并登录到 Windows 之后看到的主屏幕区域。桌面图标是桌面上重要的组成部分，桌面图标分为系统图标和快捷方式图标。双击桌面图标可以开启应用程序或功能窗口。打开程序或文件夹时，它们便会出现在桌面上。此外，为了方便操作，还可以将一些项目（如文件和文件夹）放在桌面上，并且可以随意排列它们。

1.4.1 在桌面上显示更多系统图标

系统图标是指 Windows 系统自带的图标，包括"回收站""此计算机""网络""控制面板"和用户的文件 5 个。默认情况下，Windows 10 在桌面上只有"回收站"图标。可以根据需要添加其他系统图标到桌面上，操作方法如下。

1）在桌面上的空白处右击，在弹出的快捷菜单中选择"个性化"菜单命令，如图 1-8 所示。

2）显示"设置-个性化"窗口，在左侧窗格中单击"主题"，然后在右侧窗格单击"桌面图标设置"，如图 1-9 所示。

图 1-8　桌面的快捷菜单

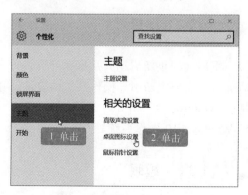

图 1-9　"设置-个性化"窗口

3）显示"桌面图标设置"对话框，默

认选中"回收站"复选框，根据需要选择或取消其他复选框，这里选中全部复选框，如图 1-10 所示，然后单击"确定"按钮。

图 1-10　"桌面图标设置"对话框

4）桌面上显示添加的系统图标，如图 1-11 所示。

图 1-11　桌面上显示的系统图标

 1.4.2　桌面上快捷方式的操作

快捷方式是一个表示与某个项目链接的图标，而不是项目本身。双击快捷方式便可以打开该项目。

1. 在桌面上创建快捷方式

在桌面上新建快捷方式的步骤如下。

1）右击桌面，打开快捷菜单，然后选择"新建"菜单命令，显示"新建"子菜单，如图 1-12 所示。"新建"子菜单中列出了可以创建的项目，包括"文件夹""快捷方式""BMP 图像""文本文档"等。因此，既可以在桌面上创建文件和文件夹，也可以在桌面上创建文件和文件夹的快捷方式。下面在桌面上创建一个"C:\电影"文件夹的快捷方式，选择"快捷方式"菜单命令。

2）显示"创建快捷方式"向导对话框，如图 1-13 所示。单击"浏览"按钮，显示"浏览文件或文件夹"对话框，选择"C:\电影"文件夹，单击"确定"按钮。

图 1-12　桌面的快捷菜单

3）"请键入对象的位置"文本框中已经显示选定的文件或文件夹，如图 1-14 所示，直接单击"下一步"按钮。如果要重新选择，可单击"浏览"按钮。

图 1-13　"创建快捷方式"向导对话框

图 1-14　选定的对象位置

4）在"键入该快捷方式的名称"文本

框中输入合适的名称，如图 1-15 所示，一般不用修改，单击"完成"按钮。

图 1-15　为快捷方式命名

5）创建后的快捷方式如图 1-16 所示。快捷方式图标的左下角有一个箭头 ，文件或文件夹图标上没有箭头。

图 1-16　桌面上的快捷方式图标

2. 排列桌面图标

不仅可以通过将图标拖动到桌面上的新位置来移动图标，而且可以按名称、大小、项目类型或修改时间来自动排列桌面图标。自动排列桌面图标的方法如下。

1）在桌面上的空白处右击，在弹出的快捷菜单中选择"排序方式"菜单命令，显示"排序方式"子菜单，如图 1-17 所示，这里在子菜单中选择"项目类型"菜单命令。

图 1-17　桌面的快捷菜单

2）桌面上的图标都按"项目类型"的顺序排列，如图 1-18 所示。

图 1-18　排序后的桌面图标

3. 删除桌面图标

删除桌面快捷方式，则只会删除这个快捷方式，而不会删除原始项目。如果删除在桌面上创建的文件或文件夹，则是真的删除了该文件或文件夹。下面分别讲述删除桌面图标的 3 种方法。

（1）通过右键快捷菜单删除桌面图标

1）右击桌面上要删除的快捷图标，这里选择"电影"图标，从快捷菜单中选择"删除"菜单命令，如图 1-19 所示。此外，也可以不打开快捷菜单，直接按〈Delete〉键删除该图标。

图 1-19　桌面图标的快捷菜单

2）弹出"删除快捷方式"对话框，如图 1-20 所示，单击"是"按钮。

3）返回桌面后，双击"回收站"图标 。打开"回收站"窗口，如图 1-21 所示，可以看到已经删除的"电影"快捷方式图标。

在"回收站"窗口中，右击要还原的图标，这里选择"电影"，从弹出的快捷菜单

中选择"还原"菜单命令，如图 1-22 所示。

图 1-20　"删除快捷方式"对话框

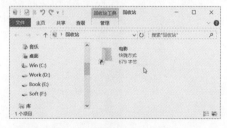

图 1-21　"回收站"窗口

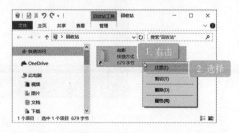

图 1-22　"回收站"窗口中图标的快捷菜单

关闭"回收站"窗口。在桌面上可看到还原的图标。

（2）把要删除的桌面图标拖到"回收站"图标上

最直观的删除桌面图标的方法是拖动要删除的图标，到"回收站"图标上，当显示"移动到回收站"提示时，如图1-23所示，松开鼠标按钮。

（3）彻底删除桌面图标

用前面的方法删除的桌面图标都先暂存在回收站中，如果要彻底删除，需要再删除回收站中的文件。此外，也可以直接彻底删除，即通过右键快捷菜单删除快捷方式或按〈Delete〉键时，同时按下〈Shift〉键，将显示"删除快捷方式"对话框，如图1-24所示，单击"是"按钮。或者按下〈Shift〉键不放开，拖动要删除的桌面图标到"回收站"图标中，将直接删除该图标，并且不显示删除对话框。

图1-23　拖动图标到回收站

图1-24　"删除快捷方式"对话框

1.4.3　窗口在桌面上的贴靠

在Windows 10的桌面上，除可以把任务窗口拖动到任意位置外，还可以使用贴靠功能来快速布置窗口。Windows 10桌面的贴靠点，如图1-25所示。

图1-25　桌面上的贴靠点

1. 用鼠标贴靠窗口

（1）左侧贴靠点

1）拖动窗口标题栏到左侧贴靠点，贴靠点会出现波纹，如图1-26所示。

2）松开鼠标，则窗口将在桌面左半区域固定，同时其他窗口被挤到右侧，如图 1-27 所示。单击桌面右半区域，其他窗口恢复大小。

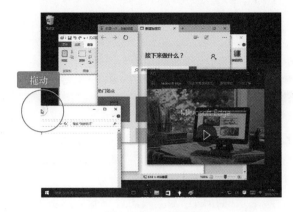

图 1-26　左侧贴靠点

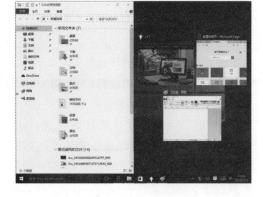

图 1-27　左侧贴靠

（2）右侧贴靠点

拖动窗口标题栏到右侧贴靠点，则窗口将在桌面右半区域固定。

（3）左上、左下、右上、右下贴靠点

拖动窗口标题栏到左上、左下、右上、右下贴靠点，窗口将按四分之一大小贴靠到相应位置。

（4）上贴靠点

拖动窗口标题栏到上贴靠点，窗口将最大化。

把贴靠后的窗口拖离贴靠点后，窗口将恢复原来大小。

2. 使用快捷键贴靠窗口

> **名师点拨**
>
> 使用快捷键能够更方便地贴靠窗口，按键盘上〈Windows+←〉和〈Windows+→〉组合键，窗口将左、右侧贴靠；按〈Windows+↑〉和〈Windows+↓〉组合键，窗口将变为四分之一大小并放置在屏幕 4 个角落。

1.5　任务栏

任务栏是位于屏幕底部的水平长条。与桌面不同的是，桌面可以被打开的窗口覆盖，而任务栏几乎始终可见。任务栏默认有 7 个部分，如图 1-28 所示。

图 1-28　任务栏

1.5.1 "开始"按钮、"开始"菜单和"开始"屏幕

1. "开始"按钮

用鼠标单击任务栏上的"开始"按钮▦，或者按键盘上的〈Windows〉键▦，将弹出"开始"菜单。若要关闭"开始"菜单，用鼠标再次单击"开始"按钮▦，或者单击"开始"菜单之外的区域，或者再次按〈Windows〉键▦，或者按〈Esc〉键。

2. 打开"开始"菜单

"开始"菜单是计算机程序、文件夹和设置的主要入口，以"开始"一词命名，就在于它通常是用户要启动或打开某项内容的位置。"开始"菜单中包含了 Windows 的大部分功能。使用"开始"菜单可执行以下操作，包括启动程序，打开文件夹，搜索文件、文件夹和程序，调整计算机设置，获取 Windows 操作系统的帮助信息，关闭计算机，切换用户、注销或锁定等。

Windows 10 的"开始"菜单由"开始"菜单和"开始"屏幕组成。"开始"菜单由应用程序列表组成，比较适合 PC 机桌面环境鼠标操作；"开始"屏幕由磁贴组成，比较适合触屏操作。微软有意统一桌面端和移动端的操作系统，以减少用户的学习成本。

在桌面环境中，用鼠标单击屏幕左下角的"开始"按钮▦，或者按键盘上的〈Windows〉键▦，则打开"开始"菜单，如图 1-29 所示。左侧的"开始"菜单区中从上到下依次是用户账户、常用应用程序列表以及系统功能区；右侧是 Metro 风格"开始"屏幕区，由多个磁贴组成。其中，用户账户显示登录的当前用户账户名称，可以是本地账户，也可以是 Microsoft 账户。单击用户账户区可以锁定、注销、更改账户设置。常用应用程序列表中列出了最近常用的一部分程序列表和刚安装的程序，单击可快速启动相应的程序，如图 1-30 所示。

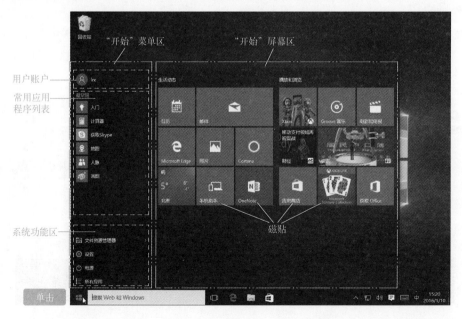

图 1-29 "开始"菜单

有些程序名后带有"显示跳转列表"按钮 ，单击该按钮打开跳转列表，如图 1-31 所示，单击某个文档名可在打开该程序的同时打开文档。单击文档名右端的按钉图标 ，可把该文档固定到跳转列表的固定区中。

图 1-30　单击程序名

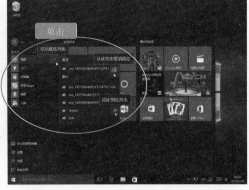
图 1-31　单击"显示跳转列表"按钮

系统功能区包括"文件资源管理器""设置""电源""所有应用"4 个选项。单击"所有应用"可显示所有安装在 Windows 10 中的应用程序列表。应用程序以名称中的首字母或数字升序排列，单击排序字母可以显示排序索引，通过索引可以快速查找应用程序。

3. "开始"屏幕的操作

"开始"屏幕中的图形方块被称为磁贴或动态磁贴，其功能类似于快捷方式，不同的是，磁贴中的信息是活动的，显示最新的信息。例如，Windows 10 自带的"新闻资讯"应用程序，会自动在磁贴上滚动显示关注的新闻资讯，而不用打开应用程序。"开始"屏幕中的磁贴方便了触屏操作。

（1）改变"开始"屏幕区的列宽

如果是全新安装的 Windows 10，则"开始"屏幕区中的磁贴默认显示两列；如果采用升级安装的 Windows 10，则"开始"屏幕区中的磁贴默认显示一列。若想改变"开始"屏幕区的列宽，可以拖动"开始"菜单中的"开始"屏幕区右边沿，来改变"开始"屏幕区的列宽，如图 1-32 所示。

（2）添加磁贴

若要向"开始"屏幕中添加磁贴，在"开始"菜单中的菜单命令上或者其"所有应用"子菜单命令上右击并在打开的快捷菜单中选择"固定到'开始'屏幕"菜单命令，如图 1-33 所示。

（3）命名磁贴组名

系统默认有两组磁贴，即生活动态、播放和浏览，用户添加的磁贴将放入新组中，如图 1-34 所示。若要给新磁贴重命名，可单击磁贴组标题栏，然后在文本框中更改组名即可。

（4）磁贴的操作

● 在"开始"屏幕中，单击一个磁贴，将启动程序，打开该程序窗口。

图 1-32　改变"开始"屏幕区的列宽

图 1-33　添加磁贴

● 右击磁贴，在打开的快捷菜单中将显示可对该磁贴作进行的操作，如图 1-35 所示。
菜单命令包括"从'开始'屏幕取消固定""调整大小"（默认有 4 种大小显示方式，
即小、中、宽、大）、"关闭动态磁贴""卸载"和"固定至任务栏"。

图 1-34　命名磁贴组名

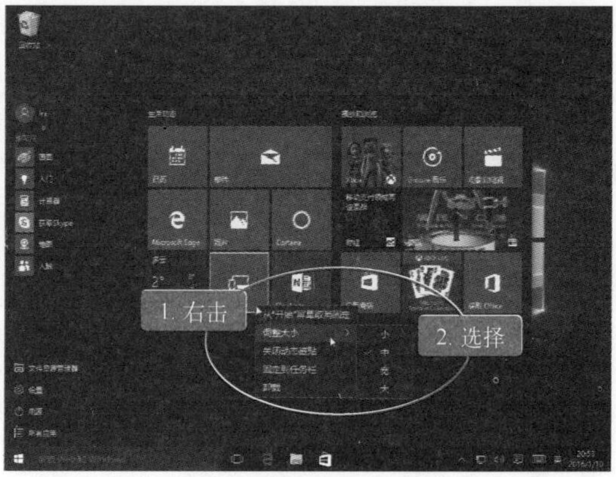

图 1-35　磁贴的操作

● 拖动"开始"屏幕中的磁贴可将其移动至"开始"屏幕中的任意位置或分组。

4.　"所有应用"的操作

1）在"开始"菜单中选择"所有应用"命令，打开的所有应用菜单是按数字（0～9）、
字母（A～Z）、拼音（拼音 A～拼音 Z）的顺序升序排列的，如图 1-36 所示。

2）如果要快速跳转到某应用程序，单击对应的字母即可，如图 1-36 所示。

3）应用菜单将切换为一个数字、首字母、拼音的索引列表，如图 1-37 所示，只需单击
应用程序的首数字、首字母、首拼音，就可跳转到该索引组。

4）"所有应用"中的列表有两种形式。

● 程序名：单击程序名则运行该程序，打开该程序窗口，"开始"菜单自动关闭。

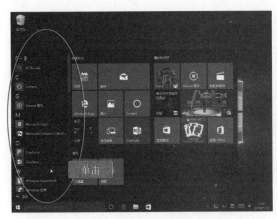

图 1-36　所有应用　　　　　　　　　　图 1-37　索引列表

- 文件夹：文件夹名前面的图标显示为□，名称后边有图标▽，单击▽则展开菜单，同时图标变为△，如图 1-38 所示，单击其中的程序名则运行该程序，"开始"菜单自动关闭。

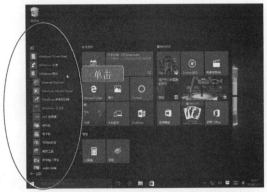

图 1-38　"开始"中"所有应用"子菜单

1.5.2　搜索栏

　　搜索栏是 Windows 10 任务栏上新增的功能，可以用来搜索本地计算机中的文件或互联网中的信息。单击搜索框或按〈Windows +S〉组合键，将打开搜索主页⌂，显示热门搜索，如图 1-39 所示。

- 单击热门搜索中的链接，将打开浏览器，显示微软必应搜索引擎找到的内容。
- 在搜索框中输入搜索内容，搜索位置有"我的资料"和"网页"两种。默认选择"我的资料"，Windows 10 将按照文件、文件夹、应用、设置、图片、视频、音乐分类显示搜索对象。如果选择"网页"，则 Windows 10 使用默认浏览器设置进行搜索。例如，在搜索框中输入"计算机"，搜索位置为默认设置，在搜索栏上方将显示本地计算机中的相关信息，"最佳匹配"中会显示最接近的名称，包括应用程序、文档文件等，如图 1-40 所示。
- 还可以通过搜索栏打开应用程序，例如，输入"画图"打开画图程序，输入"控制面板""Word"等来打开对应的应用程序。
- 单击"设置"按钮⚙，可以开启 Cortana（小娜）功能，后面将详细介绍。

图 1-39　显示热门搜索

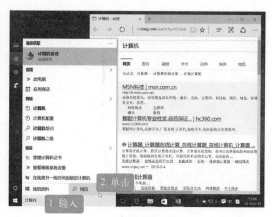

图 1-40　用搜索栏查找本地计算机或互联网

1.5.3　任务视图

Windows 10 任务栏上新增了一个"任务视图"按钮。它是多任务和多桌面的入口，单击该按钮，可以预览当前计算机所有正在运行的任务程序。这样不仅可以快速地在打开的多个软件、应用、文件之间切换，而且可以在任务视图中新建桌面，将不同的任务程序"分配"到不同的"虚拟"桌面中，从而实现多个桌面下的多任务并行处理操作。

单击任务栏上的"任务视图"按钮，在打开的"任务视图"界面中，将列出当前计算机中运行的所有任务，如图 1-41 所示。

- 移动鼠标指针到该缩略图窗口，单击关闭✕图标，可将其中的一个或多个任务关闭。
- 单击对应的缩略图任务窗口，将使该任务变成当前活动状态。
- 单击界面右下角的"新建桌面"按钮，将创建一个新的桌面。利用此方法可以同时创建多个桌面，所有桌面将使用同一个桌面设置风格。
- 当存在多个桌面时，可以将其中一个桌面中的任务程序转移到其他桌面中，方法是用鼠标拖动桌面上显示的任务缩略图到桌面缩略图中如图 1-42 所示，或者右击要转移的任务程序名，从弹出的快捷菜单中选择"移动到"菜单命令，再单击"桌面 x"。

图 1-41　单击"任务视图"按钮

图 1-42　把任务拖动到桌面中

● 当有多个桌面时，也可以删除多余的桌面，方法是单击桌面缩略图的⊠图标。

 名师点拨

按〈Alt+Tab〉组合键，可切换窗口；按〈Windows+Tab〉组合键，可显示任务视图；按〈Windows+Ctrl+D〉组合键，可新建虚拟桌面；按〈Windows+Ctrl+F4〉组合键，可关闭当前虚拟桌面；按〈Windows+Ctrl+←〉或〈Windows+Ctrl+→〉组合键，可切换虚拟桌面。

1.5.4 快速启动区

快速启动区中的快速启动按钮是启动应用程序最快捷方便的方法，只需单击快速启动区中的按钮，就能启动该应用程序。快速启动区是把常用的应用程序或位置窗口的快捷方式固定在任务栏中的区域，默认有 3 个快速启动图标，分别是 Edge 浏览器、文件资源管理器和应用商店。任务栏也可以像桌面一样，可以放置多个快捷方式图标。

1. 把程序锁定到任务栏

可以把经常使用的程序固定到任务栏以方便用户使用。如果要把"开始"菜单、桌面上或者活动任务中的程序固定到任务栏，只需用鼠标右击该程序，在弹出的快捷菜单中选择"固定到任务栏"菜单命令，如图 1-43 所示。

2. 从任务栏取消固定

如果要把固定到任务栏中的程序从任务栏上去掉，则用鼠标右击该图标，从快捷菜单中选择"从任务栏取消固定"菜单命令，如图 1-44 所示。

图 1-43 把程序固定到任务栏

图 1-44 从任务栏取消固定程序

1.5.5 活动任务区

每当打开或运行一个窗口时，在任务栏活动任务区中就会显示一个对应的任务栏按钮，如图 1-45 所示。快速启动区与活动任务栏按钮之间，没有区域划分。

活动任务栏按钮　执行多个任务的任务栏按钮　未启动的快捷方式图标　活动任务栏按钮

图 1-45 执行应用程序后的任务栏

（1）切换任务窗口

打开的程序、文件夹或文件，都会在任务栏上显示对应的任务栏按钮，如图 1-45 所示。如何分辨快速启动区中的快捷方式图标和活动任务区中的任务栏按钮呢？启动后的任务栏按钮下方有一条明亮的下画线；而未启动的快捷方式图标则没有。当前活动的任务栏按钮是点亮的。如果某应用程序打开了多个窗口，则该任务栏按钮下方的下画线是两段，当前活动的按钮右侧会出现层叠的边框，如图 1-45 所示。

如果一个打开的窗口位于多个打开窗口的最前面，则可以对其进行操作，这样的窗口就被称为活动窗口。活动窗口的任务栏按钮突出（点亮）显示，如图 1-45 所示中的"浏览器"按钮。

若要切换到另一个窗口，有两种操作方法。

● 在任务栏上，单击需要切换到的任务栏按钮。例如，在图 1-45 中，单击"画图"的任务栏按钮会使其窗口位于前面。

● 按住〈Alt〉键不松开，按〈Tab〉键，打开任务窗口，如图 1-46 所示，继续按〈Tab〉键进行选择，或者单击鼠标选择。

图 1-46　任务窗口

（2）预览打开的窗口

若要轻松地预览窗口，可把鼠标指针移动至该任务栏按钮上，与该按钮关联的所有打开窗口的缩略图都将出现在任务栏的上方。例如，已经打开了多个浏览器窗口，但是在任务栏中只会显示一个活动任务栏按钮，当用鼠标指向该任务栏按钮时，显示多个打开的浏览器窗口，如图 1-47 所示。如果希望打开正在预览的窗口，只需单击该窗口的缩略图即可。

图 1-47　预览窗口

（3）任务栏按钮的快捷菜单

在任务栏上右击任务栏按钮，弹出一个快捷菜单，如图 1-48 所示。快捷菜单上部显示最近打开的文档名称，单击名称可打开该文档；快捷菜单下部显示程序名（例如"画图"）、将此程序固定到任务栏并关闭窗口，单击程序名可新建一个文档。

图 1-48　任务栏按钮的快捷菜单

 1.5.6　通知区

通知区（也称系统托盘）是任务栏的一部分，它位于任务栏的最右侧，用于显示在后台运行的应用程序或其他通知，包括一个时钟和一组图标，如图 1-49 所示。这些图标表示计算机上某程序的状态，或提供访问特定设置的途径。固定显示的内容是日期和时间、输入法、新通知、喇叭音量等。有些应用程序运行时会在通知区显示该应用程序的小图标，这样方便用户对应用程序进行控制。通知区中有几项通用功能，下面将详细介绍。

图 1-49　任务栏上的通知区

 名师点拨

后台程序是指运行后不自动显示其窗口，只是在 Windows 操作系统中运行的应用程序。

把指针指向某图标时，将显示该图标的名称或某个设置的状态。单击通知区域中的图标，通常会打开与其相关的程序或设置。

1. 喇叭/耳机音量

指向音量图标，将显示计算机的当前音量级别，如图 1-50 所示。

单击音量图标，会打开音量控件，如图 1-51 所示，拖动滑动块可调节音量大小。单击其他位置，则关闭音量控件。

图 1-50　指向音量图标的显示

图 1-51　调节音量

2. 日期和时间

日期和时间始终显示在通知区，把鼠标指针放在通知区上的"日期和时间"图标上，则显示气泡提示。单击"日期和时间"图标，显示本月的详细日历，如图 1-52 所示，单击⌃、⌄按钮，可向前、向后翻动一个月的日历。

单击"日期和时间设置"选项，显示"设置"对话框"时间和语言"界面的"日期和时间"选项卡，如图 1-53 所示，可以很简单地设置日期和时间选项。单击"其他日期、时间和区域设置"，将打开"控制面板"中的"时钟、语言和区域"窗口，从而方便老版本 Windows 用户的使用。

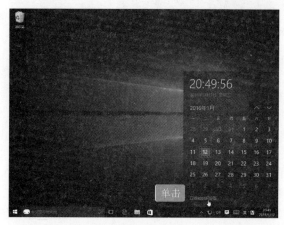

图 1-52　显示月历　　　　　　　　　图 1-53　"日期和时间"选项卡

3. 键盘和语言

通知区有几个用于输入文字的图标，分别是触摸键盘图标▣、切换语言图标（中或英）和切换输入法图标（M、☑、ENG或其他输入法图标），如图 1-54 所示。

图 1-54　通知区中输入文字的图标

（1）触摸键盘图标

单击触摸键盘图标▣，将显示触摸键盘，如图 1-55 所示，可用触屏或鼠标按键实现输入。

对于触屏平台环境，触摸键盘是不可少的，但对于 PC 桌面平台，可以将其隐蔽。具体方法是：右击触摸键盘图标▣，弹出快捷菜单，如图 1-56 所示，选择"显示触摸键盘按钮"菜单命令，取消其前的对号☑。

（2）切换语言图标

单击通知区中的切换语言图标中，切换到英文输入状态，显示图标英；或者用〈Ctrl+空格〉组合键来切换中、英语言。

（3）切换输入法图标

安装了中文输入法后，在图标中或英后面有一个切换输入法图标（M、☑、ENG或其他输入法图标）。该图标会根据安装的中文输入法的不同而不同,单击它可以切换不同的输入法,或者按〈Windows +空格〉组合键,打开输入法选项,切换输入法。

图 1-55　显示触摸键盘

图 1-56　触摸键盘的快捷菜单

4. 显示隐藏的图标

如果打开的应用程序比较多,通知区中能够显示的图标数量有限,系统会自动隐藏一些图标,单击"显示隐藏的图标"按钮，可以显示隐藏的应用程序图标,如图 1-57 所示,然后单击需要的图标。

5. 操作中心图标

通知区中有一个操作中心图标，单击它将打开操作中心,如图 1-58 所示。Windows 10 的操作中心可以集中显示操作系统通知、邮件通知等信息,以及快捷设置选项。如果有新通知,通知区中的操作中心图标显示为白底；当单击

图 1-57　显示隐藏的图标

打开后或没有新通知时,操作中心图标显示为黑底。单击或图标可打开操作中心。或者通过按〈Windows +A〉组合键来快速打开操作中心。

（1）操作中心的组成

操作中心由两部分组成,如图 1-59 所示。上方为通知列表,按类型分类显示。单击列表中的通知信息可查看信息详情或打开相关应用程序窗口。鼠标拖动或触屏自左向右滑动通知信息,可将所选信息从操作中心删除,单击顶部的"全部清除"将清空通知信息列表。

操作中心下方为设置选项,包括平板模式、连接、便笺（OneNote）、所有设置、VPN、位置、显示器亮度、飞行模式、节电模式（笔记本电脑或平板电脑）等,单击这些选项可快速启用或停用无线网络、飞行模式、定位等功能,或打开应用程序,例如便笺。单击设置选项区右上角的"折叠",则只显示其中 4 个选项；单击"展开",可显示全部快捷操作选项。

（2）桌面模式和平板模式

在操作中心中,单击"平板模式"选项将切换到平板显示方式,如图 1-60 所示。再次单击启用的"平板模式",则返回到 PC 模式。

通知列表

设置选项

图 1-58　打开操作中心

图 1-59　操作中心

　　由于 Windows 10 是跨平台的操作系统，为了同时适合传统的桌面设备和新型的平板触屏设备，微软设计了两种操作环境，即桌面模式和平板模式。桌面模式也就是 Windows 7 及之前的系统中使用的桌面环境，用户通过"开始"菜单、桌面上的应用程序图标来打开应用程序。打开的应用程序呈现在桌面上，可以通过任务栏切换程序，桌面模式适合用鼠标操作。平板模式是 Windows 10 新增的操作环境，适用于触屏显示器计算机、平板电脑以及 Surface 之类的计算机设备。用户可以在桌面和平板两种模式之间来回切换，在操作中心中单击"平板模式"快捷操作选项，即可快速启用或关闭平板模式。如果是 Surface，当分离键盘后，操作系统会自动提示是否启用平板模式。

　　启用平板模式之后，"开始"屏幕全屏显示，应用程序列表自动隐藏，如图 1-61 所示，但可通过屏幕左上角的汉堡按钮 和下方的应用程序按钮 来显示应用程序列表；使用电源按钮 打开电源操作选项。此外，任务栏默认只显示"开始"按钮 、后退（上一步）图标 、搜索图标（Cortana 图标）、多任务图标 ，以及通知区图标 ，不显示固定至任务栏和已打开的应用程序图标。

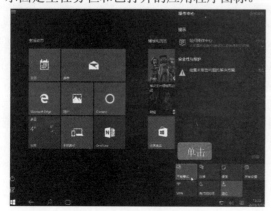

图 1-60　启用平板模式

图 1-61　平板模式

同时，通知区图标间隔变大以适应触屏操作。在平板模式下，桌面环境无法使用，"开始"屏幕成为唯一的操作环境，图 1-62 所示分别是单击█或█按钮显示的"开始"屏幕及应用程序列表。

在平板模式中运行任何应用程序或打开文件资源管理器窗口，其都将全屏显示。如在平板模式中打开"计算器"程序，如图 1-63 所示。

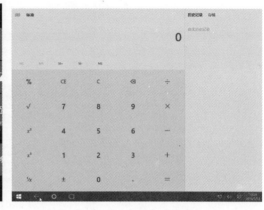

图 1-62　"开始"菜单　　　　　　　　　　图 1-63　"计算器"的全屏显示

打开"画图"程序，如图 1-64 所示。

在平板模式中，单击"开始"按钮█，显示"开始"屏幕或返回上一个打开的应用程序；单击后退图标█，返回上一步界面；单击多任务图标█，切换应用程序或关闭应用程序；单击搜索图标（Cortana 图标）█，可使用 Cortana 个人助理或搜索本地计算机和网络。

平板模式下的操作方式与 Windows 10 Mobile 中的操作方式一样。如果使用过 Windows 10 Mobile 或 Windows Phone 手机，则用户能很快适应平板模式。

可打开"设置"窗口，在"系统"的"平板计算机模式"选项分类下，对平板模式进行设置。

（3）所有设置

单击"所有设置"选项，将打开 Modern 风格的"设置"界面，如图 1-65 所示，单击"系统"。

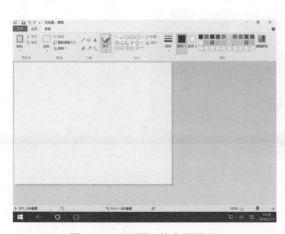

图 1-64　"画图"的全屏显示　　　　　　　　图 1-65　"设置"窗口

打开"系统"界面，单击"通知和操作"选项卡，如图 1-66 所示，可设置默认显示的 4

种快捷操作按钮，以及显示通知的开关。

图 1-66 "通知和操作"选项卡

 名师点拨

在"通知和操作"选项卡中单击"选择在任务栏上显示哪些图标"和"启用或关闭系统图标"，可进行相应设置。

 1.5.7 显示桌面

在任务栏的右端是"显示桌面"按钮▌，如图 1-67 所示。单击"显示桌面"按钮▌将先最小化所有显示的窗口，然后显示桌面；若要还原打开的窗口，再次单击"显示桌面"按钮。

如果要临时查看或快速查看桌面，可以只将鼠标指向"显示桌面"按钮（不用单击）；若要再次显示这些窗口，只需将鼠标指针离开"显示桌面"按钮。

图 1-67 显示桌面

 1.5.8 应用商店

使用 PC 桌面模式，可以通过下载、硬盘、U 盘、光盘来任意安装程序。但是，如果要安装 Modern 应用程序、游戏，那么 Windows 应用商店是安装 Modern 应用程序、游戏的唯一途径。应用商店中提供专用和通用两种类型的 Modern 应用程序。

1. 通用应用和专用应用

所谓专用应用，是指只能在唯一设备中安装使用的应用程序，也就是说，对于收费的 Modern 应用程序、游戏，需要在 PC 机和手机的 Windows 应用商店中分别购买才能使用。而通用应用又称 Windows 通用应用（Windows Universal Apps），是指在某一个平台的 Windows 应用商店购买的 Modern 应用程序、游戏也可在其他平台设备中免费使用。

通用类型的 Modern 应用程序会根据屏幕或应用程序窗口的大小，自动选择合适的界面显示方式。Windows 10 操作系统自带的 Modern 应用程序都为通用类型程序。对于国内用户常用的 QQ、微信、淘宝、支付宝钱包、唯品会、微博、百度、优酷、大麦、暴风影音等应用，都有通用应用类型的 Modern 应用程序。

2. 安装 Modern 应用程序

单击任务栏或者"开始"屏幕，或者"开始"菜单"所有应用"中的"应用商店"图标，即可打开 Windows 应用商店的"主页"，如图 1-68 所示。

"应用商店"目前有"主页""应用"和"游戏"3 个选项卡，每个选项卡中都会展示热门、推荐、免费、付费、最高评分、新品等列表。"应用"和"游戏"页中还有细分类，如图 1-69 所示。

图 1-68　主页

图 1-69　应用和游戏页的细分类

如果要查找特定应用或游戏，可在右上角搜索框中输入关键词，然后按〈Enter〉键或单击搜索框右端的搜索图标，则与输入的关键词匹配的结果将显示在窗口中，如图 1-70 所示。

如果要缩小搜索范围，则单击左侧"筛选"栏下的类型选项，即可快速查找需要安装的应用。"应用"下面有 25 种分类，"游戏"下面有 16 种分类。

安装 Modern 应用程序只需单击应用图标，然后在打开的安装窗口中单击"免费下载"，如图 1-71 所示。如果是付费 Modern 应用程序，则单击标有该应用价格的按钮。然后安装窗口显示下载进度，下载完成后自动安装，安装完成后显示"打开"按钮，单击可打开该程序。在"开始"菜单"所有应用"列表和"最近添加"列表中将显示该 Modern 应用程序图标。安装该应用后，在应用商店网页中，该应用的图标下面显示为"已安装"。

图 1-70　搜索应用

图 1-71　安装应用

对于付费 Modern 应用程序，安装时按照向导提示进行购买安装即可。

3. 管理已经安装的应用

应用商店的管理主要指对已安装、购买、更新应用等方面的管理。单击"应用商店"右上角搜索框旁边的头像图标，打开应用商店选项菜单，如图 1-72 所示，可根据需要选择相应的选项。在选项菜单中选择"我的库"，则显示已经安装的 Modern 应用程序，包括 Windows 10 自带的或用户安装的。

如果安装的 Modern 应用程序有更新，则会在"应用商店"窗口右上方的用户头像图标旁边显示下载图标，提示有更新可用，在选项菜单中选择"下载和更新"，然后在更新窗口中选择需要更新的应用程序。

选择"设置"，即可打开应用商店"设置"界面，如图 1-73 所示。默认情况下，Modern 应用程序需要手动更新，这里可设置为自动更新。

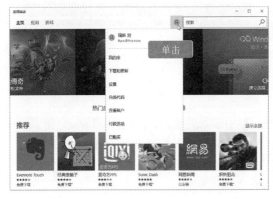

图 1-72　应用商店选项菜单

图 1-73　"设置"界面

1.5.9 调整任务栏

可以调整任务栏的大小和位置。

1. 调整任务栏的大小

1）把鼠标指针移动到任务栏中空白区域的上边沿，当鼠标指针变成↕形状时，按下鼠标左键不放向上拖动，如图1-74所示。

图1-74 拖动调整任务栏大小

2）为了防止误操作而调整任务栏大小，可以将任务栏锁定，因为任务栏处于锁定状态时不能调整任务栏的大小和位置。在任务栏上右击，从快捷菜单中选择"锁定任务栏"菜单命令，使其前显示✓，表示任务栏处于锁定状态，如图1-75所示。

如果要将任务栏还原为原始大小，要先取消任务栏锁定，然后用鼠标拖动到原始大小。

图1-75 锁定任务栏

2. 调整任务栏的位置

在调整任务栏的位置前，要先取消锁定任务栏。调整任务栏位置的方法是，把鼠标指针移到任务栏空白区域，拖动任务栏到桌面的左侧、上边，或者右侧，如图1-76所示。一般不用调整任务栏的大小和位置。

图1-76 调整任务栏的位置

1.6 高手速成——使用 Cortana（小娜）

Cortana（小娜）是微软发布的第一款个人智能助理，是微软在机器学习和人工智能领域的尝试。它会记录用户的行为和使用习惯，利用云计算、必应搜索和非结构化数据分析，读取和学习包括计算机中的电子邮件、图片、视频等数据，来理解用户的语义和语境，从而实现人机交互。启动 Cortana 需要先使用 Microsoft 账户登录 Windows 10 操作系统，因此 Cortana 必须在接入互联网的计算机中才能使用（接入互联网的方法，请参考第 4 章）。Cortana 与搜索栏的搜索功能是融合在一起的。

 1.6.1　启用 Cortana

Cortana 默认处于关闭状态，启用 Cortana 的方法如下。

1）单击"开始"按钮 ⊞，在"所有应用"或"开始"屏幕的磁贴中，单击 Cortana，如图 1-77 所示，即可启动 Cortana。

图 1-77　单击 Cortana

2）单击"开始"按钮 ⊞ 上方的 Cortana 图标 ○，显示 Cortana 设置向导，如图 1-78 所示，单击"使用 Cortana"。

图 1-78　Cortana 设置向导

3）第一次启用 Cortana，需要告诉 Cortana 你的称呼，在"名字或昵称"文本框中输入合适的名称，例如"大刘"，如图 1-79 所示。

图 1-79　输入名称

4）单击"下一步"按钮，开始使用 Cortana，如图 1-80 所示。

图 1-80　开始使用 Cortana

 1.6.2　设置 Cortana

开启 Cortana 后，可做几个有趣的设置。

1）单击搜索框，在左边栏显示 Cortana 主页。在左侧单击"笔记本"图标▣，如图 1-81 所示，显示其子选项。"笔记本"是 Cortana 用来存储用户爱好等信息的记录本。

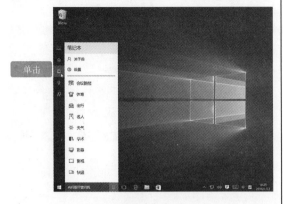

图 1-81　"笔记本"图标子选项

2）单击"设置"图标⚙，显示 Cortana 设置功能，如图 1-82 所示。可以在这里设置关闭或启用 Cortana。Cortana 会自动记录用户信息并加密上传到微软云服务。如果对个人隐私信息敏感，可手动删除保存在云端的信息，通过单击"管理 Cortana 在云中了解到的我的相关内容"来处理。此外，可以把 Cortana 图标更改为头像。

图 1-82　Cortana 设置

3）开启"你好小娜"后，还要做一些设置，让 Cortana 熟悉用户的声音，单击"了

解我的声音"，如图 1-83 所示。

图 1-83　单击"了解我的声音"

显示如图 1-84 所示，为了熟悉用户的声音，Cortana 会让用户读 6 段句子，单击"开始"按钮。注意，在对话时，鼠标指针的插入点要在搜索框中，如果不在框中，则要单击搜索框，使框中显示"正在聆听"。

图 1-84　声音设置

显示第一句时，用户对着麦克风读句子，Cortana 识别后将显示下一句，直到读完，显示已经设置好了。以后用户只要说"你好小娜"就能唤醒 Cortana，而不用单击搜索框。例如，说"小娜你好，今天下雨吗？""唱首歌""96-8 等于几"。

4）还可以更改用户名称和关注内容，如图 1-85 所示。单击"个人信息"可以更改用户名字和用户收藏。

图 1-85　设置关注

可以设置关注的内容，例如，在图 1-85 中单击"天气"，显示天气设置选项，如

图 1-86 所示，选定后保存。然后单击主页左上角的返回按钮←继续其他设置。

图 1-86　天气设置

 1.6.3　唤醒 Cortana

启用 Cortana 后，其默认处于静默状态，可以使用下面 3 种方式唤醒。

1）单击搜索框右端的麦克风图标来唤醒 Cortana，搜索框中将显示"正在聆听…"，如图 1-87 所示。如果单击搜索框，则显示 Cortana 主页，如图 1-88 所示，主页中显示用户已经关注的一些信息，例如新闻、天气等。

2）按〈Windows+S〉组合键，打开 Cortana 主页。按〈Windows+C〉组合键，唤醒 Cortana 至迷你版聆听状态，如图 1-89 所示。

3）Cortana 会自动监听用户所说的话，当监听到用户说"你好小娜"时，将自动唤醒 Cortana 至聆听状态。此外，自动唤醒有时也会失效。

图 1-87　单击麦克风图标唤醒 Cortana

图 1-88　Cortana 主页

图 1-89　Cortana 迷你版聆听状态

 1.6.4　Cortana 任务

Cortana 就像一位真正的助理，可以帮助用户做许多工作，例如，打开应用程序、提醒事

件等，微软也不断为 Cortana 添加新功能。Cortana 也与 Microsoft Edge 浏览器集成，在浏览器中搜索相关内容也会自动触发 Cortana 并显示相关信息。

1. Cortana 的提醒功能

Cortana 的提醒功能会通过多种形式发出，例如，时间提醒会在约定时间提醒，位置提醒会在特定地点提醒，联系人提醒会在与某人联系时提醒。

可以采用输入的方式设置提醒，在 Cortana 功能选项中单击"提醒"图标💡，显示设置选项，如图 1-90 所示，根据时间、地点、联系人等分类设置提醒信息。

单击➕可添加新提醒。如图 1-91 所示，在文本框中输入提示信息，单击选择"人物""地点"或"时间"，显示新选项，再输入或选择其他选项。

图 1-90　提醒设置

图 1-91　设置提醒

也可以用语音添加提醒，例如，唤醒 Cortana 后，对小娜说"提醒我明天上午九点二十分出发到火车站接同学"，显示如图 1-92 所示，确认无误则单击"提醒"按钮，即可添加一个提醒。

确认提醒后，显示如图 1-93 所示。

图 1-92　确认提醒

图 1-93　显示提醒

如果有提醒，Cortana 会在约定时间、地点或联系人时提醒。也可以随时问 Cortana 某天是否有安排，例如，对小娜说"明天有什么安排"，Cortana 就会显示查询的结果。

2. 知识问答与信息搜索

除了提醒功能，还可以问小娜一些生活方面的信息，例如，早上出门前问小娜"今天天气如何？""北京限行""正在上映的电影""热播的电视剧""今天新闻""德国的首都"等，小娜会显示对应内容。Cortana 语音识别率高而且迅速，只要说普通话即可被识别。

小娜也可以做翻译，例如说"再见德语怎么说""Windows 是什么意思"等，小娜会给出对应解释，如图 1-94 所示。

此外，小娜也可以进行算数运算，例如说"3621 减 1232 等于多少"，小娜会打开计算器给出计算结果，如图 1-95 所示。

如果使用相同的 Microsoft 账户登录使用 Windows 10 Mobile 操作系统的手机，则 Cortana 设置的提醒、关注等信息会自动同步至手机端。

图 1-94　翻译

图 1-95　计算

第 2 章　管理文件和文件夹

Windows 把计算机的所有软硬件资源均用文件或文件夹的形式来表示，所以管理文件和文件夹就是管理整个计算机系统。通常可以通过 "Windows 资源管理器" 对计算机系统进行统一的管理和操作。本章主要介绍文件和文件夹的概念、"文件资源管理器" 窗口的组成及使用、文件和文件夹的基本操作，以及 "回收站" 的使用。

2.1 什么是文件和文件夹

计算机中的数据一般都是以文件的形式保存在磁盘、U 盘、光盘等外存中。为了便于管理文件，文件又被保存在文件夹中。

 ### 2.1.1 文件

文件是 Windows 操作系统管理的最小单位，所以计算机中的许多数据（例如，文档、照片、音乐、电影、应用程序等），以文件的形式保存在存储介质（磁盘、光盘、U 盘、存储卡等）上。

1. 文件的类型

根据文件的用途，一般把文件分为三类。

- 第一类是系统文件，即用于运行操作系统的文件，例如 Windows 10 系统文件。
- 第二类是应用程序文件，即运行应用程序所需的一组文件，例如运行 Word、QQ 等软件需要的文件。
- 第三类是使用应用程序创建的各类型的一个或一组文件，也称数据文件，在 Windows 中也称为文档，例如 Word 文档、mp3 音乐文件、mp4 电影文件。用户在使用计算机的过程中，主要是对第三类文件进行操作，包括文件的创建、修改、复制、移动、删除等操作。

2. 文件名

一个文件一般由主文件名、扩展名和文件图标组成，主文件名和扩展名中间用小数点隔开。其中主文件名表示文件的名称，可以任意命名；扩展名表示文件的类型，相同的扩展名具有一样的文件图标，以方便用户识别。

- 主文件名表示文件的名称，通过它可大概知道文件的内容或含义。Windows 规定主文件名可以是由英文字母、数字、汉字以及一些符号组成；组成文件或者文件夹名称的字符数不得超过 255 个字符（包括盘符和路径）；一个汉字占两个英文字符的长度；文件名除了开头之外任何地方都可以使用空格；文件名不区分大小写，但在显示时保留大小写格式。
- 扩展名用于区分文件的类型，用来辨别文件属于哪种格式，通过什么应用程序打开。Windows 系统对某些文件的扩展名有特殊的规定，不同的文件类型其扩展名不一样，表 2-1 中列出了一些常用的扩展名。因此，如果扩展名更改不当，系统有可能无法识别该文件，或者无法打开该文件。

表 2-1　常见文件类型

扩 展 名	图 标	含 义	扩 展 名	图 标	含 义
.exe	有不同的图标	可执行文件	.avi、.mp4 等		视频文件
.png、.bmp、.jpg 等		图像文件	.doc、.docx		Word 文档文件
.rar、.zip		压缩包文件	.wav、.mp3 等		音频文件
.txt		文本文件	.htm、.html		网页文件

- 在"文件资源管理器"中查看文件时，文件的图标可直观地显示出文件的类型，以便于识别。

2.1.2　文件夹

为了便于管理大量的文件，通常把文件分类保存在不同的文件夹中，就像人们把纸质文件保存在文件柜内不同的文件夹中一样。文件夹是用于存储程序、文档、快捷方式和其他文件夹的容器。文件夹中还可以包含文件夹，称为子文件夹。文件夹由文件夹名和文件夹图标组成，通过文件夹图标的显示，就可以预览文件夹中的内容，如图 2-1 所示。

图 2-1　文件夹的外观和预览

2.1.3　路径

在对文件或文件夹进行操作时，为了确定文件或文件夹在外存（硬盘、U 盘等）中的位置，需要按照文件夹的层次顺序，沿着一系列的子文件夹找到指定的文件或文件夹。这种确定文件或文件夹在文件夹结构中位置的一组连续的、由路径分隔符"\"分隔的文件夹名叫路径。描述文件或文件夹的路径有两种方法：绝对路径和相对路径。

- 绝对路径就是从目标文件或文件夹所在的根文件夹开始，到目标文件或文件夹所在文件夹为止的路径上所有的子文件夹名（各文件夹名之间用"\"分隔）。绝对路径总是以"\"作为路径的开始符号。例如，a.txt 存储在 C:盘的 Downloads 文件夹的 Temp 子文件夹中，则访问 a.txt 文件的绝对路径是 C:\Downloads\Temp\a.txt。
- 相对路径就是从当前文件夹开始，到目标文件或文件夹所在文件夹的路径上所有的子文件夹名（各文件夹名之间用"\"分隔）。一个目标文件的相对路径会随着当前文件夹的不同而不同。例如，如果当前文件夹是 C:\Windows，则访问文件 a.txt 的相对路径是..\Downloads\Temp\a.txt，这里的".."代表父文件夹。

2.1.4　盘符

驱动器（包括硬盘驱动器、光盘驱动器、U 盘、移动硬盘、闪存卡等）都会分配相应的盘符（C:～Z:），用以标识不同的驱动器。硬盘驱动器用字母 C:标识，如果划分多个逻辑分区或安装多个硬盘驱动器，则依次标识为 D:、E:、F:等。光盘驱动器、U 盘、移动硬盘、闪存卡的盘符排在硬盘之后。A:和 B:两个盘符用于软盘驱动器，现在已经淘汰不用。

2.1.5　通配符

当查找文件、文件夹时，可以使用通配符代替一个或多个真正的字符。
"*"星号表示 0 个或多个字符。例如，ab*.txt 表示以 ab 开头的所有.txt 文件。
"?"问号表示一个任意字符。例如，ab???.txt 表示以 ab 开头的后跟 3 个任意字符的.txt

文件。文件中有几个"?"就表示几个字符。

2.1.6 项目

在 Windows 中，项目（或称对象）是指管理的资源，如驱动器、文件、文件夹、打印机、系统文件夹（库、用户文档、计算机、网络、控制面板、回收站）等。

2.2 文件资源管理器

文件资源管理器是 Windows 专门用来管理软硬件资源的应用程序。它的特点是把软件和硬件都统一用文件或文件夹的图标表示，把文件或文件夹都统一看作项目（对象），用统一的方法管理和操作。文件资源管理器是执行 Windows 文件夹中的 explorer.exe 程序来实现的。

2.2.1 打开文件资源管理器

Windows 把所有软硬件资源都当作文件或文件夹，可在资源管理器窗口中查看和操作。打开文件资源管理器的方法有以下几种。

- 单击锁定到任务栏左侧的"文件资源管理器"图标。
- 单击"开始"按钮Ⅲ，选择"文件资源管理器"。
- 右击"开始"按钮Ⅲ，在快捷菜单中选择"文件资源管理器"菜单命令。
- 按键盘上的〈Windows+E〉组合键。

使用以上任一种方法，都可以打开"文件资源管理器"窗口。默认情况下，如果没有展开功能区，则显示如图 2-2 所示。在"文件资源管理器"窗口的左侧导航窗格中，默认显示"快速访问"；在右侧的内容窗格中，显示"快速访问"中的"常用文件夹"列表和"最近使用的文件"列表。

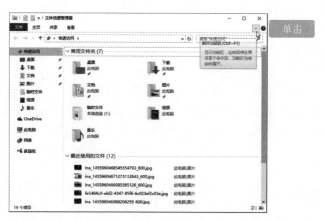

图 2-2 "文件资源管理器"窗口（最小化功能区）

在图 2-2 中，单击窗口右上方的"展开功能区"按钮∨，显示如图 2-3 所示，同时，该按钮变为"最小化功能区"按钮∧。

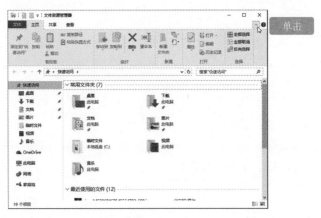

图 2-3 "文件资源管理器"窗口（展开功能区）

 2.2.2 "文件资源管理器"窗口的组成

　　每当打开应用程序时，桌面上就会出现一块显示程序和内容的矩形工作区域，这块区域被称为窗口。窗口是用户访问 Windows 资源和 Windows 展示信息的重要组件，Windows 的操作主要是在不同窗口中进行的。虽然每个窗口的内容和外观各不相同，但大多数窗口都具有相同的基本部分。Windows 中的窗口可以分为 3 类，分别是文件资源窗口、设置窗口和应用窗口。设置窗口的操作项目（对象）主要是各种选项，应用窗口的操作项目主要是内容，后面章节将作介绍。本小节将对文件资源窗口作详细介绍。

　　"文件资源管理器"窗口的各个不同部分旨在帮助用户围绕 Windows 进行导航，或更轻松地使用文件、文件夹和库。图 2-4 所示是一个典型的"文件资源管理器"窗口，"文件资源管理器"窗口主要分为以下几个组成部分。

图 2-4 "文件资源管理器"窗口的组成

1. 标题栏

窗口的最上方是标题栏，由 3 部分组成，从左到右依次为快速访问工具栏、窗口内容标题和窗口控制按钮。

（1）快速访问工具栏

左上角区域是快速访问工具栏，默认有 4 个按钮，分别是窗口控制菜单按钮、属性按钮、新建文件夹按钮和自定义快速访问工具栏按钮。

窗口控制菜单按钮的图标会依据浏览的对象而改变，单击该按钮，将打开菜单，如图 2-5 所示，其中包含控制窗口的操作命令，如还原、移动、大小、最小化、最大化、关闭，主要适合用键盘操作。例如，当执行"移动"命令时，指针出现在窗口标题栏中间，可按键盘上的〈←〉〈→〉〈↓〉〈↑〉键或拖动鼠标指针移动窗口。当执行"大小"命令时，指针出现在窗口中间，按键盘上的〈←〉〈→〉〈↓〉〈↑〉键或拖动鼠标指针改变窗口大小。

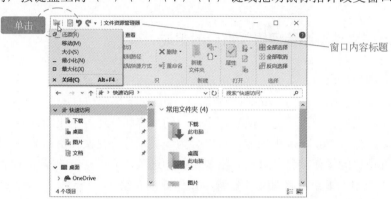

图 2-5　窗口控制菜单

单击"自定义快速访问工具栏"按钮，将打开菜单，如图 2-6 左图所示。可以从菜单中选择需要的常用功能按钮，将其添加到快速访问工具栏中，如图 2-6 右图所示。

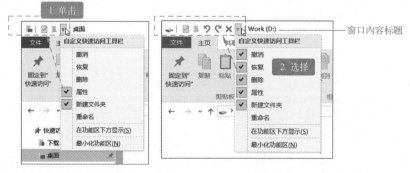

图 2-6　自定义快速访问工具栏

（2）窗口内容标题

窗口内容标题位于自定义快速访问工具栏按钮的右边，每一个窗口都有一个名称，窗口内容标题上的图标会依据浏览的对象而改变，如图 2-5 和图 2-6 所示。

（3）窗口控制按钮

窗口右上角的 3 个窗口控制按钮 –、□ 和 ×，分别是窗口的最小化按钮、最大化按钮和关闭按钮。当窗口最大化后，最大化按钮 □ 变为恢复按钮 ，单击 窗口则恢复到最大化前的大小。

2. 功能区

Windows 10 中的"文件资源管理器"最大的改进是采用了 Ribbon 界面风格的功能区。Ribbon 界面把命令按钮放在一个带状、多行的区域中，该区域称为功能区，它类似于仪表盘面板，目的是使用功能区来代替先前的菜单、工具栏。每一个应用程序窗口中的功能区都是按应用来分类的，由多个"选项卡"（或称标签）组成，其中包含了应用程序所提供的功能。选项卡中的命令和选项按钮，再按相关的功能组织分为不同的"组"。

Windows 10 的功能区，在通常情况下显示 4 个选项卡，分别是"文件""主页""共享"和"查看"。

3. 导航栏

导航栏由一组导航按钮、地址栏和搜索栏组成，如图 2-7 所示。导航按钮包括"返回"按钮←、"前进"按钮→、"最近浏览的位置"菜单∨和"向上一级"按钮↑。

图 2-7　导航栏

- "返回"按钮←：单击"返回"按钮，则返回到浏览的前一个位置窗口，继续单击该按钮，最终返回到"快速访问"。即单击"返回"按钮是按照浏览时的操作步骤一步一步退回去。
- "前进"按钮→：单击"返回"按钮后，"前进"按钮变为可用。"前进"按钮按照用户浏览的先后步骤运动。
- "最近浏览的位置"按钮∨：单击该按钮，将打开最近浏览过的位置列表，如图 2-8 所示。单击目标位置选项，就能快速打开该位置窗口。
- "上移一级"按钮↑：单击该按钮，则按照浏览窗格中的文件夹的层次关系返回上一层文件夹，最终回到"桌面"。
- 地址栏：地址栏显示当前窗口内容的文件夹名称从外向内的列表，文件夹名称以箭头∨分隔，通过它可以清楚地看出当前打开的文件夹的路径。

单击文件夹名称，则打开并显示该文件夹中的内容；单击文件夹名称后的分割箭头＞，则显示该文件夹中的子文件夹名称，如图 2-9 所示，再单击子文件夹名称将切换到该子文件夹。

图 2-8　最近浏览的位置列表

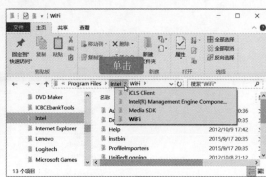

图 2-9　地址栏中的分割箭头＞

单击地址栏中左端的图标，或者单击地址栏中文件夹名称后面的空白，则地址栏中的文件夹名称显示为路径，如图 2-10 所示。

在地址栏中输入（或粘贴）路径，然后按〈Enter〉键，或单击"转到"按钮→，即可导航到其他位置。单击地址栏右端的"上一个位置"按钮∨，将显示输入或更改的路径列表，如图 2-11 所示，单击某路径将切换到相应文件夹。

 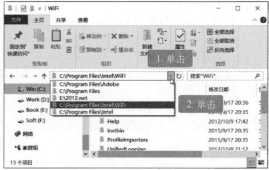

图 2-10　地址栏中的文件夹名称显示为路径　　　　图 2-11　打开地址栏路径列表

- 搜索文本框：搜索当前窗口中的文件和文件夹。在搜索框中输入关键字，不必输入完整的文件名，即可搜索到文件名中包含该关键字的文件和文件夹。在搜索出的文件和文件夹中，会用不同颜色标记搜索的关键字，可以根据关键字的位置来判断结果文件是否是所需的文件。此外，还可以为搜索设置更多的附加选项。

4. 导航窗格

在"文件资源管理器"窗口左边的导航窗格中，默认显示快速访问、OneDrive、此电脑、网络和家庭组，它们都是该设备的文件夹根。如果文件夹图标（例如 ■ 此电脑）左侧显示为右箭头按钮＞，表示该文件夹处于折叠状态，单击该按钮＞可展开文件夹，同时该按钮变为下箭头按钮∨，如图 2-12 所示。如果文件夹图标左侧显示为下箭头按钮∨，表明该文件夹已展开，单击它可折叠文件夹，同时按钮图标变为＞。如果文件夹图标左侧没有图标（例如 ■ 桌面），则表示该文件夹是最后一层，无子文件夹。导航窗格后面将详细介绍。

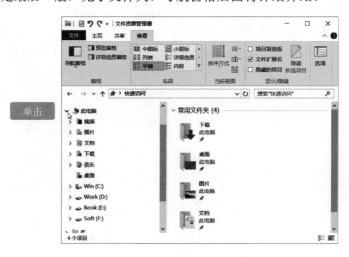

图 2-12　在导航窗格中展开文件夹

5. 内容窗格

内容窗格是"文件资源管理器"窗口中最重要的部分，用于显示当前文件夹中的内容。所有当前位置上的文件和文件夹都显示在内容窗格中，文件和文件夹的操作也在内容窗口中进行。对文件和文件夹的操作，后面将详细介绍。

在左侧的导航窗格中单击文件夹名，右侧内容窗格中将列出该文件夹中的内容。在右侧内容窗格中双击文件夹图标将显示其中的文件和文件夹，双击某文件图标可以启动对应的程序或打开文档。如果通过在搜索框中键入关键字来查找文件，则仅显示当前窗口中相匹配的文件，包括子文件夹中的文件。

6. 状态栏

状态栏位于窗口底部，如图 2-13 所示，包括窗口提示、详细信息 和大图标 。

- 窗口提示：窗口状态栏左端是项目提示区域，对窗口中浏览或选定的项目作简要说明。

图 2-13　窗口状态栏

- "详细信息"按钮："详细信息"按钮 把窗口内的项目排列方式快速设置为"在窗口中显示每一项的相关信息"。使用细节窗格可以查看与选定文件关联的最常见属性。文件属性是关于文件的信息，如作者、上一次更改文件的日期，以及可能已添加到文件的所有描述性标记。在"详细信息"视图中，使用列标题可以更改文件列表中文件的整理方式。例如，可以单击列标题的左侧以更改显示文件和文件夹的顺序，也可以单击右侧以采用不同的方法筛选文件。注意，只有在"详细信息"视图中才有列标题。

- "大图标"按钮："大图标"按钮 把窗口内的项目排列方式快速设置为"使用大缩略图显示项"。

此外，使用"预览窗格"可以在不打开文件的情况下查看大多数文件的内容。例如，如果选择电子邮件、文本文件或图片，则预览窗格中将显示其内容。如果看不到预览窗格，可以单击工具栏中的"预览窗格"按钮 来打开预览窗格，如图 2-14 所示。

图 2-14　打开预览窗格

2.3 "文件资源管理器"导航窗格的设置

"文件资源管理器"窗口分为左、右两个窗格。左窗格是文件夹窗格，也称导航窗格，用于显示整个计算机资源的树形结构，显示的是父文件夹的名称。右窗格是内容窗格，用于显示当前文件夹（左窗口选定的项目）的具体内容，也就是父文件夹中的内容。也就是说，导航窗格中只显示文件夹，文件只显示在内容窗格中。

2.3.1 导航窗格的组成

通过"文件资源管理器"左窗格，可以在计算机的文件结构中选择目标位置，所以左窗格也称为"导航窗格"。使用导航窗格来改变位置，是最直观的导航方法。

导航窗格中的列表将计算机资源分为快速访问、OneDrive、此电脑、库、网络和家庭网组 6 大类，如图 2-15 所示，以方便组织、管理及应用资源。

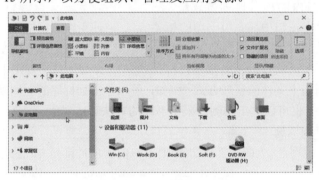

图 2-15　导航窗格

资源管理器以分层的方式显示计算机内所有文件的详细图表。使用资源管理器可以更方便地实现浏览、查看、移动和复制文件或文件夹等操作，用户不必打开多个窗口，只在一个窗口中就可以浏览所有的磁盘和文件夹。在导航窗格中常用的操作如下。

2.3.2 导航窗格的操作

1. 导航窗格中列表的展开与折叠

展开是为了便于看到文件夹的层次或树状结构，而折叠可以把暂时不关心的文件夹隐藏起来，使导航窗格变得更简洁。

- 当某项目的图标前有 > 时，表示它有下级文件夹。单击 >（或双击名称），将展开该项目，同时 > 变为 ∨。如果项目前没有 > 或 ∨，则表示该文件夹中不再包含文件夹，只包含文件。
- 当单击 ∨（或双击名称）时，下级文件夹将折叠，∨ 又变回 >。

导航窗格中列表的展开与折叠并不改变当前文件夹的位置，所以内容窗格中显示的内容并不改变。

2．更改文件夹的位置

在导航窗格中，单击文件夹名称（例如"此电脑"），内容窗格中将显示该文件夹中包含的文件和文件夹等内容，如图 2-15 所示。

3．在导航窗格中显示所有文件夹

导航窗格默认显示图 2-15 所示的简洁方式。如果希望在导航窗格中显示所有文件夹，则单击"查看"选项卡，在"窗格"组中单击"导航窗格"，从下拉列表中选中"显示所有文件夹"等选项，如图 2-16 所示。

图 2-16　显示所有文件夹的"文件资源管理器"窗口

设置显示所有文件夹后，导航窗格将显示为图 2-16 所示的形式。在这种树状的显示方式中，以"快速访问"和"桌面"作为所有文件夹的根文件夹，"桌面"下将显示"控制面板""回收站"等项目。

2.4 "文件资源管理器"内容窗格的设置

内容窗格中显示当前文件夹中的文件和文件夹。对文件和文件夹的操作都是在内容窗格中进行的。

2.4.1 设置显示布局

为了在内容窗格中更方便、直观地查看文件和文件夹，可通过"查看"选项卡中的"布局"组中的选项来设置内容窗格中的文件和文件夹的布局。比较常用的布局方式是"大图标"和"详细信息"，分别如图 2-17 和图 2-18 所示。此外，也可以通过状态栏右端的两个图标按钮来选择"详细信息"布局或"大图标"布局。

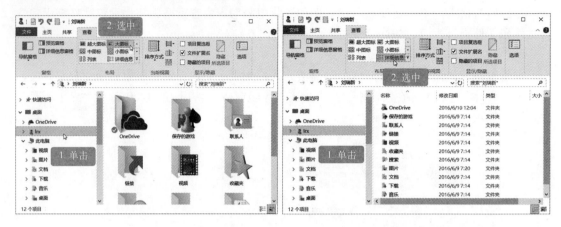

图 2-17 "大图标"布局　　　　图 2-18 "详细信息"布局

2.4.2 设置排序或分组方式

当内容窗格中显示的文件或文件夹较多时，对它们按某个条件排序或分组后，将更容易找到需要的文件或文件夹。

1. 通过标题栏排序和筛选

在"详细信息"布局方式下，文件和文件夹列表上方会显示一行标题，默认显示"名称""修改日期""类型"和"大小"。把鼠标指针放置在标题上，例如"名称"，出现背景色，默认情况下，系统将按名称递增排列，图标显示为 ，如图 2-19 所示。单击该标题栏，名称的排列顺序改为递减，图标显示为；单击该标题后端的，将显示筛选方式，如图 2-19 所示，在列表中选中需要显示名称的前缀，则只显示选中的文件和文件夹。

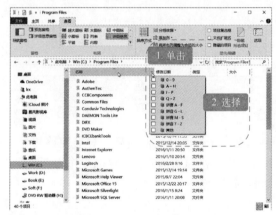

图 2-19 通过标题栏排序和筛选

"修改日期""类型"等标题也可以按要求排序和筛选，此外，还可以在多个列上同时进行筛选。筛选当次次效，当再次显示该文件夹时，刚才的筛选将失效。

2. 通过"查看"选项卡排序和分组

在"查看"选项卡的"当前视图"组中，有更详细的排序和分组选项。"排序方式"下拉列表中有多种排列方式，如图 2-20 所示。

"分组依据"下拉列表中有多种分组方式，当分组后将显示分组分隔线，如图 2-21 所示。如果要取消分组，则在"分组依据"下拉列表中选择"（无）"。

"添加列"选项用于给"详细信息"布局方式添加显示的列。如果列排列不整齐，则单击"将所有列调整为合格的大小"。

图 2-20 "排序方式"下拉列表   图 2-21 "分组依据"下拉列表

 2.4.3 显示文件的扩展名、隐藏的项目

　　Windows 10 默认不显示文件的扩展名,不显示隐藏的文件和文件夹。而一些恶意文件往往显示一个假的扩展名,而且是隐藏的文件。显示文件的扩展名和隐藏的文件后,可以了解更多信息。在"查看"选项卡的"显示/隐藏"组中,选中"文件扩展名"和"隐藏的项目"复选框后,显示如图 2-22 所示。

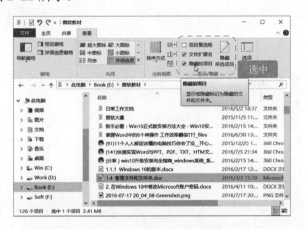

图 2-22 显示文件的扩展名、隐藏的项目

 2.4.4 设置"预览窗格"或"详细信息窗格"

　　有时候需要查看一些文件的内容,如果逐个打开的话,既费事又费神。通过"预览窗格",不打开文件就可以预览文件里面的内容。"详细信息窗格"中则显示该文件的概要信息。

　　设置"预览窗格"或"详细信息窗格"后,在右侧的内容窗格中留出一块信息区,用来显示文件预览信息或详细信息,这两种模式只能选其一。Windows 10 的"预览窗格"或"详细信息窗格"功能是通过安装的某应用程序关联到该类型的文件来实现的。文件类型包括文本文件、图片文件、视频文件等，在显示时只能显示一个项目。图 2-23 所示是预览 Word 文档，图 2-24 所示是显示数码照片的详细信息。

图 2-23 "预览窗格"显示 Word 文档　　　　图 2-24 "详细信息窗格"显示数码照片的详细信息

2.5　文件和文件夹的基本操作

文件夹的基本操作主要包括文件夹的新建、重命名和删除等。本节介绍使用文件资源管理器对文件和文件夹的操作。

2.5.1　新建文件夹或文件

新建文件或文件夹是从无到有，新建一个空白的文件或空文件夹。注意，尽量不要在系统分区中新建或保存用户文件或文件夹。可以在桌面、磁盘分区、已存在的文件夹等位置中新建文件夹或文件。

1．新建文件夹

在文件资源管理器中新建文件夹的操作为：首先通过左侧的导航窗格浏览到目标文件夹或桌面，使右侧的内容窗格为目标文件夹，然后用下面 4 种方法之一新建文件夹。

图 2-25　右击空白区域

● 使用快捷菜单新建文件夹。在右侧的内容窗格中，右击文件和文件夹名之外的空白区域，弹出快捷菜单，指向"新建"，在其子菜单中选择"文件夹"菜单命令，如图 2-25 所示。

在内容窗格名称列表底部将新建一个文件夹，默认文件夹名为"新建文件夹"，如图 2-26 所示。

如果要重命名文件夹，直接输入新的文件名称，例如"Temp"，最后按〈Enter〉键或用鼠标单击其他空白区域，显示如图 2-27 所示。

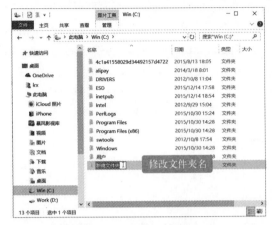
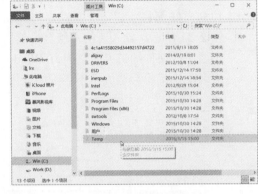

图 2-26　修改文件夹名　　　　　　　　　　图 2-27　修改后的文件夹名

- 使用功能区新建文件夹。展开功能区，在"主页"选项卡的"新建"组中，单击"新建文件夹"，在内容窗格名称列表底部将新建一个文件夹，如图 2-28 所示。
- 使用快捷键新建文件夹。在目标位置内容窗格中，按〈Ctrl+Shift+N〉组合键。从如图 2-28 所示的"新建文件夹"提示中，可以看到新建文件夹的快捷键。
- 使用导航窗口的快捷菜单新建文件夹。在左侧的导航窗格中，右击目标文件夹，显示快捷菜单，如图 2-29 所示，指向"新建"，在其子菜单中选择"文件夹"菜单命令，将新建一个文件夹，默认文件夹名为"新建文件夹"。

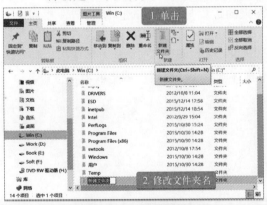
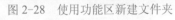

图 2-28　使用功能区新建文件夹　　　　图 2-29　使用导航窗口的快捷菜单新建文件夹

2. 新建文件

文件是通过应用程序新建的。一个应用程序只能新建某些特定类型的文件，例如，Word 应用程序新建.doc 或.docx 文档，记事本应用程序新建.txt 文档，画图应用程序新建.bmp、.jpg 等类型的文件。除了通过安装在 Windows 10 中的应用程序新建文件外，也可以通过下面方法之一新建文件。

● 使用功能区新建文件。展开功能区，在"主页"选项卡的"新建"组中，单击"新建项目"，打开可以新建的项目列表，选择某个项目将在当前位置创建一个新项目，如图 2-30 所示。

列表中的项目会根据安装的应用程序而不同，也就是说，如果 Windows 10 中没有安装 Word 应用程序，将不会出现"Microsoft Word 文档"选项。下面要通过该方法新建一个文本文档，在"新建项目"下拉列表中选择"文本文档"选项。在内容窗格名称列表底部将新建一个文件名为"新建文本文档.txt"的文件，其扩展名为.txt，如图 2-31 所示，输入新的文档名，然后按〈Enter〉键或用鼠标单击其他区域。注意，不要更改文件的扩展名，因为 Windows 是通过文件的扩展名来识别文件类型的，扩展名不正确将会造成用不正确的应用程序去打开该文件，造成打开失败。

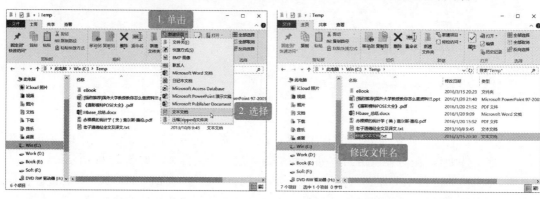

图 2-30　使用功能区新建文件　　　　　　　　　　　　　图 2-31　创建新文档

● 使用快捷菜单新建文件。在右侧的内容窗格中，右击文件和文件夹名之外的空白区域，弹出快捷菜单，指向"新建"，在其子菜单中选择需要新建的项目，如图 2-32 所示，快捷菜单中的项目与功能区中的相同。接下来的过程与使用功能区新建文件相同。

对于受保护的分区位置，例如 C:\根文件夹、C:\Windows 文件夹，新建或者复制文件到其中，将显示"目标文件夹访问被拒绝"对话框，如图 2-33 所示。这些地方需要提供管理源权限才能继续，可以单击"继续"按钮，如果不行，则单击"跳过"或"取消"按钮。

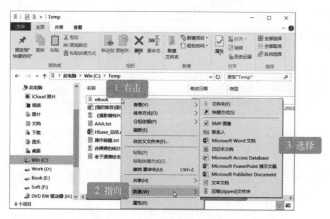

图 2-32　使用功能区新建文件　　　　　　　　　　　　　图 2-33　"目标文件夹访问被拒绝"对话框

2.5.2 选定文件和文件夹

在 Windows 操作系统中，总是遵循先选定、后操作的原则。因此，在对文件和文件夹操作之前，首先要选定文件和文件夹，一次可选定一个或多个对象，选定的文件和文件夹会突出显示。下面介绍几种选定文件和文件夹的方法。

- 选定一个文件或文件夹：单击要选定的文件或文件夹。
- 框选文件和文件夹：在右侧的内容窗格中，按下鼠标左键拖动，将出现一个框，框住要选定的文件和文件夹，如图 2-34 所示，然后释放鼠标左键。
- 选定多个连续文件和文件夹：先单击选定第一个对象，按住〈Shift〉键不放，然后单击最后一个要选定的对象。
- 选定多个不连续文件和文件夹：单击选定第一个对象，按住〈Ctrl〉键不放，然后分别单击各个要选定的对象。
- 反向选择：就是将文件的选中状态反转，即选中的文件变为不选中，不选中的文件变为选中。具体操作为在"主页"选项卡的"选择"组中单击"反向选择"，如图 2-35 所示。

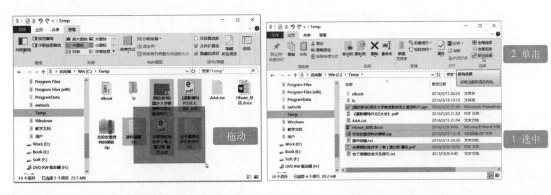

图 2-34　框选文件和文件夹　　　　　图 2-35　反向选择

- 选定文件夹中的所有文件和文件夹：在"主页"选项卡的"选择"组中，单击"全部选择"或"反向选择"，或者按〈Ctrl+A〉组合键。
- 用项目复选框选定文件和文件夹：如果在"查看"选项卡的"显示/隐藏"组中选中"项目复选框"复选框，则文件或文件夹前显示复选框，可以通过选中文件或文件夹前的复选框来选中多个文件和文件夹，图 2-36 所示是在中图标布局下用项目复选框选定文件，图 2-37 所示是在详细信息布局下用项目复选框选定文件。
- 撤销选定：先按下〈Ctrl〉键，然后单击要取消的项目。若要撤销所有选定，则单击窗口中其他区域。或者单击"选择"组中的"全部取消"。

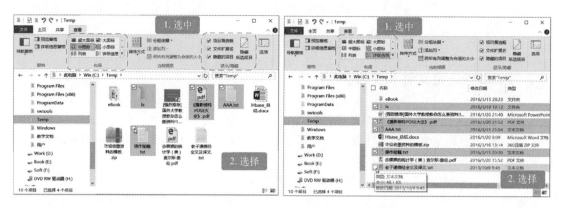

图 2-36　用项目复选框选定文件-中图标布局　　　图 2-37　用项目复选框选定文件-详细信息布局

 2.5.3　重命名文件或文件夹

重命名文件或文件夹的方法是一样的，可采用下列方法之一重命名文件或文件夹。

● 使用功能区重命名文件：单击选中要重命名的文件（或文件夹），在"主页"选项卡的"组织"组中单击"重命名"，这时文件名变为可输入状态，如图 2-38 所示，输入新的文件名，最后按〈Enter〉键或用鼠标单击其他位置。

● 单击文件名重命名文件：单击选中要重命名的文件（或文件夹），然后单击该文件名，使文件名变为可输入状态，输入新的文件名，最后按〈Enter〉键或用鼠标单击其他位置。

● 使用快捷菜单重命名文件：右击要重命名的文件（或文件夹），在快捷菜单中选择"重命名"菜单命令，如图 2-39 所示，输入新的文件（或文件夹）名称，最后按〈Enter〉键或用鼠标单击其他位置。

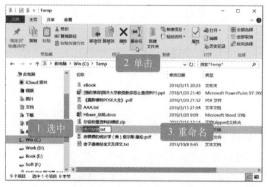
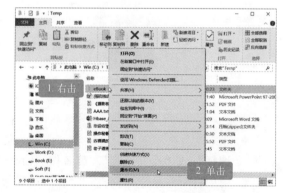

图 2-38　使用功能区重命名文件　　　　　　图 2-39　使用快捷菜单重命名文件

如果文件名显示扩展名，在重命名时不要改变文件的扩展名，否则会造成文件不能正常打开。

 2.5.4　复制和粘贴文件或文件夹

复制过程就是把一个文件夹中的文件和文件夹复制一份到另一个文件夹中，原文件夹中的内容仍然存在，新文件夹中的内容与原文件夹中的内容完全相同。

"复制"命令和"粘贴"命令是一对配合使用的操作命令，"复制"命令是把文件或文件夹在系统缓存（称为剪贴板）中保存副本，而"粘贴"命令是在目标文件夹中把剪贴板中的这个副本复制出来。

复制文件或（和）文件夹可采用下面的方法之一。

● 使用功能区复制。选定要复制的文件和文件夹（单选或多选），在"主页"选项卡的"剪贴板"组中，单击"复制"，如图 2-40 所示，这时"粘贴"按钮将被点亮变为可用。浏览到目标驱动器或文件夹，在"剪贴板"组中单击"粘贴"，则副本出现在文件夹中。如果没有改变文件夹，是在原来的文件夹中执行"粘贴"命令，则出现的副本名称中会加上尾缀"-副本"，如图 2-41 所示。由于副本已经保存在剪贴板中，所以可以多次粘贴。

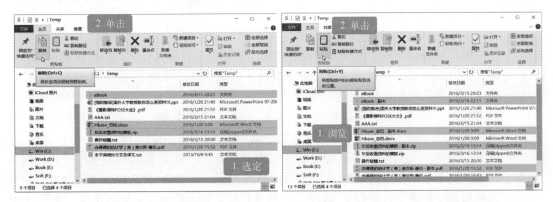

图 2-40　使用功能区复制　　　　　图 2-41　使用功能区粘贴

● 使用快捷菜单复制。选定要复制的文件和文件夹（单选或多选），右击打开快捷菜单，选择"复制"命令；浏览到目标驱动器或文件夹，右击空白区域，在快捷菜单中选择"粘贴"命令。

● 使用快捷键复制或混合操作。选定要复制的文件和文件夹（单选或多选），按〈Ctrl + C〉组合键（或右击并在快捷菜单中选择"复制"命令，或单击"剪贴板"组中的"复制"）进行复制；浏览到目标驱动器或文件夹，按〈Ctrl+V〉组合键（或右击并在快捷菜单中选择"粘贴"命令，或单击"剪贴板"组中的"复制"）进行粘贴。

在复制过程中，如果复制的文件或文件夹与目标文件夹中的文件或文件夹同名，将显示"替换或跳过文件"窗口，如图 2-42 所示，可以选择"替换目标中的文件""跳过这些文件"或"让我决定每个文件"。

如果选择"让我决定每个文件"，将显示"共 8 个文件冲突"对话框，如图 2-43 所示，其中列出了源文件与目标文件夹中的同名文件及其创建日期和大小，选中要复制的文件。一般来说，具有相同日期和大小的文件是相同的，可选中"跳过具有相同日期和大小的 8 个文件"复选框。单击"继续"按钮开始复制。如果仍然不能确定源文件与目标文件是否相同，可打开源文件与目标文件，对比其中的内容后，再做决定。

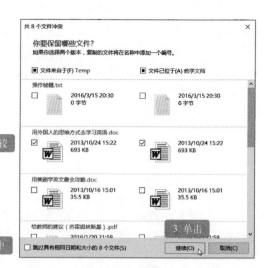

图 2-42 "替换或跳过文件"窗口　　　　　图 2-43 "共 8 个文件冲突"对话框

- 用鼠标左键拖动复制。在源文件夹中选定要复制的文件和文件夹。在导航窗格中让目标文件夹显示出来，只需展开，但不要单击选定目标文件夹。按住〈Ctrl〉键不松，再用鼠标将选定的文件和文件夹拖动到目标文件夹上。如果拖动到导航窗格，拖动所到之处将自动展开文件夹，然后松开鼠标左键和〈Ctrl〉键。如果源位置和目标位置不在同一个分区（盘符），则可以直接拖动，而不用按〈Ctrl〉键。

- 用鼠标右键拖动复制。选定要复制的文件和文件夹，按下鼠标右键不松开，同时按〈Ctrl〉键不放，被拖动的图标下边显示"+复制到×××"，将选定的文件和文件夹拖动到目标文件夹上，如图 2-44 所示。松开鼠标右键，此时弹出快捷菜单，如图 2-45 所示，松开〈Ctrl〉键，选择"复制到当前位置"菜单命令，就完成了复制操作。

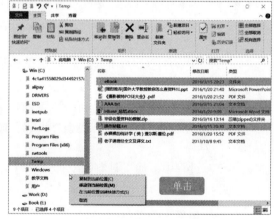

图 2-44 拖动文件到目标文件夹　　　　　图 2-45 复制或移动菜单

- 使用"复制到"命令复制。"复制到"命令是一个集复制功能与粘贴功能于一体的操作。首先选定要复制的文件和文件夹，在"主页"选项卡中单击"复制到"，显示下拉列表，如图 2-46 所示，列表中列出了最近使用过的文件夹。

如果列表中有目标文件夹，则单击该文件夹；如果没有，则选择列表底部的"选择位置"选项。弹出"复制项目"对话框，浏览到目标驱动器或文件夹，如图 2-47 所示，也可以单击"新建文件夹"按钮，选定目标文件夹后，单击"复制"按钮。

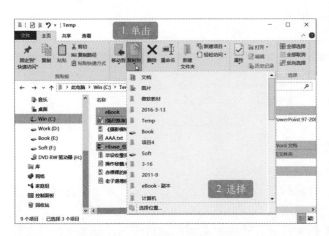

图 2-46 使用"复制到"命令复制

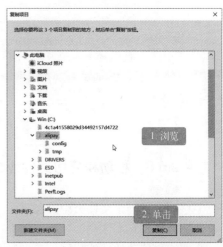

图 2-47 "复制项目"对话框

- 使用"发送到"命令复制。如果要把选定的文件和文件夹复制到 U 盘等移动存储器中，最简便的方法是右击选定的文件和文件夹，选择快捷菜单中 "发送到"子菜单中的移动存储器。
- 复制路径。复制路径是把所选项目的路径复制到剪贴板，而不是复制文件本身。然后可以把路径字符串粘贴到任何位置，非常实用。

 2.5.5 撤销或恢复上次的操作

当操作错误时，例如复制了不该复制的文件，删除了不该删除的文件夹，重命名错误等，想要撤销刚刚的操作，可以使用撤销功能。如果执行撤销后发现刚才的操作没有错，需要恢复到撤销前的状态，就可以使用恢复功能。

1. 用快捷键执行撤销或恢复操作

可以采用下面的方法操作。

- 用快捷键撤销。发现刚才的操作错误时，按〈Ctrl+Z〉组合键可撤销刚才的操作。
- 用快捷键恢复。如果想回到执行撤销操作前的状态，按〈Ctrl+Y〉组合键恢复。

2. 用文件资源管理器执行撤销或恢复操作

默认情况下，文件资源管理器上并不显示"撤销"或"恢复"工具按钮，因此，可根据需要将其显示在"文件资源管理器"窗口左上角的快速访问工具栏上。设置方法是单击快速访问工具栏右端的"自定义快速访问工具栏"按钮，弹出菜单，选中"撤销"和"恢复"命令，如图 2-48 所示，这时"撤销"按钮↷和"恢复"按钮↶将出现在工具栏中。

在需要执行撤销或恢复时，可以单击"撤销"按钮↷和"恢复"↶按钮。

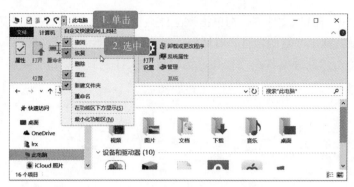

图 2-48　选中"撤销"和"恢复"命令

2.5.6　移动和剪切文件或文件夹

移动是把一个文件夹中的文件和文件夹移到另一个文件夹中，原文件夹中的内容不再存在，都转移到新文件夹中。所以，移动也就是更改文件在计算机中的存储位置。

剪切与移动的功能相同，剪切是先把文件或文件夹复制到剪切板中，并将源文件或文件夹标记为剪切状态，然后使用粘贴功能把剪贴板中的文件或文件夹粘贴到目标位置，同时删除源文件或文件夹。

可以采用下面方法之一移动文件或文件夹。

● 用鼠标左键拖动实现移动。先选定要移动的文件和文件夹，按下鼠标左键不放，再按下〈Shift〉键不放，被拖动的图标下边显示"移动到×××"，将选定的文件和文件夹拖动到目标文件夹上，然后松开鼠标左键。

 名师点拨

在同一磁盘驱动器的各个文件夹之间拖动对象时，Windows 默认为是移动对象。在不同磁盘驱动器之间拖动对象时，Windows 默认为是复制对象。为了在不同的磁盘驱动器之间移动对象，可以在拖动对象时按住〈Shift〉键不放。

● 用鼠标右键拖动实现移动。先选定要移动的文件和文件夹，按下鼠标右键不放，再按下〈Shift〉键不放，被拖动的图标下边显示"移动到×××"，将选定的文件和文件夹拖动到目标文件夹上，然后松开鼠标右键。此时弹出快捷菜单，松开〈Shift〉键，选择"移动到当前位置"命令，就完成了移动操作。

● 移动到文件夹。首先选定要移动的文件和文件夹，在"主页"选项卡中单击"移动到"，如图 2-49 所示。弹出下拉列表，如图 2-50 所示，列表中列出了最近使用过的文件夹。如果列表中有目标文件夹，则单击该文件夹；如果没有，则单击列表底部的"选择位置"。弹出"移动项目"对话框，浏览到目标驱动器或文件夹，也可以单击"新建文件夹"按钮，选定目标文件夹后，单击"移动"按钮。

● 使用剪切实现移动。选定要移动的文件和文件夹，按〈Ctrl+X〉键（或右击并在快捷菜单中选择"剪切"命令；或单击"主页"选项卡"剪切板"组中的"剪切"）执行剪切，切换到目标驱动器或文件夹，按〈Ctrl+V〉键（或右击并在快捷菜单中选择"粘贴"命令；或单击"主页"选项卡"剪切板"组中的"粘贴")执行粘贴，即可实现移动。

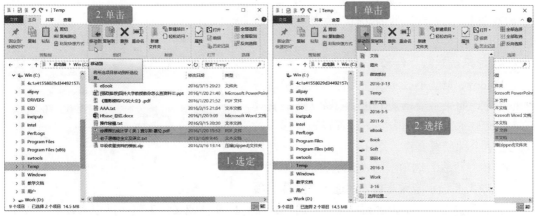

图 2-49　移动到文件夹　　　　　　　　　　图 2-50　"移动到"列表

2.5.7　文件和文件夹的属性、隐藏或显示

文件、文件夹都有"只读""隐藏"等属性，这是为文件安全而设置的，在默认情况下，"隐藏"的文件或文件夹在文件资源管理器中是看不到的。

1．设置文件或文件夹的属性

如果要设置文件或文件夹的属性，可在文件资源管理器中采用下面的方法。

右击要设置的某个文件或文件夹，在快捷菜单中选择"属性"命令，如图 2-51 所示。弹出属性对话框，在属性对话框的"常规"选项卡中，选中"隐藏"复选框，如图 2-52 所示。另外，如果该文档是下载的，还会显示"安全"选项，可根据需要选中"解除锁定"复选框。最后单击"确定"按钮。

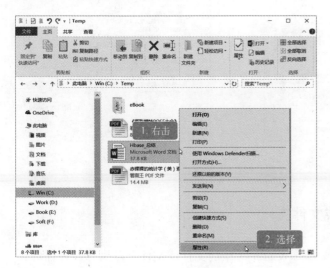
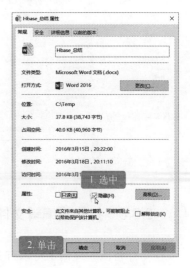

图 2-51　文件的快捷菜单　　　　　　　　　　图 2-52　文件属性对话框

如果设置的是文件夹,还将显示"确认属性更改"对话框,如图 2-53 所示,选择应用
范围后,单击"确定"按钮。

这时设置为隐藏属性的文件和文件夹将从资
源管理器中消失。

2.显示或隐藏文件和文件夹

Windows 默认不显示系统文件和具有隐藏属
性的文件。如果希望将某个处于隐藏状态的文件
或文件夹显示出来,则需要先设置资源管理器,
使之显示全部隐藏文件,这样才能看到该文件。

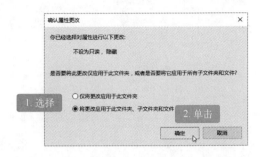

图 2-53 "确认属性更改"对话框

- 在"查看"选项卡的"显示/隐藏"组中,
  如果要显示隐藏文件,则选中"隐藏的项
  目"复选框。在内容窗格中,具有隐藏属性的文件或文件夹将显示出来,只是名称前
  的图标的颜色比正常情况下淡了一些,如图 2-54 所示。如果取消选中"隐藏的项目"
  复选框,则不显示被隐藏的文件或文件夹。
- 如果需要更详细地设置文件或文件夹属性,在"查看"选项卡中,单击"选项"。弹
  出"文件夹选项"对话框,如图 2-55 所示,在"高级设置"列表框中,选中或取消
  "显示隐藏的文件、文件夹和驱动器"单选按钮,取消选中"隐藏已知文件类型的扩
  展名"复选框。

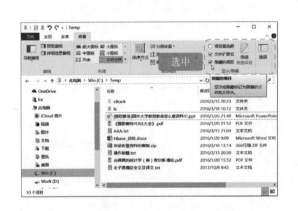

图 2-54 "查看"选项卡的"显示/隐藏"组

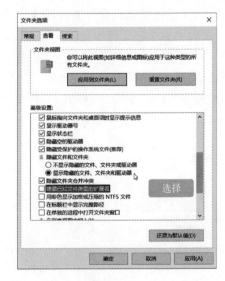

图 2-55 "文件夹选项"对话框

 2.5.8 打开或编辑文件或文件夹

在文件资源管理器中可以打开或编辑 Windows 中的文件或文件夹以执行各种任务。

1.打开文件夹

在文件资源管理器中打开文件夹的方法有以下几种。在导航窗格中单击该文件夹名称,

或者在内容窗格中双击该文件夹名称，或者在"主页"选项卡的"打开"组中，单击"打开"
按钮，如图 2-56 所示。将在资源管理器
中打开该文件夹，并显示该文件夹中的
内容，它不会打开其他程序。

2. 打开文档

若要打开文档，必须已经安装了与
其关联的程序。通常，该程序与用于创
建该文档的程序相同。

双击要打开的文档文件，将使用默
认程序打开该文件。双击文件时，如果
该文件尚未打开，默认的相关联的程序
会自动将其打开。例如，双击用"画图"
程序绘制的一个.png 文件，将在"画图"程序中打开该文件。

图 2-56 "主页"选项卡的"打开"组

如果无法关联应用程序，将弹出"你要如何打开这个文件？"对话框，如图 2-57 所示，
单击选择需要打开这类文件的应用程序，单击"确定"按钮，将用选定的程序打开该文件。

若要使用其他程序打开文件，在"主页"选项卡中的"打开"组中，单击"打开"后的
下拉按钮，从下拉列表中选择需要的应用程序，如图 2-58 所示。

图 2-57 "你要如何打开这个文件？"对话框   图 2-58 "打开"下拉列表

 名师点拨

也可以右击要打开的文件，在快捷菜单中指向"打开方式"，然后选择需要的程序，
如图 2-59 所示。

如果看到一条消息，内容是 Windows 无法打开文件，则可能需要安装能够打开这种类型
文件的应用程序，或者指定需要的应用程序。

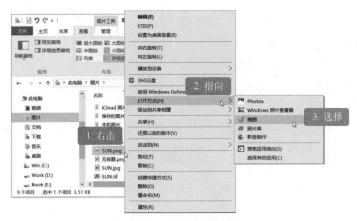

图 2-59　文件的快捷菜单

3．编辑文件

在"主页"选项卡中的"打开"组中还有一个"编辑"按钮，当选中文档文件时，"编辑"按钮可用，单击"编辑"按钮图标时将在关联的应用程序中打开该文档文件，并可以编辑，其功能与"打开"相同。如果选中的是不可编辑的非文档文件，"编辑"按钮不可用。

4．更改打开某种类型的文件的程序

文件类型同时也决定着打开此文件所用的程序（例如，.docx 文件是由 Word 创建的），只要在该文件上双击，就自动运行默认的程序来打开该文件。一般情况下，在安装应用程序时会自动关联程序，但是有时会出现关联错误，或者找不到关联程序，或者有多个关联程序。因此，可以为单个文件更改打开程序设置，也可以更改此设置让 Windows 使用所选的软件程序打开同一类型的所有文件。

单击选中要更改关联程序的文件，在"主页"选项卡中的"打开"组中，单击"打开"后的下拉按钮，从下拉列表中选择"选择其他应用"，如图 2-58 所示，弹出"你要如何打开这个文件？"对话框，如图 2-60 所示。如果只需使用该应用程序打开这个文档一次，则选中应用程序后，单击"确定"按钮；如果希望以后双击该类型的文件时默认关联到此应用程序，则选中"始终使用此应用打开.×××文件"复选框，然后单击"确定"按钮。

右击要更改关联程序的文件，在快捷菜单中指向"打开方式"，然后从子菜单中选择"选择其他应用"菜单命令，如图 2-59 所示，弹出"你要如何打开这个文件？"对话框，如　图 2-60 所示，向下移动滚动条，单击"更多应用"。继续移动滚动条，单击底部的"在这台电脑上查找其他应用"，如图 2-61所示。

弹出"打开方式"对话框，如图 2-62所示，在程序文件夹中找到关联程序例如.exe、.pif、.com、.bat、.cmd 等，单击选中，然后单击"打开"按钮。

图 2-60　选择关联的文件

图 2-61　更多应用

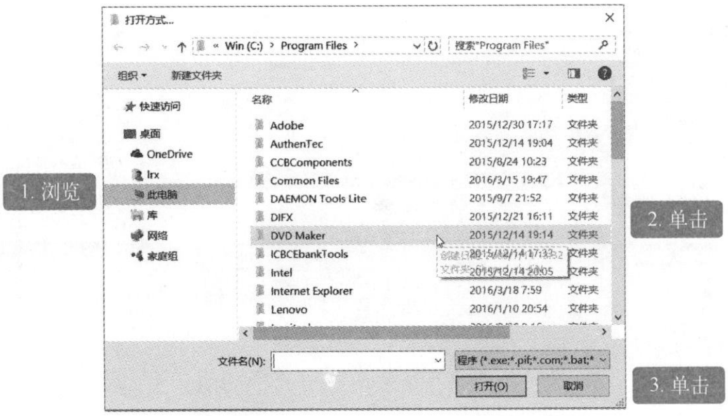

图 2-62　"打开方式"对话框

2.5.9　添加文件或文件夹的快捷方式

　　快捷方式是 Windows 提供的一种快速启动应用程序、打开文件或文件夹的方法，它是链接到应用程序、文件或文件夹的图标，而不是应用程序、文件或文件夹本身，所以删除某快捷方式，并不会删除其链接到的应用程序、文件或文件夹。

　　判断桌面上、文件夹中的图标是否为快捷方式，只需查看该图标的左下角是否有一个小箭头，如果有小箭头，则该图标是某个应用程序、文件或文件夹的快捷方式。如果图标上没有小箭头，则该图标表示的应用程序、文件或文件夹，是在桌面上、文件夹中创建或保存的。把鼠标指针放置在该图标上，对于快捷方式，将提示其存储位置；而在桌面上、文件夹中保存的项目，提示中没有保存位置，如图 2-63 所示。

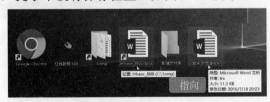

图 2-63　桌面图标（左图）和文件夹中的图标（右图）

　　为应用程序、文件或文件夹创建快捷方法的方法如下。

1. 创建桌面快捷方式

　　右击应用程序、文件或文件夹，在快捷菜单中指向"发送到"，显示其子菜单，选择"桌面快捷方式"菜单命令，如图 2-64 所示。在桌面上将出现一个该项目的快捷方式图标。

2. 粘贴快捷方式

　　先复制想要创建快捷方式的应用程序、文件或文件夹，然后定位到想要创建快捷方式的位置（桌面、硬盘分区、文件夹、网络等）。在内容窗格中的空白位置右击，在快捷菜单中选择"粘贴快捷方式"命令，如图 2-65 所示。

　　或者在"主页"选项卡的"剪贴板"组中单击"粘贴快捷方式"，如图 2-66 所示。这时目标位置将出现该项目的快捷方式。

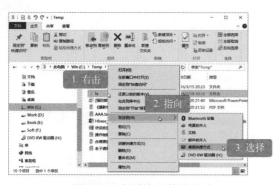

图 2-64 创建桌面快捷方式

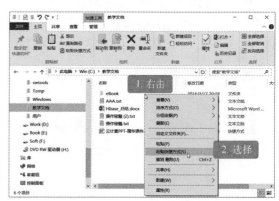

图 2-65 粘贴快捷方式

3. 链接快捷方式

新建一个空白快捷方式，然后将这个快捷方式链接到指定的文件。在桌面或文件夹中，右击空白区域，在快捷菜单中指向"新建"，显示其子菜单，选择"快捷方式"菜单命令，如图 2-67 所示。

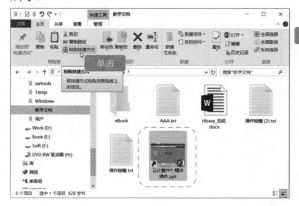

图 2-66 单击"剪贴板"组的"粘贴快捷方式"按钮

图 2-67 新建空白快捷方式

弹出"创建快捷方式"对话框，如图 2-68 所示，单击"浏览"按钮。

弹出"浏览文件或文件夹"对话框，如图 2-69 所示，浏览到指定的文件上。

图 2-68 "创建快捷方式"对话框

图 2-69 "浏览文件或文件夹"对话框

2.5.10　文件或文件夹的压缩与解压缩

文件的无损压缩也叫打包，压缩后的文件占据较少的存储空间。由于与未压缩的文件相比，文件缩小了，因此可以更快速地通过网络传输到其他计算机。压缩包中的文件不能直接打开，要解压缩后才可以使用。Windows 10 自带压缩和解压缩功能，其他专业的压缩和解压缩程序有 WinRAR、BandiZip、7-Zip、WinZip 等，常见的压缩文件格式是.RAR、.zip。

1．压缩文件或文件夹

可以采用与使用未压缩的文件和文件夹相同的方式来使用压缩文件和文件夹。此外，也可以将几个文件合并到一个压缩文件夹中。压缩文件或文件夹的步骤为：找到要压缩的文件或文件夹，右击文件或文件夹，在快捷菜单中指向"发送到"，在其子菜单中选择"压缩（zipped）文件夹" 菜单命令，如图 2-70 所示。

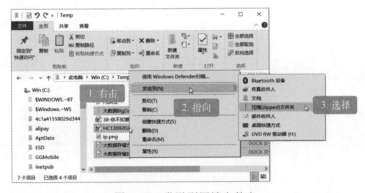

图 2-70　发送到压缩文件夹

此时，将在相同的位置创建新的压缩文件夹（压缩包）。若要重命名该压缩包文件名，直接输入新的文件名即可，如图 2-71 所示。重命名压缩包文件名的另一种方法是右击压缩包文件名，在弹出的快捷菜单中选择"重命名"命令，然后输入新名称。重命名后的压缩包文件，如图 2-72 所示。

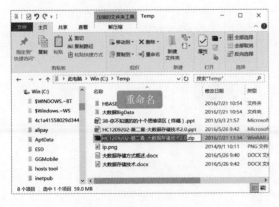

图 2-71　重命名压缩包文件名

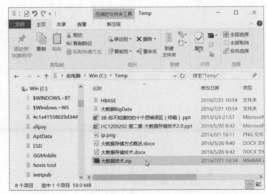

图 2-72　重命名后的压缩包

如果在创建压缩文件夹后，还希望将新的文件或文件夹添加到该压缩文件夹中，则将要添加的文件或文件夹拖动到压缩文件夹中即可。

2．解压缩文件或文件夹

当需要打开压缩文件夹（压缩包）中的文件时，需要先把压缩文件解压缩，文件解压缩后与原来的文件完全相同，不会有丝毫损失。从压缩文件夹中提取（解压缩）文件或文件夹的步骤为：找到要从中提取文件或文件夹的压缩文件夹，执行下列任一操作方法。

● 若要提取单个文件或文件夹，例如，双击图 2-72 中的压缩包文件。打开压缩文件后显示如图 2-73 所示。然后，将要提取的文件或文件夹从压缩文件夹拖动到新位置。若不采取拖动操作，也可以采用复制、剪切等操作。

● 若要提取压缩文件夹的所有内容，则右击文件夹，从快捷菜单中选择"全部解压缩"命令，如图 2-74 所示。

图 2-73　压缩包文件夹

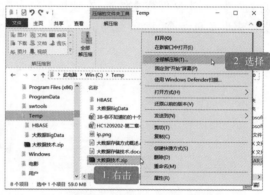

图 2-74　压缩包的快捷菜单

弹出"提取压缩（Zipped）文件夹"对话框，如图 2-75 所示，然后按照说明操作。

图 2-75　"提取压缩（Zipped）文件夹"对话框

2.5.11　删除文件和文件夹

不需要的文件或文件夹可以删除，以释放存储空间。从硬盘中删除文件和文件夹时，不会立即将其删除，而是将其存储在回收站中。

删除文件和文件夹的方法是：首先选中要删除的一个或多个文件和文件夹，然后采用以下方法之一进行删除。

- 右击要删除的文件和文件夹，在快捷菜单中选择"删除"命令。
- 按键盘上的〈Delete〉键。
- 把要删除的文件和文件夹拖动到"回收站"中。
- 在资源管理器的"主页"选项卡的"组织"组中，单击"删除"按钮✕。
- 若要永久删除文件和文件夹，而不是先将其移至回收站，则在"主页"选项卡的"组织"组中，单击"删除"按钮，从下拉列表中选择"永久删除"选项，如图 2-76 所示。
- 按〈Shift+Delete〉组合键也可永久删除文件和文件夹。

执行上述操作后，将弹出"删除多个项目"对话框，如图 2-77 所示，以便用户确认删除操作。

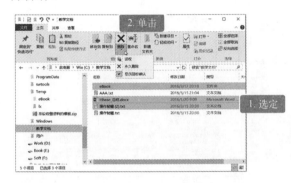
图 2-76　删除文件或文件夹

图 2-77　"删除多个项目"对话框

 名师点拨

如果从网络文件夹、USB 闪存驱动器或移动硬盘中删除文件和文件夹，则可能会永久删除该文件和文件夹，而不是将其存储在回收站中。

对于永久删除的文件和文件夹，通过专用的数据恢复工具软件，有可能将其恢复。

 使用回收站

回收站是微软 Windows 操作系统中的一个系统文件夹，默认在每个硬盘分区根目录下的 Recovery 文件夹中，而且是隐藏的。回收站中保存了删除的文件、文件夹、图片、快捷方式和 Web 页等。当用户将文件删除后，系统将其移到回收站中，实质上就是把它放到了这个文件夹中。回收站中的文件仍然占用磁盘的空间，这些文件将一直保留在回收站中。存放在回收站的文件可以恢复，只有在回收站里删除它或清空回收站才能使文件真正地被删除，为硬盘释放存储空间。"回收站"的显著特点就是扔进去的东西还可以"捡回来"。

2.6.1　回收站的操作

1．恢复回收站中的文件

从计算机上删除文件、文件夹和快捷方式等项目时，这些文件实际上只是移动到并暂时存储在回收站中。因此，可以恢复回收站中的文件，将它们恢复到其原来的位置。

在桌面上双击"回收站"图标，或者在导航窗格中单击"回收站"，将打开回收站。

在回收站中可执行以下恢复操作。

● 恢复选定的项目：选中要恢复的文件、文件夹和快捷方式等项目，可以选定多个项目，然后在"回收站工具-管理"选项卡的"还原"组中，单击"还原选定的项目"按钮，如图2-78所示。或者右击选定的项目，从快捷菜单中选择"还原"命令，如图2-79所示。

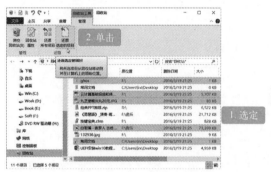
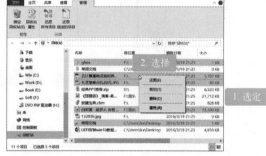

图2-78　还原选定的项目　　　　　图2-79　选定项目的快捷菜单

● 还原所有项目：在"回收站工具-管理"选项卡的"还原"组中，单击"还原所有项目"按钮。

● 剪切：通过剪切并粘贴回收站中的项目把回收站中的项目移动到目标位置。具体操作步骤是：在选定项目后，按〈Ctrl+X〉组合键；或者右击选定的项目，从快捷菜单中选择"剪切"命令，如图2-79所示。然后导航到目标文件夹，按〈Ctrl+V〉组合键或在"主页"选项卡的"剪贴板"组中单击"粘贴"按钮。

为了便于查看回收站中的项目，可以按不同方式重排项目，或者按不同大小的图标显示项目。

2．永久删除回收站中的文件

利用"回收站"删除文件仅仅是将文件放入"回收站"，并没有释放它们所占用的硬盘空间。要想释放空间，只有永久删除或清空"回收站"。此外，可以删除回收站中的部分文件或一次性清空回收站。要删除或清空"回收站"，可采用如下方法。

● 永久删除某些文件：选中要删除的项目，按〈Delete〉键，将弹出"删除文件"对话框，然后单击"是"按钮。

● 删除所有文件：在"回收站工具-管理"选项卡的"管理"组中，单击"清空回收站"按钮。弹出"删除多个项目"对话框，单击"是"按钮。

- 若要在不打开回收站的情况下将其清空，右击"回收站"图标，从快捷菜单中选择"清空回收站"命令。

 名师点拨

清空"回收站"或在"回收站"中删除指定项目后，被删除的内容将无法恢复。

 2.6.2 回收站的属性

在"回收站工具-管理"选项卡的"管理"组中，单击"回收站属性"按钮，或者在桌面上右击"回收站"图标，在快捷菜单中选择"属性"命令。弹出"回收站属性"对话框，如图 2-80 所示。各选项说明如下。

- 回收站位置可用空间：查看要设置"回收站"的硬盘分区和该分区的可用容量。
- 自定义大小：设置回收站占用的磁盘空间容量，单位为 MB。注意，回收站占用的最大容量值不能超过该磁盘分区的"可用空间"。
- 不将文件移到回收站中，移除文件后立即将其删除：选择本单选按钮，将停止使用回收站，所有删除的文件将直接永久删除。
- 显示删除确认对话框：选中复选框，在每次删除文件时都将显示"删除多个项目"对话框，如图 2-81 所示。

图 2-80 "回收站属性"对话框   图 2-81 "删除多个项目"对话框

 高手速成——快速访问区的使用

快速访问区是 Windows 10 的一项新功能，它会自动记录用户的操作，把最常用的文件夹、位置和最近使用过的文件显示在快速访问区中，以便用户快速打开。并且当用户打开文件资源管理器时，默认首先显示快速访问区。在导航窗格中，默认显示 4 个常用文件夹，分别是桌面、下载、文档和图片，并一直固定在快速访问区中，如图 2-82 所示。

随着文件夹的使用频次的变化，快速访问中的文件夹会动态更换，如图 2-83 所示。

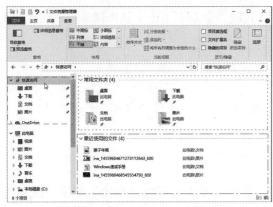
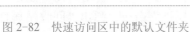
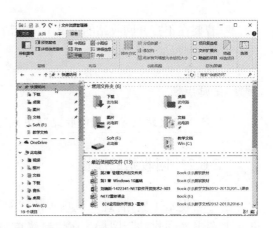

图 2-82　快速访问区中的默认文件夹　　　　图 2-83　使用一段时间后的快速访问区

　　内容窗格上半部显示"常用文件夹"，与导航窗格中显示的文件夹一致，包括固定在快速访问区中的文件夹和用户最常访问的若干个文件夹。它不仅支持本地设备上的文件夹，还能支持 OneDrive 上的文件夹。

　　内容窗格下半部显示"最近使用的文件"，这里显示最近访问过的文件名，并显示它们的路径，按照最近访问时间的先后排序。

2.7.1　快速访问区的操作

　　对快速访问区的操作如下。

1. 将文件夹固定到快速访问区

　　系统会根据频次动态地把文件夹添加到快速访问区。如果希望把某文件夹添加到快速访问区，操作方法如下。

　　1）浏览到要添加到快速访问区的文件夹，右击该文件夹，例如 Temp，在快捷菜单中选择"固定到'快速访问'"命令，如图 2-84 所示。

　　2）在文件资源管理器导航窗格中单击"快速访问"，可看到 Temp 文件夹加入到了快速访问列表中，并且有按钉图标，如图 2-85 所示。

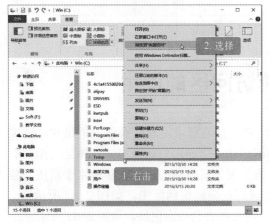

图 2-84　文件夹的快捷菜单　　　　图 2-85　添加到快速访问区的 Temp 文件夹

2．从快速访问区中取消文件夹的固定

如果想把快速访问区中的文件夹取消固定，则在"快速访问"列表中，右击要取消固定的文件夹，从快捷菜单中选择"从'快速访问'取消固定"命令，如图 2-86 所示。取消固定并不会删除该文件夹和文件。

3．取消最新浏览或经常使用的文件或文件夹

对于普通的日常工作文件，快速访问可以帮助提高效率，但对于涉及重要（私密）信息的文件，或是不再需要频繁访问的文件夹，若不希望其出现在快速访问区中，可以取消显示该列表。操作方法为：在导航窗格中单击"快速访问"；在右侧的内容窗格中，右击不想显示的文件或者文件夹，在快捷菜单中选择"从'快速访问'中删除"命令，如图 2-87 所示。执行此操作不会删除文件或文件夹，只是使其不再显示在快速访问区中。

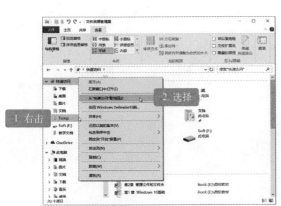

图 2-86　取消固定文件夹　　　　　图 2-87　从快速访问区中删除文件

2.7.2　快速访问区的设置

当打开文件资源管理器时，默认首先显示"快速访问"。可以设置首先显示"此电脑"，设置方法为：在"查看"选项卡右端，单击"选项"按钮。显示"文件夹选项"对话框的"常规"选项卡，如图 2-88 所示。

在"打开文件资源管理器时打开"下拉列表框中选择后的默认位置为"此电脑"选项，则以后打开文件资源管理时将首先显示"此电脑"，如图 2-89 所示。

 名师点拨

如果希望暂时一次性清除在文件资源管理器中显示的最新浏览或经常使用的文件或文件夹的所有历史记录，则在"选项"对话框中，单击"清除"按钮。

如果不希望系统记录任何常用文件夹或者最近使用的文件，可取消快速访问功能。在"文件夹选项"对话框中，取消选中"隐私"选项组中的两项。

图 2-88 "文件夹选项"对话框

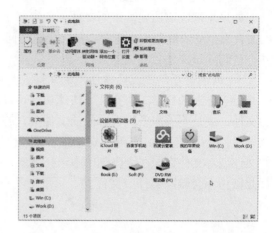

图 2-89 打开文件资源管理时首先显示"此电脑"

第 3 章　配置网络与应用

本章主要介绍接入互联网的设置方法,Microsoft Edge 浏览器的使用, Microsoft 账户的注册、登录, 以及 OneDrive 的使用。

3.1 接入互联网

现在常用的接入互联网的方式有无线网（WLAN）、局域网（LAN）和电话线连接等。

 3.1.1 连接无线网络

1. 首次连接无线网

1）接入无线网络的设置很简单，在 Windows 任务栏右端的通知区中，单击连接网络图标。打开无线网络列表，如图 3-1 所示，单击要连接的 Wi-Fi 网络名称，这里选择了 map1600。如图 3-2 所示，单击"连接"按钮。

2）显示"输入网络安全密钥"对话框，如图 3-3 所示，在文本框中输入密码，单击"下一步"按钮。稍等片刻，该计算机就会连接到网络，任务栏右端的通知区中将显示无线网络图标。单击该图标，可看到"已连接，安全"提示，如图 3-4 所示。

图 3-1 展开无线网络列表

图 3-3 输入密钥

图 3-2 连接

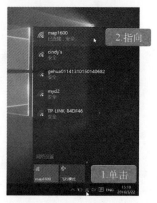

图 3-4 已连接

2. 默认无线网络的断开或连接

● 如果希望暂时断开 WLAN，在 Windows 任务栏右端的通知区中，单击无线网络图标或网络图标![],展开无线网络列表,如图 3-1 所示;或者单击操作中心图标![],展开操作中心,如图 3-5 所示。单击点亮的 WLAN 图标,使之熄灭,变为灰色即可。

● 如果希望再次接入 WLAN,则单击 WLAN 未连接图标![],如图 3-6 所示,展开无线网络连接列表;或者单击操作中心图标![],如图 3-7 所示,展开操作中心。单击 WLAN 名,这里选择 map1600,使之点亮,则接入默认的无线网络。

图 3-5　展开操作中心

图 3-6　WLAN 连接

图 3-7　操作中心

> **名师点拨**
>
> 　　飞行模式可以快速关闭计算机上的所有无线通信,包括 WLAN、网络、蓝牙、GPS 和近场通信(NFC)。若要启用飞行模式,单击任务栏上的网络图标,然后选择 "飞行模式"。

3. 设置无线网络连接

在图 3-6 中,单击"网络设置",将显示"网络和 INTERNET"窗口的"WLAN"选项卡,如图 3-8 所示。在"无线网络连接"区域下,包括无线网络的开关、搜索到的无线网络名称列表、高级选项和管理 Wi-Fi 设置等选项。而"高级选项"和"管理 Wi-Fi 设置"两个选项一般不用设置。另外,"相关设置"部分的内容将在后面专门介绍。

图 3-8　"网络和 INTERNET"窗口

3.1.2 接入局域网

许多学校和企业等单位均采用局域网方式接入互联网。在学校、企业等单位的局域网内，将计算机接入局域网一般不需要设置，只需将网线插入双绞线的 RJ45 口就可。

但是，在有些局域网中需要手动设置计算机的 IP 地址、子网掩码、网关、DNS 等项目。例如，一台笔记本电脑网卡驱动程序已经安装完成，RJ45 口已经插好网线并接入局域网。网管给这台笔记本式计算机分配的配置内容如下。

IP 地址：192.168.12.7

子网掩码：255.255.255.0

默认网关：192.168.12.1

首选 DNS 服务器：202.96.64.68

备用 DNS 服务器：202.96.69.38

具体设置方法如下。

1）在桌面任务栏右端的通知区域中，单击网络图标█或▁▂▃，打开无线网络列表，如图 3-6 所示，单击"网络设置"。

2）显示"网络和 INTERNET"窗口，在左侧窗格中单击"以太网"，右侧窗格将显示以太网的各个选项，如图 3-9 所示。如果显示"未识别的网络 无 Internet"，则需要设置网络。在"相关设置"下，单击"更改适配器选项"。

图 3-9 "网络和 INTERNET"窗口

3）显示"网络连接"窗口，在窗口中可以看到当前计算机的网络连接情况，包括以太网卡、无线网卡的连接信息，如图 3-10 所示。右击"本地连接"图标，在快捷菜单中选择"属性"命令。或者，单击选中"本地连接"，然后单击工具栏上的"更

改此连接的设置"按钮。

图 3-10 "网络连接"窗口

4）打开"本地连接属性"对话框，如图 3-11 所示。在"此连接使用下列项目"列表框中，单击"Internet 协议版本 4(TCP/IPv4)"，然后再单击右下方的"属性"按钮。

图 3-11 "本地连接 属性"对话框

5）打开"Internet 协议版本 4(TCP/IPv4) 属性"对话框，"常规"选项卡中的项目包括 IP 地址、子网掩码、默认网关、DNS 服务器等，这些项目中的具体数字和选项，由网络用户的服务商或网络中心的网络管理人员提供，如图 3-12 所示。

依次单击"确定"按钮关闭对话框，回到图 3-10 所示的"网络连接"窗口，在窗口中可以看到网络已经连接到 Internet，此时就完成了网络设置。

图 3-12 "常规"选项卡

📎 名师点拨

现在许多单位或家中的路由器会自动分配 IP 地址，所以不用填写 IP 地址等，默认使用"自动获得 IP 地址"。也就是说，插入网线就可以用，不用进行本节所述的设置。

3.1.3 拨号接入

小区宽带（双绞线）或者电话线接入互联网，则需要使用拨号接入。

1）打开"网络和 INTERNET"窗口，在左侧窗格单击"拨号"，在右侧窗格中单击"设置新连接"，如图 3-13 所示。

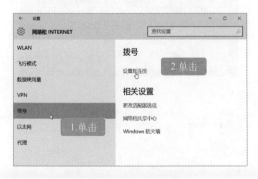

图 3-13 设置拨号连接

2）显示"设置连接或网络"向导对话框，如图 3-14 所示，设置宽带或拨号连接要选中"连接到 Internet"，然后单击"下一步"按钮。如果已经用 WLAN 连接到 Wi-Fi，则需要先断开连接；否则要创建新连接。

图 3-14 "设置连接或网络"向导对话框

3）显示"连接到 Internet"向导对话框，如果是宽带，则单击"宽带(PPPoE)"选项；如果是拨号，要先选中"显示此计算机未设置使用的连接选项"复选框，才能显示"拨号"选项，如图 3-15 所示。

4）单击"宽带(PPPoE)"选项后，提示输入服务商提供的用户名和密码，如

图 3-16 所示。例如，小区宽带提供的用户名和密码分别是 xy115203 和 abcd1234，输入该用户名和密码，同时选中"显示字符"和"记住此密码"复选框，将"连接名称"改为"夏园小区宽带连接"，然后单击"连接"按钮继续。

图 3-15 单击"宽带(PPPoE)"选项

图 3-16 输入因特网服务商提供的信息

5）显示"正在测试 Internet 连接"提示，如图 3-17 所示。如果出现用户名、密码错误，以及其他问题，将显示错误提示。

图 3-17 检测连接

如果连接正常，则显示"你已经连接

到 Internet"提示，如图 3-18 所示，单击"立即浏览 Internet"将打开浏览器，或者单击"关闭"按钮完成设置。

图 3-18 连接到 Internet

6）在桌面任务栏右端的通知区域，单击网络图标，打开无线网络列表，如图 3-19 所示，单击"夏园小区宽带连接"。弹出"网络和 INTERNET"窗口，单击右侧窗格中"夏园小区宽带连接"，显示具体选项，如图 3-20 所示，单击"高级选项"，在打开的窗口中修改用户名、密码等连接属性。

图 3-19 无线网络列表

图 3-20 "网络和 INTERNET"窗口中
"拨号"选项卡

Microsoft Edge 浏览器

浏览 Web 需要使用浏览器，浏览器是安装在用户端计算机上，用于浏览 WWW 中网页（Web）文件的应用程序。2015 年 4 月，微软正式发布 Microsoft Edge 浏览器，用于替代使用了 20 年的 IE 浏览器。Microsoft Edge 为 Windows 10 操作系统的默认浏览器，但同时 IE11 浏览器也被保留，以便兼容旧版网页。

 3.2.1 Microsoft Edge 浏览器窗口的组成

Microsoft Edge 让用户以全新的方式在 Web 上查找资料、阅读和写作，并在需要时获取来自 Cortana 的帮助。打开 Microsoft Edge 的方法是在任务栏上单击 Microsoft Edge 图标，弹出的 Microsoft Edge 浏览器窗口如图 3-21 所示。

图 3-21　Microsoft Edge 浏览器

1．Edge 浏览器窗口的组成

Microsoft Edge 浏览器窗口的组成如下。

- 当前标签页：当前网页的名称和"关闭当前标签页"按钮╳。
- 当前页地址栏：输入或显示当前标签页的 URL 地址。
- 其他标签页：在浏览器中打开的其他网页，单击标签页的名称可使其成为当前标签页，单击其"关闭当前标签页"按钮╳可关闭该标签页。
- 新建标签页：单击按钮╋，可以新建一个空白标签页。
- 网页控制按钮：有"返回"按钮←、"前进"按钮→、"刷新"按钮↻或"停止加载此页"按钮╳。
- 网页：当前标签页中打开的网页主体。
- 鼠标指针处的链接地址：显示鼠标指针处的链接 URL 地址。

● Edge 功能区：Microsoft Edge 浏览器的主要特色功能都在功能区中。

2. Edge 功能区

Microsoft Edge 浏览器的功能区如图 3-22 所示。功能区中的功能按钮如下。

图 3-22　Microsoft Edge 的功能区

● "阅读视图"按钮：当本图标点亮时，当前网页按阅读视图显示；当本图标没有点亮时，则阅读视图模式不可用于此页。
● "收藏"按钮☆：单击该按钮，把当前网页添加到收藏夹或阅读列表。
● "中心"按钮：单击该按钮，可以查看收藏夹、阅读列表、历史记录和下载中的内容。
● "Web 笔记"按钮：单击该按钮，可以做 Web 笔记。
● "共享"按钮：单击该按钮，可以把网页共享到邮件、OneNote、消息等。
● "更多功能"按钮…：单击该按钮，将打开菜单，显示更多的功能。

3.2.2　浏览网页

1. 在地址栏中输入网页地址

地址栏是输入和显示网页地址的地方。打开指定主页最简单的方法是：在地址栏中输入 URL 地址，输入完成后，按〈Enter〉键。

在输入地址时，不必输入 http://协议前缀，IE 会自动补上。如果以前输入过某个地址，浏览器会记住这个地址，再次输入这个地址时，只需输入开始的几个字符，浏览器的"自动完成"功能将检查保存过的地址，把开始几个字符与用户输入的字符相匹配的地址列出来，并自动打开地址栏下拉列表框，给出匹配地址的建议，如图 3-23 所示。用鼠标单击符合要求的地址，或按〈↓〉、〈↑〉键找到所需地址后按〈Enter〉键。

在地址栏非插入状态（即地址栏中没有插入点光标）下，单击地址栏，浏览器将显示热门站点，如图 3-24 所示。单击其中某个站点，相当于在地址栏中输入了该站点的地址并按〈Enter〉键。

图 3-23　在地址栏输入地址

图 3-24　鼠标单击地址栏

浏览器将在当前标签页中，按照地址栏中的地址转到相应的网站或网页。因为浏览器从互联网上的 Web 服务器上下载网页需要时间，所以，在正常的情况下需要稍等片刻才能显示出来。

2. 浏览网页

输入网址后，进入网站后首先看到的网页被称首页或主页，浏览网页时通常由主页上的超链接引导用户跳转到其他位置。超链接可以是图片、三维图像或者彩色文字，超链接文本通常带下划线。将鼠标指针移到某一项可以查看它是否为链接。如果指针变为手形，表明这一项是超链接。同时，窗口左下角将显示该超链接的地址。单击超链接，可以从当前网页跳转到链接网页，地址栏中总是显示当前打开的网页地址。注意，单击链接后，新网页有时在本选项卡中显示，有时在新建的标签页中显示。

此外，也可以在新的窗口中显示新网页，方法是在超链接上右击，在弹出的快捷菜单中选择"在新窗口中打开"命令，如图 3-25 所示。

为了方便浏览曾经浏览过的网页，可以通过网页控制按钮实现。

- 单击"返回"按钮←，返回到在此之前显示的网页，通常是最近的那个网页，可多次后退。
- 单击"前进"按钮→，则转到下一页。如果在此之前没有使用"返回"按钮←，则"前进"按钮显示为灰色→，表示该按钮不能使用。
- 单击"停止加载此页"按钮✕，在加载某网页时，将中止加载该页，取消打开这一页。
- 单击"刷新"按钮↻，将重新连接，并显示本页面的内容。
- 如果页面中显示的文字比例大小不合适，可单击"更多"按钮…，如图 3-26 所示，指向"缩放"，单击➕和➖按钮选择合适的比例，使得网页中的文字和图片大小合适。

3. 阅读视图

阅读视图是浏览器的一项创新。在阅读文章时，为了减少干扰，在干净简洁的布局下阅读，可在地址栏中选择"阅读视图"📖，如图 3-27 所示。

图 3-25　超链接的快捷菜单

图 3-26　单击"更多"按钮…

此时正在阅读的内容显示在前端居中位置，如图 3-28 所示，网页中与阅读主题无关的元素被屏蔽。如果"阅读视图"按钮是灰色的，则阅读视图不可用于此页。只有以文本和图片为主的页面才能开启阅读视图。

图 3-27　平时显示的网页

图 3-28　阅读视图下显示的网页

名师点拨

此外，还可以更改阅读视图的样式和字体大小，方法是单击功能区中的"更多"按钮...，然后单击"设置"。如果要恢复为以原来的方式显示网页，再次单击"阅读视图"按钮。

4. 新建标签页

打开浏览器后，浏览器会自动新建一个标签页。如果希望在一个新标签页中显示网页，则首先单击标签最右端的"新建标签页"按钮，新建一个"新建标签页"，如图 3-29 所示，然后在地址栏中输入地址，打开的网页将显示在这个标签页中。

如果要关闭某个标签页，则单击该标签页右端的"关闭标签页"按钮×，如图 3-30 所示。

图 3-29　新建标签页

图 3-30　关闭标签页

5．关闭浏览器

可以像关闭其他窗口一样关闭 Edge 浏览器，具体方法包括：单击 Microsoft Edge 窗口的"关闭"按钮⊠，或者按〈Alt+F4〉组合键。Microsoft Edge 是一个标签式的浏览器，在一个窗口中可以打开多个标签页。因此在关闭 Microsoft Edge 窗口时将弹出对话框询问用户是否要关闭所有标签页，如图 3-31 所示。若选中"总是关闭所有标签页"复选框，将不在显示本提示。

图 3-31　关闭浏览器时的提示

 3.2.3　收藏网页

当用户在网上发现了自己喜欢的内容，为了下次快速访问该网页，可以将其添加到收藏夹或阅读列表中。

1．把网页地址添加到收藏夹中

把当前网页添加到收藏夹中的操作为：打开要收藏的网页，单击"收藏"按钮☆，如图 3-32 所示。

- 名称：设置保存到收藏列表中的网页的名称，可以更改。
- 保存位置：收藏夹是一个文件夹，收藏夹中可以再创建文件夹。通过此下拉列表框可以选择把网页添加到收藏夹中的位置。默认保存到收藏夹的根位置。
- 创建新的文件夹：用于在收藏夹中创建新的文件夹。单击"创建新的文件夹"链接，显示如图 3-33 所示，在"文件夹名称"文本框中输入名称，例如"生活"；在"文件夹保存位置"下拉列表框中选取新文件夹的创建位置，可以在"收藏夹"的根位置创建，也可以在其中的文件夹中创建。
- 添加：单击该按钮，把网页地址添加到"保存位置"下拉列表框中选定的文件夹。

图 3-32　添加到收藏夹

图 3-33　在"收藏夹"中创建新文件夹

2．把网页地址添加到阅读列表中

对于可以用"阅读视图"模式显示的网页，最好将其添加到阅读列表，以方便以后阅读。

打开要收藏的网页，单击"收藏"按钮☆，如图 3-34 所示，单击"阅读列表"。

"名称"文本框用于设置保存在阅读列表中的网页名称，"添加"按钮用于将网页收藏到阅读列表，"取消"按钮用于取消网页的添加。当使用 Microsoft 账户登录时，你的所有 Windows 10 设备上都将看到你的阅读列表。

图 3-34　添加列表

 ### 3.2.4　Edge 中心

可以把 Microsoft Edge "中心"看作用户用于保存在网上收集的内容的位置。单击"中心"按钮☰，展开下拉列表，可以查看收藏夹、阅读列表、浏览历史记录和当前下载。

1. 管理收藏夹

通过"中心"下的收藏夹，可以查看添加到收藏夹的网页、改变收藏的网页在收藏夹中的位置、重命名网页和删除添加的网页等。在"中心"下拉列表中，单击"收藏夹"按钮☆，显示收藏夹中保存的网页，如图 3-35 所示。

（1）显示收藏的网页

要显示收藏夹列表中的网页，只要单击列表中的网页名称。如果要显示的网页被收藏到其他文件夹中，则先单击文件夹名称，进入该文件夹后再单击需要的网页或文件夹，如图 3-36 所示。添加到收藏夹中的网页再次显示时，地址栏右端的"收藏"按钮变为黄色★。

（2）整理收藏夹

随着收藏夹中网页地址的增加，为了便于查找和使用，需要整理收藏夹。打开收藏夹列表，在收藏夹列表上的文件夹或网页名称上右击，在快捷菜单中可以选择"删除""重命名""创建新的文件夹"等命令，如图 3-37 所示。此外，还可以用拖动的方法移动文件夹和网页的位置，从而改变收藏夹的组织结构。

图 3-35　"中心"下的"收藏夹"列表

图 3-36　文件夹中的网页

（3）显示"收藏夹栏"

"收藏夹栏"是收藏夹中的一个文件夹，收藏到"收藏夹栏"中的网页将显示在浏览器的收藏夹栏中。如果要显示收藏夹栏，在图 3-37 所示的下拉列表中单击"收藏夹设置"。显示"收藏夹设置"窗格。将"显示收藏夹栏"开关设为"开"，如图 3-38 所示，这时添加到收藏夹栏中的网页将出现在收藏栏中。

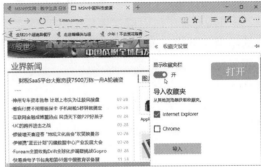

图 3-37 收藏夹中网页的快捷菜单　　　　　　　　　图 3-38 收藏夹设置

（4）导入收藏夹

导入收藏夹功能可以把原来的 IE、Chrome 等浏览器中的收藏夹导入到 Edge 中。在图 3-38 所示的"收藏夹设置"窗格中，单击"导入"按钮。

2．管理阅读列表

在"中心"列表中，单击"阅读列表"按钮▤，显示收藏到阅读列表中的网页，如图 3-39 所示。如果要显示阅读列表中的网页，单击该网页名，或者在要打开的网页上右击，从快捷菜单中选择"在新标签页中打开"命令。如果不再需要该网页，可选择"删除"命令。

3．历史记录

浏览器会自动把浏览过的网页地址按日期顺序保存在历史记录中。历史记录保存的天数可以设置，并可以根据需要随时删除历史记录。

在"中心"列表中，单击"历史记录"按钮🕐，显示最近打开过的网页，如图 3-40 所示。单击历史记录中的网页名，则显示该网页；单击该网页右端的✕，可删除该记录；单击"过去一小时"右端的✕，可删除过去 1 小时的浏览记录；单击"清除所有历史记录"，可删除所有记录。此外，也可以右击某历史记录，在快捷菜单中选择"删除"命令。

图 3-39 "中心"下的阅读列表　　　　　　　　　图 3-40 "中心"下的历史记录

4．下载

在"中心"列表中，单击"下载"按钮↓，显示最近下载的文件，如图3-41所示。单击下载列表中的文件名，可以打开该文件；单击文件名右端的✕，则可从列表中清除该文件名；单击"全部清除"，可清除全部下载记录；单击"打开文件夹"，则可在文件资源管理器中定位到该文件夹。

5．固定"中心"

在"中心"列表右上角，有一个"固定此窗格"按钮⊣，单击此按钮可以把"中心"窗格固定在浏览器右侧，使之一直显示。"中心"窗格固定后，该按钮变为✕，单击✕按钮可取消"中心"窗格的固定。

图3-41 "中心"下的下载记录

 3.2.5 Web笔记

Microsoft Edge 是唯一一款能够让用户直接在网页上记笔记、书写、涂鸦和突出显示的浏览器，也就是说，用户可以把网页作为画布笔记，以后打开该网页时，做的 Web 笔记不会消失，仍然保持原样。在 Microsoft Edge 中，打开网页，单击"Web 笔记"按钮✐，显示 Web 笔记工具栏，以便在网页中添加笔记，如图3-42所示。

笔
荧光笔
橡皮擦
添加键入的笔记
剪辑

退出
共享 Web 笔记
保存 Web 笔记

图3-42 Web笔记工具栏

- 笔▽：画笔工具，单击该按钮可以用鼠标在网页上涂画。单击▽按钮右下角的小箭头，在展开的列表中可以选择笔的颜色和尺寸。
- 荧光笔▽：单击该按钮可以像荧光笔一样，在文字上刷上颜色而不会覆盖住文字，是具有透明效果的彩笔。单击▽按钮右下角的小箭头，在展开的列表中可以选择荧光笔的颜色和尺寸。
- 橡皮擦◆：单击◆按钮后，再单击笔或荧光笔涂画的痕迹，痕迹将被清除。单击◆按钮右下角的小箭头，在下拉列表中选择"清除所有墨迹"命令，则清除当前网页中的所有涂画。

- 添加键入的笔记：单击该按钮，可在网页中添加文字标注，如图 3-42 所示。可以在一个网页中添加多个文字标注。拖动标注的数字，可以改变标注在网页上的位置。单击标注框中的"删除"图标，可删除当前标注。单击其他按钮退出标注。
- 剪辑：单击该按钮，可把拖拉的一块网页区域作为位图保存在剪贴板中。具体操作方法是先单击按钮，网页被透明黑色覆盖，中间显示"拖动以复制区域"；按下鼠标左键不放，拖拉出一个矩形区域，松开鼠标左键，区域右下角显示"已复制"。然后就可以粘贴到画图、Word 等软件中保存。单击其他按钮退出剪辑。
- 保存 Web 笔记：单击该按钮，可把网页和 Web 笔记保存到 OneNote、收藏夹或阅读列表中，如图 3-43 所示。下次从收藏夹或阅读列表中打开该网页时，该网页是以位图的形式打开的，所以 Web 笔记不会消失；但是，所做的涂画、标注将不能被擦除，网页中的文字、图片等也不能被操作。如果需要对原始网页进行操作，最好同时收藏没有做过 Web 笔记的网页。
- 共享 Web 笔记：单击该按钮，可把 Web 笔记共享到邮件、OneNote 或消息，如图 3-44 所示。

图 3-43　保存 Web 笔记

图 3-44　共享 Web 笔记

- 退出：单击该按钮，可退出 Web 笔记。

3.2.6　Edge 的更多操作

1. "更多"菜单

在 Microsoft Edge 的功能区中单击"更多"按钮，将显示"更多"菜单，如图 3-45 所示，从而可以对浏览器进行一些其他操作和设置。

- 新窗口：选择该命令，将新打开一个 Microsoft Edge，同时打开设置的网址。
- 新 InPrivate 窗口：选择该命令，将新

图 3-45　"更多"菜单

建一个空白的 InPrivate 窗口，如图 3-46 所示。InPrivate 浏览模式可使用户在浏览时不会留下任何隐私信息痕迹（即无痕浏览），在关闭 InPrivate 窗口后，将删除所有用户数据。这可以防止任何其他用户看到您访问了哪些网站，以及您在 Web 上查看了哪些内容。

● 缩放：用于缩小或放大网页中的文字。单击—按钮可缩小文字，单击＋按钮可放大文字。
● 在页面上查找：选择该命令，将在浏览器功能区下显示搜索栏，如图 3-47 所示。

图 3-46　InPrivate 窗口　　　　　　图 3-47　在浏览器功能区下显示搜索栏

每输入一个字，则开始在当前网页中查找（不用按〈Enter〉键），对符合条件的文字加上背景色，如图 3-48 所示。其中，数字分式 2/6 表示共有几处符合条件，以及当前所在的位置。单击 ＜ 按钮显示前一处符合条件的内容，单击 ＞ 按钮显示后一处符合条件的内容。此处可在"选项"下拉列表中选择"全字匹配"和"区分大小写"。单击×按钮关闭搜索栏。

● 打印：选择该命令，将显示"打印"对话框，可以打印当前网页，也可以输出到打印机或文件。
● 将此页固定到"开始"屏幕：选择该命令，将提示"此应用正在尝试将磁贴固定到'开始'屏幕，想要将此磁贴固定到'开始'屏幕吗？"。若把此网页做成开始屏幕的磁贴，那么下次可以更方便地打开此网页，比收藏更方便。
● F12 开发人员工具：选择该命令，将打开 HTML、CSS 代码窗口，如图 3-49 所示。

图 3-48　在页面上查找　　　　　　　图 3-49　HTML、CSS 代码窗口

● 使用 Internet Explorer 打开：选择该命令，将再用 Internet Explorer 打开当前网页。当用 Microsoft Edge 打开的网页不兼容时，可用 Internet Explorer 打开当前网页，如图 3-50 所示。

● 发送反馈：选择该命令，将把使用中遇到的问题反馈给微软公司。

● 设置：用于设置 Microsoft Edge，包括设置主题、打开方式、收藏夹、清除浏览数据、同步内容、阅读视图和其他高级设置。

2. 设置主页

每次启动浏览器后都会显示一个默认网页，因此，用户可以把经常浏览的网页设置为打开浏览器时显示的默认网页。下面设置打开 Microsoft Edge 时首先显示主页 http://cn.msn.com/。

1）在 Microsoft Edge 的功能区中单击"更多"按钮…，在"更多"菜单中选择"设置"命令，如图 3-45 所示。

选项组中选中"特定页"单选按钮，在下方的下拉列表框中选择"自定义"，在文本框中输入"http://cn.msn.com/"，如图 3-51 所示，最后单击"添加"按钮＋。

图 3-50　用 Internet Explorer 打开当前网页

2）在"设置"窗格中，在"打开方式"

图 3-51　设置主页

3. 设置其他

单击"查看收藏夹设置"可在"设置"窗格中进行收藏夹设置、清除浏览数据、同步内容、阅读视图等操作，如图 3-52 所示。单击"高级设置"下的"查看高级设置"，将显示更多设置，如图 3-53 所示，包括阻止弹出窗口、是否保存密码等。

图 3-52　收藏夹设置等

图 3-53　"高级设置"选项组

3.2.7 在地址栏中搜索

需要搜索时，通常是在浏览器地址栏中输入搜索网站的地址，例如，必应 http://cn.bing.com/，百度 http://www.baidu.com，360 搜索 http://www.so.com，搜狗 http://www.sogou.com/，雅虎 https://sg.search.yahoo.com/等，然后在搜索网页中进行搜索。而 Microsoft Edge 可直接在地址栏中输入搜索关键字，如图 3-54 所示，按〈Enter〉键则按设置的默认搜索引擎搜索，也可选择建议列表中的网站或关键字。

搜索结果包括来自 Web 的即时结果，以及浏览历史记录，如图 3-55 所示。

图 3-54 在地址栏中输入搜索关键字

图 3-55 搜索的结果

可以在"设置"窗格中更改默认的搜索引擎，具体操作是在 Microsoft Edge 的功能区中单击"更多"按钮…，在"更多"菜单中选择"设置"命令。显示"设置"窗格，单击"高级设置"下的"查看高级设置"。在地址栏搜索方式下，单击"更改"，如图 3-56 所示。

显示搜索引擎列表，单击需要的搜索引擎，如图 3-57 所示。最后单击窗格菜单之外的区域，关闭"更多"菜单。

图 3-56 高级设置

图 3-57 更改搜索引擎

3.2.8 网页的保存和打开

可以把网页、网页中的图片等内容保存到用户自己的文件夹中，以便在不上网时也能阅读。

1. 把网页保存为 PDF 文件

把网页保存为 PDF 文件可以保留网页原来的排版，保存了网页的"原汁原味"。具体操作步骤是：打开要打印的网页，在 Microsoft Edge 的功能区中单击"更多"按钮…，在"更多"菜单中选择"打印"命令。显示"打印"对话框，单击"打印机"，显示打印机选单，如图 3-58 所示，包括打印到打印机、打印到 PDF 文件、发送到 OneNote 等，单击"Microsoft Print to PDF"，然后单击"打印"。

弹出"将打印输出另存为"对话框，浏览到输出的文件夹，输入 PDF 文件名，单击"保存"按钮，如图 3-59 所示。打开刚才生成的 PDF 文件，可以发现该 PDF 文件几乎与网页完全一样。

图 3-58 "打印"对话框

图 3-59 "将打印输出另存为"对话框

2. 保存网页

Microsoft Edge 没有提供直接保存网页的功能。如果要保存当前网页，在 Microsoft Edge 的功能区中单击"更多"按钮…，在"更多"菜单中选择"使用 Internet Explorer 打开"。在 Internet Explorer 浏览器中，单击"工具"按钮，指向"文件"，选择"另存为"命令（或者按〈Ctrl+S〉组合键），如图 3-60 所示。

弹出"保存网页"对话框，如图 3-61 所示，选择保存网页文件的文件夹。在"文件名"文本框中输入网页文件名（一般不需要更改）。单击"保存类型"下拉列表框右侧的 按钮，在下拉列表中可以选择"网页，全部（*.htm,*.html）""Web 档案，单一文件（*.mht）""网页，仅 HTML（*.htm,*.html）"或"文本文件（*.txt）"。最后，单击"保存"按钮。

图 3-60 IE 浏览器的"工具"菜单

图 3-61 "保存网页"对话框

这些保存类型中使用较多的是网页和 Web 档案格式，两者的主要区别是：保存文件时是否将页面中的其他信息（如图片等）分开存放。若保存为网页类型，则系统会自动创建一个名为 XXX.files 的文件夹，并将页面中的图片等对象保存在其中。

3. 打开保存的网页

Microsoft Edge 浏览器无法打开本地保存着的网页。保存在磁盘上的网页文件，可以用 Internet Explorer 在不连接互联网的情况下显示出来。由于 Internet Explorer 11 默认不显示菜单栏，因此首先显示出菜单栏，具体操作为右击标题栏空白区域，在快捷菜单中选择"菜单栏"命令，如图 3-62 所示。菜单栏将出现在地址栏下方，然后选择 IE"文件"菜单中的"打开"命令，如图 3-63 所示。

显示"打开"对话框，如果知道网页的保存路径和文件名，可直接在"打开"组合框中输入。否则，单击"浏览"按钮，如图 3-64 所示。

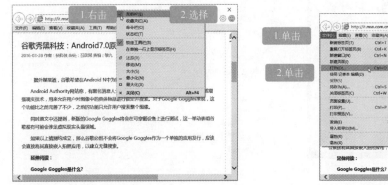

图 3-62　显示菜单栏　　　　　　　　　　　　图 3-63　"文件"菜单

显示"Internet Explorer"对话框，浏览到保存网页的文件夹，选中要打开的网页，然后单击"打开"按钮，如图 3-65 所示。最后单击"确定"按钮，即可打开保存在磁盘上的网页。此外，也可在文件资源管理器中，双击保存的网页文件，用默认的浏览器打开网页。

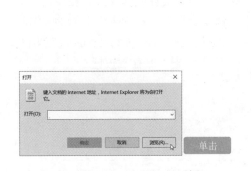
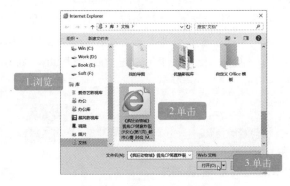

图 3-64　"打开"对话框　　　　　　　　　　　图 3-65　浏览文件

4. 保存网页中的选定内容

可以把网页中选定的部分内容通过复制、粘贴的方式，复制到 Word、记事本等编辑软件中。方法是：在网页中选定需要复制的文字、图片内容，按〈Ctrl+C〉组合键将选定的内容复制到剪贴板。切换到打开的 Word 或记事本中，按〈Ctrl+V〉组合键把剪贴板中的内容粘贴到文档中。最后保存文档。

5. 保存图片

在 Microsoft Edge 中打开网页，在图片上右击，在快捷菜单中选择"将图片另存为"命令。打开"另存为"对话框，在对话框中选择保存路径，输入图片的名称。最后，单击"保存"按钮完成图片的保存。

6. 下载文件

超链接都指向一个资源，这个资源可以是网页，也可以是压缩文件、EXE 文件、音频文件、视频文件等文件。下载这些资源文件的方法为：在 Microsoft Edge 中打开网页，在超链接上右击，在快捷菜单中选择"将目标另存为"命令。打开"另存为"对话框，如图 3-66 所示，在对话框中浏览到保存文件的路径，重命名文件名后，单击"保存"按钮。当网页带有"下载"按钮时，单击该按钮就可下载链接文件。

在浏览器底部会出现一个下载进度状态窗口，如图 3-67 所示，其中包含下载完成的百分比，估计剩余时间，暂停、取消等控制按钮。

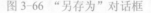

图 3-66 "另存为"对话框

图 3-67 下载进度状态窗口

下载完成后，显示如图 3-68 所示，单击"查看下载"按钮。

打开"下载"窗格，如图 3-69 所示，该窗格列出了通过浏览器下载的文件列表，以及它们的状态和保存位置等信息。

图 3-68 下载完成的提示

图 3-69 "下载"窗格

可以根据需要更改 Microsoft Edge 浏览器的下载文件保存路径，在功能区单击"中心"按钮 。在中心窗格中单击"下载"按钮 ↓，显示下载列表，如图 3-69 所示。单击"打开文件夹"，则在文件资源管理器中打开保存下载文件的文件夹，右击内容窗格中的空白区域，打开快捷菜单，选择"属性"命令如图 3-70 所示；或者右击导航窗格中的"下载"，在快捷菜单中选择"属性"命令。

打开"下载 属性"对话框，单击"位置"选项卡，如图 3-71 所示，单击"移动"按钮。

显示"选择一个目标"对话框，如图 3-72 所示，浏览选择一个下载文件夹，然后单击"选择文件夹"按钮。

图 3-70　下载文件夹的快捷菜单

图 3-71　"下载属性"对话框的"位置"选项卡

返回到"下载 属性"对话框的"位置"选项卡，单击"确定"按钮。显示"移动文件夹"对话框，如图 3-73 所示，单击"是"按钮。这样以后下载文件时，会默认保存到新设置的位置。

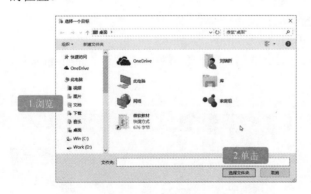

图 3-72　"选择一个目标"对话框

图 3-73　"移动文件夹"对话框

3.2.9　Cortana 和 Microsoft Edge 的组合

Microsoft Edge 浏览器还集成了私人助手 Cortana。当在网页上发现一个想要了解更多相关信息的主题时，选中该字词或短语，然后右击，在快捷菜单中选择"询问 Cortana"命令，则浏览器右侧会显示 Cortana 窗格，并给出相关信息，如图 3-74 所示。

图 3-74　使用 Cortana 搜索

3.3　Microsoft 账户

使用 Microsoft 账户，在所有设备（例如，Windows PC、平板电脑、手机、Xbox 主机、Mac、iPhone、Android 设备）上均可登录，并可使用任何 Microsoft 应用程序和服务（例如，Windows、Office、Outlook、OneDrive、Skype、Xbox 等）。在 Windows 10 操作系统中，大量的内置应用都必须以微软账户登录系统才能使用。通过 Microsoft 账户登录本地 Windows 10 操作系统后，不仅可以对本地计算机进行管理，而且可以在 PC、平板电脑、手机等多设备之间共享资料及设置。当使用 Microsoft 账户登录 Windows 10 后，登录同样需要 Microsoft 账户的微软网站或应用程序时，不需要重新输入账户和密码，操作系统会自动登录。这样就简化了登录流程，给用户带来了极大的便利。

3.3.1　注册 Microsoft 账户

注册 Microsoft 账户有两种途径，一是通过浏览器打开微软的注册网站来注册；二是通过 Windows 10 中的 Microsoft 账户注册链接来注册。

1. 在微软网站注册 Microsoft 账户

1）使用本地账户登录 Windows 10，然后在浏览器中访问网址 http://www.microsoft. com/zh-cn/account/即可打开微软官方网站中文页面，显示如图 3-75 所示，单击"创建免费 Microsoft 账户"链接。

2）显示"创建账户"页面，如图 3-76 所示，在表单中填写用户的基本信息。填写完整后，单击"创建账户"按钮，创建一个

Microsoft 账户的同时，也得到一个与这个账户同名的 Outlook 邮箱。

此外，也可以改用其他任何电子邮件地址作为新的 Microsoft 账户的用户名，包括 Outlook.com、163.com、sohu.com 等，单击"改为使用电子邮件"，然后又将其他电子邮件地址设为 Microsoft 账户的用户名。

图 3-75　Microsoft 账户登录页

图 3-76　创建 Microsoft 账户

2. 在 Windows 10 中注册 Microsoft 账户

在 Windows 10 中创建 Microsoft 账户更加方便。

1）使用本地账户登录 Windows 10。单击"开始"按钮 ■，在"开始"菜单中选择"设置"。显示"设置"窗口，单击"账户"。显示"账户"窗口，在右侧窗格中，单击"改用 Microsoft 账户登录"，如图 3-77 所示。

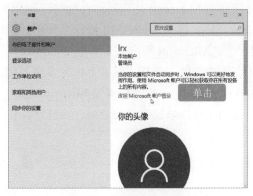

图 3-77　"账户"窗口

2）显示"个性化设置"对话框，如图 3-78 所示，单击"创建一个"。

图 3-78　"个性化设置"对话框

3）显示"让我们来创建你的账户"对话框，如图 3-79 所示。如果要创建 Outlook 邮箱账户，在邮件地址文本框下方单击"获取新的电子邮件地址"，显示如图 3-80 所示，依次在"姓""名""新建电子邮件"和"密码"文本框中输入信息，然后单击"下一步"按钮。

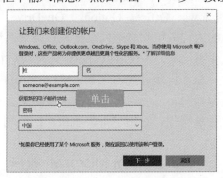

图 3-79　使用已有邮箱注册

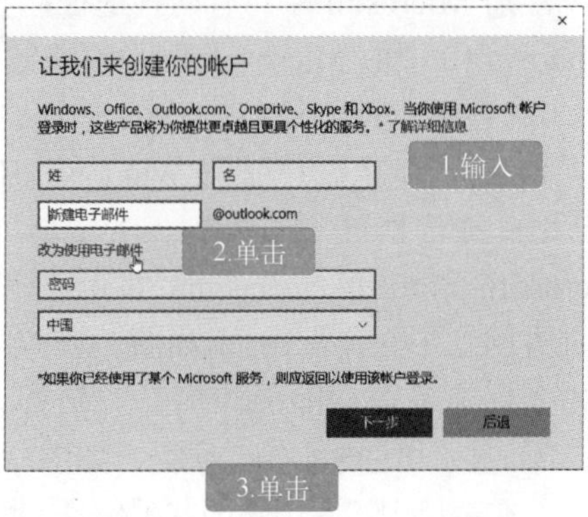

图 3-80　新建 Outlook 邮箱账户

4）显示"添加安全信息"对话框，如图 3-81 所示，输入手机号码，如果不愿意输入手机号码，则单击"改为添加备用电子邮件"。显示如图 3-82 所示，输入另外一个已有的邮箱地址，然后单击"下一步"按钮。

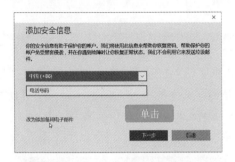

图 3-81　用手机作为备用信息

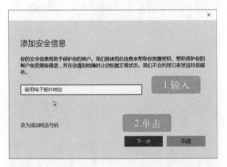

图 3-82　用邮箱作为备用信息

5）显示"查看与你相关度最高的内容"对话框，如图 3-83 所示，直接单击"下一步"按钮。

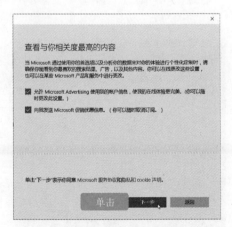

图 3-83　"查看与你相关度最高的内容"对话框

6）输入登录 Windows 10 本地账户的

密码，如图 3-84 所示，输入密码后单击"下一步"按钮。

图 3-84　输入本地账户登录密码

7）显示"设置 PIN"对话框，如果不需要设置，单击"跳过此步骤"，如图 3-85 所示。

图 3-85　"设置 PIN"对话框

8）至此，Microsoft 账户创建完成，并且自动切换到 Microsoft 账户登录，显示如图 3-86 所示。

图 3-86　Microsoft 账户创建完成

3.3.2 在本地账户与 Microsoft 账户之间切换

1．Microsoft 账户切换到本地账户

由于从 Microsoft 账户切换到本地账户需要注销当前 Microsoft 账户，如果有正在编辑的文档，请保存后再执行下面的操作。

1）在任务栏的通知区中单击"操作中心"图标，打开"操作中心"窗格，单击"所有设置"图标。显示"设置"窗口，单击"账户"，显示"账户"界面，在右侧窗格中，单击"改用本地账户登录"，如图3-87 所示。

图 3-87 "账户"界面

2）显示"切换到本地账户"对话框，如图 3-88 所示，在"当前密码"文本框中输入 Microsoft 账户密码，然后单击"下一步"按钮。

图 3-88 "切换到本地账户"对话框

3）显示修改本地账户密码的界面，如图 3-89 所示，在"密码"和"重新输入密码"文本框中输入登录 Windows 的密码，在"密码提示"文本框中输入提示。如果没有使用 PIN 或 Windows Hello 登录 Windows，也可以不输入密码，直接单击"下一步"按钮。

图 3-89 输入本地账户登录密码

4）显示完成提示，如图 3-90 所示，单击"注销并完成"按钮。

图 3-90 注销并完成

2. 本地账户切换到 Microsoft 账户

由于本地账户无法使用 Windows 10 操作系统提供的某些功能，而且无法同步操作系统设置，所以为了完全体验 Windows 10 的功能，请使用 Microsoft 账户登录。具体操作步骤如下。

1）打开"账户"界面，在右侧窗格中，单击"改用 Microsoft 账户登录"，如图 3-91 所示。

图 3-91 "账户"界面

2）显示"个性化设置"对话框，如图 3-92 所示，输入 Microsoft 账户的电子邮件和密码，然后单击"登录"按钮。

图 3-92 输入 Microsoft 账户名和密码

3）要求输入本地账户密码，如图 3-93 所示，输入本地账户密码后，单击"下一步"按钮。

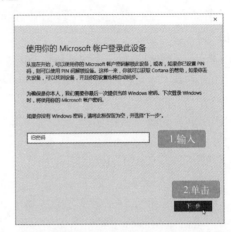

图 3-93 输入本地账户密码

4）显示"设置 PIN"对话框，如图 3-94 所示，这里单击"跳过此步骤"。

图 3-94 "设置 PIN"对话框

此时将显示"账户"界面，并显示 Microsoft 账户的名称和邮箱账户，表明系统已经切换到 Microsoft 账户。

 ## 3.4 高手速成——OneDrive

OneDrive 是 Microsoft 提供的一项云存储服务，是 Microsoft 账户随附的免费网盘，用户可将自己的文件保存在其中，这样可以从任意 PC、平板电脑或手机（Windows、Apple 或

Android）设备上免费安装 OneNote 应用，并随处访问存储的内容。

Microsoft 账户注册 OneDrive 后就可以获得 15GB 的免费存储空间，如果需要更多空间，则需要付费。OneDrive 提供的功能包括：自动备份相册，在线 Office，分享指定的文件、照片或者整个文件夹等。OneDrive 采用高级加密标准和安全传输协议，以及公钥加密算法验证文件来保护个人数据的安全，所以不用担心 OneDrive 数据安全的问题。有两种使用 OneDrive 的途径。

- 使用 OneDrive 网站。打开 https://onedrive.live.com/网站，使用 Microsoft 账户登录到 OneDrive，就可以开始使用 OneDrive 存储文件。
- 使用 OneDrive 桌面应用程序。因为 Windows 10 已经集成 Microsoft 账户和 OneDrive 服务，通过这种途径可更快、更容易访问 OneDrive 文件。

 ### 3.4.1 OneDrive 的使用

Windows 10 中默认集成了桌面版 OneDrive，支持文件或文件夹的复制、粘贴、删除等操作。当使用 Microsoft 账户登录计算机后，即可自动启用 OneDrive 服务。桌面版 OneDrive 最大可以上传 10GB 的单个文件。

1. 第一次使用 OneDrive

第一次使用 OneDrive 前需要对 OneDrive 进行设置。具体操作步骤如下。

1）单击"开始"按钮，单击"所有应用"，单击"OneDrive"；或者在文件资源管理器的导航窗格中单击"OneDrive"。

2）显示"欢迎使用 OneDrive"提示，如图 3-95 所示，单击"登录"按钮。

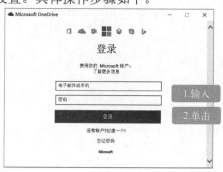

图 3-96　登录

图 3-95　"欢迎使用 OneDrive"窗口

3）显示登录界面，如图 3-96 所示，输入 Microsoft 账户和密码，单击"登录"按钮。

4）显示本地 OneDrive 文件夹的位置界面，如图 3-97 所示，单击"更改位置"按钮可以设置 OneDrive 文件夹的位置。或者直接单击"下一步"按钮。

图 3-97　设置本地 OneDrive 文件夹位置

5）显示同步 OneDrive 文件夹的界面，如图 3-98 所示，选中需要同步的文件夹复选框，然后单击"下一步"按钮。

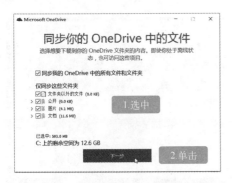

图 3-98　设置本地同步文件夹

图 3-99　准备就绪

6）提示准备就绪，如图 3-99 所示，单击"打开我的 OneDrive 文件夹"按钮。将在文件资源管理器中打开本地 OneDrive 文件夹，同时也链接到 https://onedrive.live.com/，打开云端的 OneDrive 文件夹。

设置完成后，状态栏右端的通知区中将出现云朵形状的图标，单击图标会提示 OneDrive 更新情况，如图 3-100 所示。双击图标会在文件资源管理器中打开 OneDrive 文件夹，如图 3-100 所示。本地 OneDrive 文件夹默认存储所有同步数据。

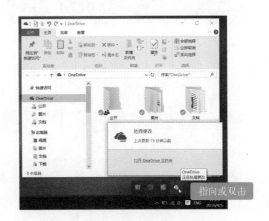

图 3-100　本地 OneDrive 文件夹

2. 添加或上传文件到 OneDrive

用户可以像在本地硬盘分区上一样对 OneDrive 中的文件进行各种操作。

- 若要将正在处理的文档保存到 OneDrive，则从保存位置列表中选择本地 OneDrive 文件夹中的相应文件夹。
- 若要将文件上传到 OneDrive，则打开文件资源管理器，然后将它们复制到本地 OneDrive 文件夹中的相应文件夹。

当对本地 OneDrive 文件夹中的文件或文件夹进行过移动、复制、删除、还原删除、重命名等操作之后，OneDrive 会自动同步这些改动，并在状态栏图标中显示上传进度，如图 3-101 所示。当同步完成后，则在文件或文件夹的图标左上角显示绿色小对号，如图 3-102 所示。

3. 同步文件

如果在未连接到 Internet 时改动本地 OneDrive 文件夹中的文件或文件夹，当重新连接网络时，OneDrive 会根据离线时所做的更改更新联机版本。

"文件资源管理器"图标会显示离线文件夹和文件的同步状态。

- ：与联机版本同步。
- ：正在同步。
- ：两个版本不同步。若要找出原因，请在任务栏右侧的通知区，右击（或长按）

OneDrive 图标![cloud]，然后选择"查看同步问题"命令。

图 3-101　上传进度

图 3-102　同步完成

4. 设置 OneDrive

在状态栏的通知区中，右击 OneDrive 图标![cloud]，在快捷菜单中选择"设置"命令。弹出
"Microsoft OneDrive"对话框，"设置"选项卡如图 3-103 所示，系统默认启动 Windows 10
时自动启动 OneDrive。

在"账户"选项卡中，如图 3-104 所示，单击"选择文件夹"按钮，将显示设置同步文
件夹，如图 3-98 所示，选中需要同步的文件夹复选框。

图 3-103　"设置"选项卡

图 3-104　"账户"选项卡

5. 关闭 OneDrive

如果不想使用 OneDrive，则可以关闭它，在计算机上将其
隐藏。在状态栏的通知区中，右击 OneDrive 图标![cloud]，在快捷
菜单中选择"退出"命令，并如图 3-105 所示。由于 OneDrive
内置在 Windows 10 中，因此无法卸载它。关闭 OneDrive 并不
会从将它用户的 PC 中删除，而是使它停止与云同步，或者停
止与其他应用连接。如果在云端的 OneDrive 中有文件或数据，
在本地计算机上关闭 OneDrive 并不会导致云端文件或数据丢

图 3-105　OneDrive 快捷菜单

失。用户始终可以通过登录 https://onedrive.live.com/来访问自己的文件。

 3.4.2 网页版 OneDrive

网页版 OneDrive 的功能比本地 OneDrive 多了许多。

1. 网页版 OneDrive 的登录

打开 https://onedrive.live.com/网页，输入 Microsoft 账户和密码。或者，在 Windows 10 状态栏右端的通知区中，右击 OneDrive 图标☁，在快捷菜单中选择"在线查看"命令，如图 3-105 所示，即可进入网页版 OneDrive。

（1）第一次进入网页版 OneDrive

第一次进入网页版 OneDrive 时的显示如图 3-106 所示，单击"开始使用"按钮。显示如图 3-107 所示，单击"下一步"按钮。

图 3-106　欢迎使用 OneDrive 第一步

图 3-107　欢迎使用 OneDrive 第二步

显示如图 3-108 所示，单击"关闭"按钮，显示如图 3-109 所示。

图 3-108　欢迎使用 OneDrive 第三步

图 3-109　网页版 OneDrive 中的文件

（2）非第一次进入网页版 OneDrive

如果不是第一次使用网页版 OneDrive，将直接显示如图 3-109 所示。

> 🔷 **名师点拨**
>
> 　　网页版 OneDrive 中的选项都在顶部菜单栏和左侧窗格中。单击 OneDrive，或在左侧窗格中单击 OneDrive 下的"文件"，将显示同步的文件，如图 3-109 所示。

2. 新建文件或文件夹

　　单击"新建"，显示新建列表，如图 3-110 所示。

　　可以在 OneDrive 中新建文件夹和 Office 文档，当创建 Office 文档时，将启动 Office Online，例如，单击"Excel 工作簿"，启动 Excel Online，显示如图 3-111 所示。关闭浏览器网页的标签可关闭该编辑，Microsoft OneDrive 会自动保存在网页上编辑的文档内容。右击保存在 OneDrive 中文件或文件夹名，利用快捷菜单可进行重命名、删除等操作。单击该文档名，可打开文档并在线编辑。可以拖动文件或文件夹，将其移动到其他文件夹中去。

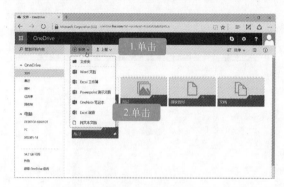

图 3-110　"新建"选项

图 3-111　启动 Excel Online

3. 上传文件或文件夹

　　在网页版 OneDrive 中可以上传文件或文件夹。单击"上载"，显示下拉选项，单击"文件"或"文件夹"。将弹出"选择文件"或"选择文件夹"对话框，如图 3-112 所示。在本地硬盘上选择要上传的文件或文件夹，在选项栏上显示上传进度。网页版 OneDrive 也支持上传最大 10GB 的单个文件。

图 3-112　网页版 OneDrive

此外，只要支持 HTML5 的浏览器，都能在网页版 OneDrive 中以拖曳的方式进行上传，如图 3-113 所示。使用 IE11、Edge、Chrome 等浏览器，可以直接拖曳本地计算机中的文件或文件夹到网页版 OneDrive 文件列表中，然后程序会自动上传。

图 3-113　从文件资源管理器拖曳文件或文件夹到网页版 OneDrive

在文件上传过程中，可以继续浏览网页或使用 OneDrive，无需等待上传任务完成。

4. 共享 OneDrive 文件和文件夹

（1）共享文件或文件夹

OneDrive 的共享功能非常强大，在 OneDrive 网站上的具体操作如下。

1）单击文件或文件夹右上角中的圆来选中该项目 ✅，也可以选中多个项目。

2）单击页面顶部的"共享"，如图 3-114 所示。或者右击选中的项目，在快捷菜单中选择"共享"命令。

3）显示"共享 XXX"对话框，如图 3-115 所示，共享选项有两个，分别为"获取链接"和"电子邮件"。这里单击"获取链接"。

图 3-114　选中项目和共享

图 3-115　显示共享对话框

4）显示如图 3-116 所示，单击对话框中的"更多"按钮 ∧ 可以显示更多选项。可以根据不同的需求创建可编辑链接和只读链接。对于共享文件夹，具有编辑权限的用户可以复制、移动、编辑、重命名、共享和删除文件夹中的任何内容。

5）单击"复制"，将链接粘贴在电子邮件或其他位置。若要在社交网络上发布链接，请单击"更多"按钮 ∧，然后单击社交网络图标。

图 3-116　选中项目和共享

（2）查看或更改共享

OneDrive 的共享功能在 Outlook.com 中更能体现出来，经由 Outlook.com 批量发送文件时，支持从 OneDrive 选择文件插入，并以缩略图的形式在邮件中呈现浏览地址及下载链接，而且发送的文件不受邮箱附件容量限制。如果想要给用户或组发送电子邮件邀请并跟踪邀请，则选择电子邮件。如果需要，可以删除权限的特定人员或组。

1）单击"电子邮件"，显示如图 3-117 所示。输入电子邮件地址或想要与其共享的人员的姓名，在需要时为收件人添加备注。

图 3-117　添加人员

2）若要更改共享的权限级别，单击"可查看"（或"可编辑"）。如果选择"可查看"，则收件人可以查看、下载或复制共享的文件。如果选择"可编辑"，则收件人员可以使用 Office Online 编辑 Office 文档且无须登录。若要更改其他（如添加或删除文件夹中的文件），收件人需要使用 Microsoft 账户登录。如选择的是"可编辑"，并且收件人将邮件转发，任何人收到也能够编辑正

在共享的项目。具有编辑权限的用户还可以邀请其他人使其具有编辑权限的项目。

3）单击"共享"按钮以保存权限设置并发送带有指向项目的链接的邮件。首先单击文件或文件夹右上角的 ✓ 来选中该项目，然后单击页面顶部的"详细信息"图标 ⓘ，显示详细信息窗格，如图 3-118 所示。单击"添加人员"将显示共享对话框，如图 3-118 所示，可以添加电子邮件。在详细信息窗格中，单击人员下的"可编辑"或"可查看"，可以更改其权限级别。

图 3-118　在详细信息窗格中编辑人员

（3）停止共享项目

如果你是项目的所有者或具有编辑权限，则可以停止共享项目，或更改其他人对项目所拥有的权限。具体操作是：首先选中共享项目，然后单击页面顶部的"详细信息"图标 ⓘ，右侧显示详细信息窗格，如图 3-119 所示，在详细信息窗格中，单击共享链接右端的"禁用"图标✖即可。

弹出"删除链接"对话框，如图 3-120 所示，单击"删除链接"按钮。

图 3-119　显示详细信息窗格　　　　　　　　图 3-120　"删除链接"对话框

（4）查看已共享的项目

在 OneDrive 网站上的左侧窗格中单击"已共享"，则右侧显示已共享的项目，如图 3-121 所示，然后单击"由我共享"。

图 3-121　查看已共享的项目

5. 打不开 OneDrive 的处理方法

国内的用户有时会打不开微软网页版 OneDrive，但是客户端又能正常地使用，下面介绍通过更改 hosts 文件解决此问题的方法。

1）首先修改当前用户的权限，给予其完全控制的权限。在 C:\Windows\System32\drivers\etc 下，右击 hosts，打开快捷菜单，如图 3-122 所示，选择"属性"命令。

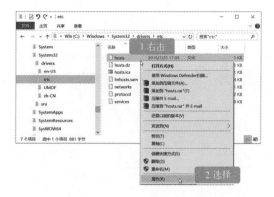

图 3-122　hosts 文件的快捷菜单

2）弹出"hosts 属性"对话框，切换到"安全"选项卡，单击"编辑"按钮，如图 3-123 所示。

图 3-123　"hosts 属性"对话框的"安全"选项卡

3）打开"hosts 的权限"对话框，在"组或用户名"列表框中单击"Users（PC\Users）"，然后在"users 的权限"列表框中，在"允许"栏选中所有选项，如图 3-124 所示，单击"确定"按钮。

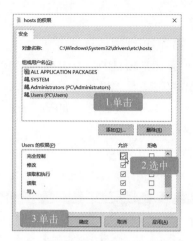

图 3-124　"hosts 的权限"对话框

4）弹出"Windows 安全"对话框，如图 3-125 所示，单击"是"按钮。

图 3-125　"Windows 安全"对话框

5）返回"hosts 属性"对话框的"安全"选项卡，如图 3-126 所示，单击"确定"按钮。

图 3-126　"属性"对话框的"安全"选项卡

6）下面用记事本打开 hosts 文件，

修改其中的内容。双击 hosts 文件，显示
"你要如何打开这个文件？"对话框，如
图 3-127 所示，单击选中"记事本"，然
后单击"确定"按钮。

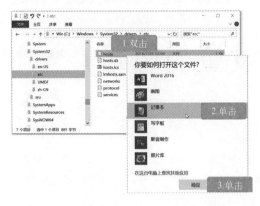

图 3-127 "你要如何打开这个文件？"对话框

7）在记事本中打开 hosts 文件后，
把下面两行写到 hosts 文件内容的结尾
处，如图 3-128 所示。

图 3-128 添加 IP 和域名

134.170.108.26 onedrive.live.com

134.170.109.48

skyapi.onedrive.live.com

保存后就可以打开 https://onedrive.
live.com/了。其实，其他很多网站遇到打不
开的情况都可以这样处理，以便找到该网
站的 IP 地址和域名。

 名师点拨

如果 Windows 10 中安装有 360 之类的防护软件，重新启动 Windows 10 后，添加的两
行内容会被注释，即在前面加上了"#"，这时在 360 之类的防护软件中将 hosts 文件恢复
到原始目录。

第 4 章　系统设置与管理

通过 Windows 10 系统中的"设置""任务管理器"和"设备管理器"等程序，来管理计算机的硬件和软件资源。

控制面板与设置

在 Windows 10 中，"控制面板"和"设置"是计算机的控制中心，对计算机的设置可以通过"控制面板"和"设置"来实现。"控制面板"是适合用鼠标操作的桌面模式，"设置"更适合平板电脑、手机等触控设备的平板模式。

4.1.1 打开"控制面板"

微软公司把对 Windows 的外观设置、硬件和软件的安装和配置及安全性等功能的程序集中安排到称为"控制面板"的虚拟文件夹中，用户可以通过"控制面板"对 Windows 进行设置，使其适合自己的需要。打开"控制面板"的方法：单击"开始"按钮▦，在"开始"菜单中选择"所有应用"命令。或者单击"Windows 系统"，在其子菜单中选择"控制面板"命令。此外，也可以用快捷菜单打开"控制面板"，右击"开始"按钮▦（或按〈Windows+X〉组合键），显示"开始"按钮的快捷菜单，选择"控制面板"命令。"控制面板"窗口默认显示为"类别"视图，如图 4-1 所示。

单击"查看方式"后面的下拉列表框，可选择"大图标"或"小图标"视图，如图 4-2 所示。

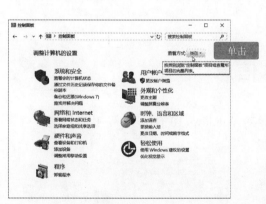

图 4-1 "控制面板"的"类别"视图

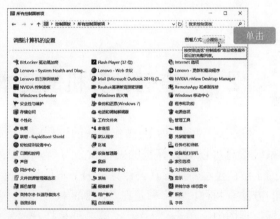

图 4-2 "控制面板"的"小图标"视图

下面使用两种不同的方法查找"控制面板"中的项目。

- 浏览。可以通过单击不同的类别（例如，外观和个性化、程序或轻松访问）并查看每个类别下列出的常用任务来浏览"控制面板"。或者在"查看方式"下拉列表中选择"大图标"或"小图标"，以查看所有"控制面板"项目的列表。
- 使用搜索。若要查找感兴趣的设置或要执行的任务，在搜索框中输入单词或短语。例如，键入"声音"可查找与声卡、系统声音以及任务栏上音量图标的设置有关的特定任务。

4.1.2　打开"设置"

打开"设置"窗口的方法有以下三种：在"开始"菜单左侧列表中单击"设置"；在任务栏右端的通知区中单击操作中心图标，在边栏中单击"所有设置"；或按〈Windows +I〉组合键。打开的"设置"窗口如图4-3所示。可以在"查找设置"文本框中输入关键词来打开该设置，或者浏览列表。

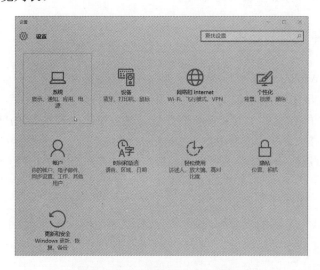

图4-3　"设置"窗口

4.2　查看计算机的基本信息

在使用 Windows 10 操作系统的过程中，应该对 Windows 10 有所了解，因此，通过查看系统信息可以对计算机的硬件设备等有一个大概的了解。显示"查看有关计算机的基本信息"窗口的方法有两种，第一种是在"控制面板"的"小图标"视图中，单击"系统"；第二种是打开"文件资源管理器"，在左侧的导航窗格中的"此电脑"上右击，在弹出的快捷菜单中选择"属性"命令，如图4-4所示，即可以查看有关计算机的以下基本信息。

图4-4　"查看有关计算机的基本信息"窗口

- Windows 版本。列出计算机上运行的 Windows 版本的信息。
- 系统。列出计算机的处理器类型、速度和数量，安装的内存（RAM）容量等。

- 计算机名称、域和工作组设置。显示计算机名、工作组或域信息。单击“更改设置”可以更改该信息。
- Windows 激活。显示当前 Windows 是否激活及是否为正版。

4.3 设置显示

显示属性包括显示器分辨率、文本大小、连接到投影仪等方面。显示属性的设置通过“自定义显示器”界面实现。打开“自定义显示器”界面的方法有：右击桌面，在快捷菜单中选择“显示设置”命令；在“设置”窗口中，单击“系统”。显示的“自定义显示器”界面，如图 4-5 所示。

 ### 4.3.1 更改文字大小、显示器的方法、亮度

- 拖动“更改文本、应用和其他项目的大小”下的滑块，可以调整文字大小。一般来说，对于大屏幕显

图 4-5 “自定义显示器”界面

  示器，可以设置较小的比例；对于笔记本电脑的等显示器，应该设置较大的比例。在相同分辨率下，较大的文字在屏幕上显示的内容，比较小文字显示的内容要少。
- “方向”下拉列表框用于设置显示器的方向，一般是横放；如果显示器竖放，则应选纵向。
- 除可用显示器自带的旋钮或按键调整亮度外，也可拖动“调整亮度级别”下面的滑块来调整。

4.3.2 更改屏幕分辨率

屏幕分辨率是指屏幕上显示的像素的个数，单位是像素，表示为横向像素数×纵向像素数。在如图 4-5 所示“自定义显示器”界面下方单击“高级显示设置”。弹出“高级显示设置”窗口，如图 4-6 所示。单击“分辨率”下拉列表框，选择所需的分辨率，然后单击“应用”按钮。弹出“保留这些显示设置码？”对话框，单击“保留更改”使用新的分辨率，或单击“还原”回到设置前的分辨率。如果将显示器设置为它不支持的屏幕分辨率，那么该屏幕在几秒钟内将变为黑色，然后显示器将还原至原始分辨率。

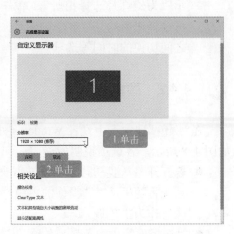

图 4-6 “高级显示设置”窗口

4.4 设置个性化

要想使桌面、菜单、窗口等环境具有个性特色，可进行个性化设置，具体包括桌面背景、窗口颜色、声音方案和屏幕保护程序的组合，某些主题也可能包括桌面图标和鼠标指针。个性化的设置要通过"个性化"设置窗口实现。打开"个性化"设置窗口的方法有：在"设置"窗口中，单击"个性化"；或者在桌面上右击，在快捷菜单中选择"个性化命令"。显示的"个性化"设置窗口的"背景"选项卡，如图 4-7 所示。

4.4.1 背景

图 4-7 "个性化"设置窗口的"背景"选项卡

在"背景"选项卡中，可以设置桌面背景的样式。单击"背景"下拉列表框，可选择"图片""纯色"或"幻灯片放映"。

- 默认选择"图片"，显示如图 4-7 所示，然后单击"选择图片"下的图片，可以把选中的图片设置为桌面背景，此时，在"预览"中可以看到效果。单击"浏览"可以从计算机中选取其他图片。在"选择契合度"下拉列表框中选择图片在桌面上的排列方式，可设的排列方式包括填充、适应、拉伸、平铺、居中、跨区。其中，跨区是 Windows 10 中新增的选项，如果计算机连接两台或多台显示器，跨区可将图片延伸到辅助显示器的桌面中。

- 如果选择"纯色"，那么选项卡下部显示"背景色"，可单击选择一种颜色。

- 如果选择"幻灯片放映"，那么选项卡下部显示"为幻灯片选择相册"，单击"浏览"按钮可选择作为幻灯片放映的图片，并设置幻灯片之间切换的时间等选项。

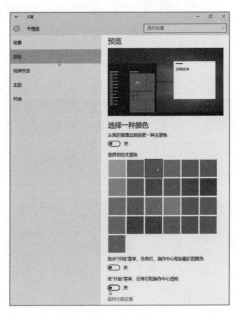

4.4.2 颜色

在"颜色"选项卡中设置 Windows 外观的主色调，如图 4-8 所示。各选项说明如下。

- 若打开"从我的背景自动选取一种主题色"，系统将随机从"选择你的主题色"中选取一种颜色作为主色调。

- "选择你的主题色"是备选的主题色，单击可

图 4-8 "颜色"选项卡

选中一种颜色作为主色调。

● 若打开"显示'开始'菜单、任务栏和操作中心和标题栏的颜色","开始"菜单、任务栏和操作中心和标题栏的颜色将从默认的黑色背景变为选中的颜色。

● 打开"使'开始'菜单、任务栏和操作中心透明","开始"菜单、任务栏和操作中心将变成半透明。建议关闭半透明。

● 单击"高对比度设置",将显示"高对比度"主题,使浅色更浅,深色更深。在"选项主题"下拉列表中提供了几个高对比度选项。

4.4.3 锁屏界面

锁屏界面就是当注销当前账户、锁定账户、屏保时显示的界面,锁屏不仅可以保护自己计算机的隐私安全,而且是一种在不关机的情况下省电的待机方式。

1. 锁屏

打开"开始"菜单，然后单击最顶部的账户名称,在弹出的子菜单中选择"锁屏"命令,如图 4-9 所示。

此外,也可以使用〈Windows+L〉组合键进行锁屏。锁屏后显示的锁屏界面如图 4-10 所示。

在锁屏状态下,动一下鼠标或按任意键,就会进入登录界面。如果设置了开机密码,需要输入密码才可以进入系统,如图 4-11 所示。

2. 设置锁屏界面

"锁屏界面"选项卡,如图 4-12 所示。各选项说明如下。

图 4-9 "开始"菜单中的"锁屏"命令

图 4-10 锁屏界面

● 背景:在"背景"下拉列表框中可以选择 Windows 聚焦、图片、幻灯片放映。默认选择"Windows 聚焦",如图 4-12 所示。启用本功能后,当锁定屏幕后,微软会向用户随机推送一些绚丽的图片,并询问用户是否喜欢,如图 4-10 所示。若单击"I want more!",将继续保留当前壁纸,若单击"不喜欢？",则会自动更换一张新壁纸。这些图片不会存放在计算机中,而是会在新的图片出现后将前面的图片自动删除。

- 选择显示详细状态的应用：在锁屏界面上显示一个应用的详细状态，该选项主要用于移动终端，例如天气、日历等，默认显示"日历"。

图 4-11　登录界面

图 4-12　"锁屏界面"选项卡

- 选择要显示快速状态的应用：该选项主要用于移动终端准备。

3. 屏幕超时设置

在"锁屏界面"选项卡中单击"屏幕超时设置"，显示"电源和睡眠"选项卡，如图 4-13 所示。在"屏幕"下设置经过多长时间不操作计算机，系统将自动关闭显示器；在"睡眠"下设置经过多长时间不操作计算机系统将自动进入睡眠状态。

4. 屏幕保护程序设置

屏幕保护程序是在指定时间内没有使用鼠标、键盘或触屏时，出现在屏幕上的图片或动画。若要停止屏幕保护程序并返回桌面，只需移动鼠标，或按任意键，或触屏。Windows 提供了多个屏幕保护程序。此外，用户还可以使用保存在计算机上的个人图片来创建自己的屏幕保护程序，也可以从网站上下载屏幕保护程序。

在"锁屏界面"选项卡中单击"屏幕保护程序设置"，显示"屏幕保护程序设置"对话框，如图 4-14 所示。在"屏幕保护程序"下拉列表中，选择要使用的屏幕保护程序。在"等

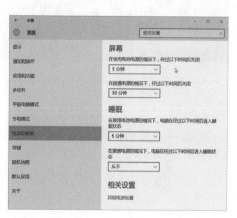

图 4-13　"电源和睡眠"选项卡

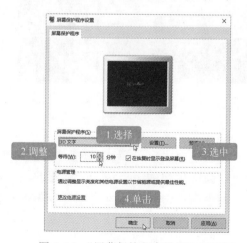

图 4-14　"屏幕保护程序设置"对话框

待"数值框中输入或选择用户停止击键启动屏幕保护的时间,选中"在恢复时显示登录屏幕"复选框。如果需要设置电源管理,可单击"更改电源设置"。最后,单击"确定"或"应用"按钮。其实,使用屏幕保护程序远不如直接把显示器关闭省电。

 4.4.4　主题

主题是指 Windows 的视觉外观,包括桌面壁纸、屏保、鼠标指针、系统声音事件、图标、窗口、对话框等外观内容。"主题"选项卡如图 4-15 所示,在右侧窗格中,除主题设置外,还有高级声音设置、桌面图标设置和鼠标指针设置。

1．主题设置

在"主题"选项卡右侧窗格中,单击"主题设置",弹出"个性化"窗口,如图 4-16 所示。各组成部分的说明如下。

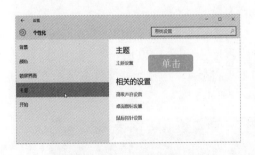

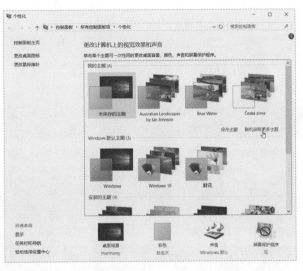

图 4-15　"主题"选项卡　　　　　　　　图 4-16　"个性化"窗口

- 我的主题:当前主题和用户保存的主题。
- 保存主题:单击该链接,将自己的个性设置保存为主题。
- 联机获取更多主题:单击该链接,将打开微软官网的主题网页,从而可以下载喜欢的主题。
- Windows 默认主题:是 Windows 默认的主题。
- 安装的主题:是安装到 Windows 中的其他主题。
- 高对比度主题:是前景与背景的颜色采用高对比度的主题。

2．鼠标指针设置

在"主题"选项卡右侧窗格中,单击"鼠标指针设置",显示"鼠标 属性"对话框。在该对话框中,用户可以改变鼠标的左右键、指针的外观、滚轮的速度等项目。"鼠标键"选项卡如图 4-17 所示。"滚轮"选项卡如图 4-18 所示。

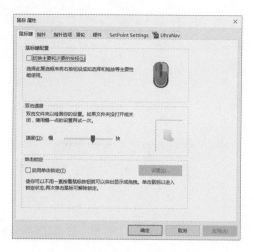

图 4-17 "鼠标键"选项卡　　　　　　　　　图 4-18 "滚轮"选项卡

 4.4.5　开始

在"开始"选项卡中设置"开始"菜单中显示的项目。"开始"选项卡如图 4-19 所示。各组成部分的说明如下。

● 显示最常用的应用：启用该功能后，系统将在"开始"菜单中的"最常用"区域中显示常用的应用程序图标和名称，如图 4-20 所示。

● 显示最近添加的应用：启用该功能后，在安装新应用程序后，系统将在"开始"菜单中的"最近添加"区域中显示最近添加的应用程序，如图 4-20 所示。

● 选择哪些文件夹显示在"开始"屏幕上：单击本项将显示"选择哪些文件夹显示在'开始'屏幕上"设置窗口，如图 4-21 所示。

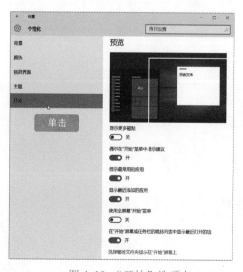

图 4-19 "开始"选项卡　　　　　　图 4-20 "开始"菜单中的"最常用"和"最近添加"

默认在"开始"菜单中显示"文件资源管理器"和"设置",如图 4-20 所示。如果设置显示"文档""下载"和"音乐",则"开始"菜单显示如图 4-22 所示。

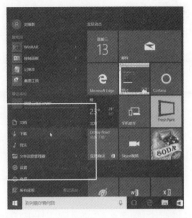

图 4-21 设置"开始"菜单中显示的文件夹　　　图 4-22 在"开始"菜单中显示更多

4.5 管理应用程序

应用程序(Application Program)是指为完成某项或多项特定工作的计算机程序,它运行在用户模式,可以和用户进行交互,具有可视的用户界面。应用程序与应用软件是两个不同的概念。应用软件(Application Software)是按使用目的来分类的,可以是单一程序或其他从属组件的集合,例如 Microsoft Office。应用程序是指单一可执行文件或单一程序,例如 Word、Photoshop。一般将程序视为软件的一个组成部分。日常工作中,非专业人员往往不区分两者,将两者统称为软件。

在 Windows 系统下,应用程序的扩展名为.exe、.com 或.dll。在 Mac OS X 下,应用程序的扩展名一般为.app。

而 App 是 Application(应用)的简称,App 是随着 iPhone 智能手机的流行而出现的对智能手机应用程序的称呼。App 通常专指智能手机上的第三方应用程序。

4.5.1 安装和卸载应用程序

1. 安装应用程序

可以从硬盘、U 盘、光盘、局域网或 Internet 安装应用程序。

(1)从硬盘、U 盘、光盘、局域网安装程序

在文件资源管理器中浏览到应用程序的安装文件所在位置,双击打开安装文件(文件名通常为 Setup.exe 或 Install.exe)。一般会出现安装向导,然后按照屏幕上的提示操作就能完成安装。

(2)从 Internet 安装程序

在 Web 浏览器中,单击指向程序的链接。然后执行下列操作之一。

● 若要立即安装程序,则单击"打开"或"运行"按钮,然后按照屏幕上的提示进行

操作。

● 若要以后安装程序，则单击"保存"按钮，然后将安装文件下载到计算机上。做好安装该程序的准备后，再双击该文件，并按照屏幕上的提示进行安装。这种方法比较安全，因为可以在安装前扫描安装文件中的病毒。

2. 卸载或更改程序

若程序是正常安装的，那么在"开始"菜单的"所有程序"的对应程序组中一般都有一个删除程序，通常命名为"卸载 XXX"。执行该卸载程序将删除安装到系统中的程序，并进行系统环境清理等操作。所以，要卸载一个程序，不能在文件资源管理器中直接删除其文件和文件夹，也不能在"开始"菜单中删除程序的快捷方式因为这样都没有删除该程序。但是，

有些应用程序在"所有程序"中没有提供对应的卸载程序，这时就要用到系统提供的"卸载或更改程序"功能了。

在"控制面板"的"类别"视图中，单击"程序"下的"卸载程序"。打开"程序和功能"窗口，如图 4-23 所示。选择程序，在工具栏上单击"卸载"按钮，然后按照提示操作就可以卸载程序。

除了卸载外，还可以更改或修复"程序和功能"中的某些程序。单击"更改""修复"或"更改/修复"（取决于所显示的按钮），即可安装或卸

图 4-23　卸载程序

载程序的可选功能。并非所有的程序都有"更改"按钮，而许多程序只提供"卸载"按钮。

4.5.2　区域和语言

语言决定了用户可输入的文字，在状态栏右端的通知区有中英文切换图标，如图 4-24 所示。区域提供了不同国家的区域性习惯，例如日期时间的格式等内容。区域和语言除了会改变 Windows 的语言和显示的时间外，还会对应用商店、地图搜索等功能造成影响。

在"设置"窗口中，单击"时间和语言"，显示"时间和语言"窗口，在左侧窗格中单击"区域和语言"选项卡，右侧窗格中显示区域和语言的设置内容，如图 4-25 所示。各组成部分说明如下。

图 4-24　切换输入法　　　　　　　　　图 4-25　"区域和语言"选项卡

● 国家或地区：在该下拉列表框中可选择需要的国家或地区，在此选择"中国"。

● 添加语言：除了在安装 Windows 10 时选择语言外，还可以在此添加语言。

下面添加美国英语，在如图 4-25 所示中，单击"添加语言"，显示"添加语言"设置窗口，如图 4-26 所示。单击"English 英语"，显示"ENGLISH"设置窗口，如图 4-27 所示，单击"English（United States）英语（美国）"。

图 4-26 "添加语言"设置窗口

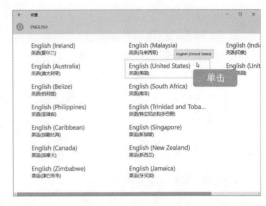

图 4-27 "ENGLISH"设置窗口

回到"区域和语言"选项卡，可看到"English（United States）可用的语言包"已经被添加，如图 4-28 所示。如果希望"English（United States）"成为默认语言，那么首先单击添加的语言，再单击"设置为默认语言"按钮，如图 4-28 所示。这时，设置为默认的语言将排在第一位。

设置完后，任务栏通知区中的语言已经变为默认的语言 ENG（英），单击它将显示语言选择菜单，如图 4-29 所示。

◆ 名师点拨

对于一般的国内用户来说，由于主要输入汉字、英文单词，因此不需要添加美国英语。通过中文输入法中的英文单词功能进行输入更加方便。

图 4-28 添加的语言包

图 4-29 选择语言菜单

4.5.3 安装中文输入

Windows 10 中已内置了拼音、五笔输入法,这些输入法被称为内置输入法。用户也可以安装第三方的中文输入法,从而获得更多的选择。

1. 安装内置输入法

1) 在"时间和语言"窗口的左侧单击"区域和语言"标签,右侧显示具体设置内容;或者在通知栏中单击切换输入法图标M,弹出图 4-29 所示的菜单,选择"语言首选项"命令。

图 4-30　语言选项

2) 显示如图 4-30 所示。此时,系统已经添加了中文和美国英语。如果要添加中文输入法,单击"中文",再单击"选项"按钮,如图 4-30 所示。

显示"中文(中华人民共和国)"设置窗口,如图 4-31 所示。"键盘"下列出了已经安装的输入法。

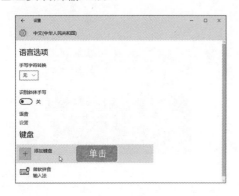

图 4-31　添加键盘

3) 单击"添加键盘",展开内置的输入法,系统内置有微软拼音和微软五笔两种输入法。这里单击"微软五笔",如图 4-32 所示。

图 4-32　输入法选项

添加输入法后,在通知区单击切换输入法图标M,就能看到刚才添加的内置输入法,如图 4-33 所示。

图 4-33　选择输入法

4) 如果要修改微软拼音输入法,则单击"键盘"下的"微软拼音输入法",展开输入法选项。如果要删除已经安装的输入法,则单击"删除"按钮。这里单击"选项"按钮,如图 4-34 所示。

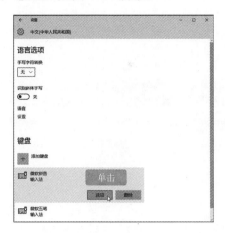

图 4-34　微软拼音输入法选项

显示"微软拼音"设置窗口,在此可

进行选择拼音、启用模糊拼音等设置,如图 4-35 所示。

图 4-35　拼音设置

2. 安装其他输入法

有多种中文输入法,Windows 10 内置的中文输入法只有微软拼音和微软五笔两种。如果内置的输入法无法满足要求,可以安装搜狗、QQ、百度等其他输入法。这些外部输入法需要下载并安装。下面以安装手心输入法为例,介绍安装输入法的方法。具体操作步骤如下。

1)打开浏览器,用搜索引擎找到"手心输入法",把该输入法安装程序下载到本地硬盘。

2)双击下载的输入法安装程序文件,弹出"用户账户控制"对话框,如图 4-36 所示,单击"是"按钮。

图 4-36　"用户账户控制"对话框

显示输入法安装向导的第一步,如图 4-37 所示,单击"立即安装"按钮。

图 4-37　安装向导的第一步

3)显示安装进度,如图 4-38 所示。

图 4-38　安装进度

等待安装完成后,提示安装成功,如图 4-39 所示,单击"完成"按钮。

图 4-39　安装完成

4)弹出"手心输入法设置向导"对话框,如图 4-40 所示,选择"全拼"或"双拼",这里选择自然码双拼输入法。在"皮肤字体大小"中可选较大的字体,在"每页候选个数"中选择一次显示候选字的个数。单击"下一步"按钮继续设置。

图 4-40　设置常用选项

5）显示皮肤设置界面，如图 4-41 所示，选择一种皮肤样式，单击"下一步"按钮。

图 4-41　设置皮肤

6）显示词库设置界面，如图 4-42 所示，选中需要安装的词库复选框，单击"下一步"按钮。

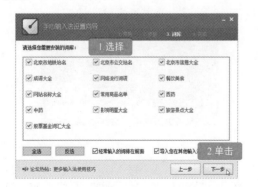

图 4-42　设置词库

7）显示完成设置界面，如图 4-43 所示，在此可取消不需要的输入法，例如，如果不需要微软五笔，则取消选中前面的复选框，单击"完成"按钮。

图 4-43　完成设置

安装完成后，通知区中原来的微软输入法图标 M 变为手心输入法图标☑，单击手心输入法图标☑，选择输入法，如图 4-44 所示。

图 4-44　切换输入法

单击桌面，显示图 4-45 所示的输入法工具栏，可以在输入法工具栏上单击，设置常用的功能。

图 4-45　桌面上显示的输入法工具栏

3．删除输入法

当不再需要某个输入法时，可以将其删除。在图 4-44 所示的切换输入法菜单中，选择"语言首选项"。显示"时间和语言"设置窗口的"区域或语言"选项卡，单击"中文（中华人民共和国）"，如图 4-46 所示，单击"选项"按钮。

显示"中文（中华人民共和国）"设置窗口，单击要删除的输入法，例如微软五笔，从显示的选项中单击"删除"按钮，如图 4-47 所示。这里的删除仅仅是从输入法选项中删除，安装的输入法程序并没有卸载。

图 4-46　语言选项

图 4-47　输入法选项

4．切换语言或输入法

如果安装了多个语言或输入法，按〈Windows +空格〉组合键或单击通知区中的切换输入法图标，均可打开输入法选项，切换输入法，如图 4-48 所示。

按〈Ctrl+空格〉组合键或者单击通知区中的语言图标，均可切换中英语言，如图 4-49 所示。

如果在图 4-44 所示的"语言首选项"中只安装了"中文"，在图 4-45 所示的"键盘"中只安装了一种汉字输入法，则〈Windows+空格〉组合键无效。只能按〈Ctrl+空格〉组合键或者单击通知区中的语言图标来切换中英语言，系统将自动打开唯一的输入法。

图 4-48　切换输入法

图 4-49　切换中英语言

4.6　管理计算机硬件

计算机是由许多硬件组成的，管理好相应的硬件，可以提高计算机的运行能力。

4.6.1　安装硬件设备的驱动程序

硬件设备的驱动程序有三个来源，一是操作系统本身已经集成，二是购买硬件时附带的驱动程序光盘，三是通过网站下载。对于 Windows 10 来说，几乎不需要安装设备驱动程序。

安装硬件设备驱动程序的方式有两种，一是让 Windows 或驱动大师、驱动人生等自动识别硬件并安装，二是由用户运行安装程序来安装。自动识别并通过网络安装的驱动程序多为公版驱动程序，安装后容易出现一些意想不到的问题，而且不是最优性能。因此，为了获得最优性能，应该安装随硬件附带的驱动程序，或者从硬件厂商网站下载该硬件的专用驱动程序。

1. 设置让 Windows 自动下载设备驱动程序

下面介绍让 Windows 自动下载设备驱动程序的操作步骤。

1）在"开始"按钮 上右击，从快捷菜单中选择"系统"命令。显示"系统"窗口，如图 4-50 所示，在左侧窗格中单击"高级系统设置"选项卡。

图 4-50　"系统"窗口

2）显示"系统属性"对话框，单击"硬件"选项卡，如图 4-51 所示，单击"设备安装设置"按钮。

3）显示"设备安装设置"对话框，如图 4-52 所示，选中"是（推荐）"单选按钮，

然后单击"保存更改"按钮，则当 Windows 检测出新硬件时，会从微软 Windows 网站自动下载安装该硬件设备的驱动程序。对于高级用户，可以选中"否（推荐）"单选按钮，将来用户自己安装驱动程序。

图 4-51　"硬件"选项卡

图 4-52　"设备安装设置"对话框

2．由用户运行安装程序来安装

硬件附带的驱动程序都是专门为对应硬件设计的，所以可以获得最优的性能。现在硬件厂商提供的驱动程序的安装都非常简单，驱动程序中一般都带有一个 Setup.exe 可执行文件，只要双击它，然后一直单击"Next（下一步）"按钮就可以完成驱动程序的安装。有些硬件厂商提供的驱动程序光盘中还加入了 Autorun 自启动文件，只要将光盘放入到计算机的光驱中，光盘便会自动启动。在安装硬件驱动程序时，建议先装主板驱动，再安装其他驱动程序。

下面以安装罗技鼠标驱动程序为例，介绍驱动程序的安装方法。

1）如果下载的驱动程序是压缩包，则要先解压缩。双击安装程序，显示安装向导的欢迎界面，如图 4-53 所示，单击"下一步"按钮。

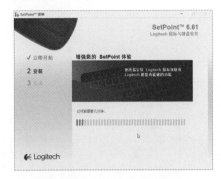

图 4-54　安装进度

图 4-53　安装向导

2）显示安装进度，如图 4-54 所示。

3）安装完成后，提示安装完毕，如图 4-55 所示，单击"完成"按钮，结束安装。

图 4-55　安装完成

 ### 4.6.2　在设备管理器中查看硬件信息

设备管理器是管理计算机硬件设备的工具程序，使用设备管理器可以查看和更改设备属性、安装和更新设备驱动程序、修改设备的配置，以及卸载设备。设备管理器提供计算机上所安装硬件的图形视图。

设备管理器只能管理本地计算机上的设备。在远程计算机上，设备管理器仅以只读模式工作，此时允许查看其他计算机的硬件配置，但不允许更改该配置。

一般来说，不需要使用设备管理器更改资源设置，因为在硬件安装过程中系统会自动分配资源。

1）在"开始"按钮▦上右击，从快捷菜单中选择"设备管理器"命令。显示"设备管理器"窗口，如图 4-56 所示，其窗口默认由菜单栏、工具栏和硬件设备列表组成。

图 4-56 "设备管理器"窗口

- 菜单栏：包括"文件""操作""查看"和"帮助"菜单，每个菜单中的命令都很少。
- 工具栏：包括"向后"图标◀、"向前"图标➡、"显示/隐藏控制台树"图标▦、"帮助"图标▣、"显示/隐藏操作窗格"图标▦和"扫描检测硬件改动"图标▦。

2）单击"显示/隐藏控制台树"图标▦和"显示/隐藏操作窗格"图标▦，将显示控制台树和操作窗格，如图 4-57 所示。

- 硬件设备列表：计算机所有硬件设备的列表，包括已经安装驱动的可用设备、未安装驱动或安装驱动不正确的不可用设备。在设备列表中，如果出现"未知设备"，则说明系统无法识别这个设备，用户必须自己下载并安装驱动程序；安装完驱动程序后，就会显示为正常设备。在设备列表中，如果设备上标

有黄色的感叹号，则说明该设备与其他硬件存在冲突，必须重新安装驱动程序才能解决。

图 4-57 显示控制台树和操作窗格

- 操作按钮：对设备管理器的主要操作都可以通过这里的操作按钮实现。当没有在硬件设备列表中选中设备时，只有"扫描检测硬件改动"图标▦。选中设备后，将会出现"更新驱动程序软件"图标▦、"卸载"图标✕、"禁用"图标⬇，如图 4-57 所示。对于一些重要的设备，比如处理器、磁盘驱动器，是不能被禁用的，所以选中这些设备时不会出现"禁用"图标⬇。

3）当要更新选中设备的驱动程序时，单击"更新驱动程序软件"图标▦，如图 4-57 所示，或者右击选中的设备，从快捷菜单中选择"更新驱动程序软件"命令。

4）显示"你希望如何搜索驱动程序软件？"对话框，如图 4-58 所示，单击"自动搜索更新的驱动程序软件"。

提示"正在在线搜索软件"，如图 4-59所示。

图 4-58　自动更新驱动程序

图 4-59　正在在线搜索驱动程序

5）下载安装完成后，提示"已安装适合设备的最佳驱动程序软件"，如图 4-60 所示，单击"关闭"按钮完成安装。

图 4-60　更新驱动程序完成

 名师点拨

　　注意，自动搜索更新驱动程序必须保证计算机已连接互联网，而浏览计算机中的驱动程序则是查找保存在本地硬盘上的驱动程序来安装。

 4.6.3　调整硬盘分区大小

　　新计算机和硬盘通常都只有一个硬盘分区。为了管理文件方便，就要对硬盘分区。当已有的硬盘分区容量大小不合适时，就要调整硬盘分区大小。Windows 10 自带的分区工具可以在保留已有硬盘文件的前提下，实现对硬盘的重新分区和调整分区大小。硬盘可以是普通的机械硬盘，也可以是 SSD 固态硬盘。

1. 压缩卷

　　1）在文件资源管理器中或桌面上，右击"此电脑"，在弹出的快捷菜单中选择"管理"命令（注意用户必须有管理员权限）。或者在"控制面板"的"小图标"视图中，双击"管理工具"，显示"管理工具"窗口，然后在右侧窗格中双击"计算机管理"。

　　2）显示"计算机管理"窗口，单击左侧窗格中的"存储"下的"磁盘管理"，在右侧窗格中显示磁盘管理视图，如图 4-61 所示。

　　此时可以看到当前磁盘的分区情况，由于已经安装了 Windows 10,因此显示有一个 EFI 系统分区（260MB）和一个主分区（C: 盘，237GB）。此外，由于是原装笔记本电脑，因此有一个恢复分区（1000MB）。虽然使用"磁盘管理"分区会保留硬盘上的文件，但是，为了防止断电、死机等情况发生，在分区前应把重要文件备份到移动硬盘上，然后把移动硬盘弹出。下面把主分区分成三个分区（C:、D:、E:）。

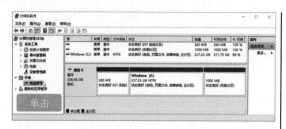

图 4-61　磁盘管理视图

3）右击需要分区的盘符 C:盘分区，在
快捷菜单中选择"压缩卷"命令，如图 4-62
所示。

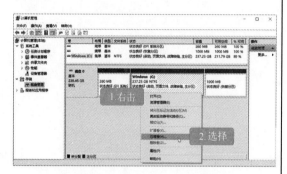

图 4-62　分区的快捷菜单

4）系统会自动查询压缩空间，然后显
示"压缩 C:"对话框，如图 4-63 所示，显
示可用压缩空间大小，这是可分区出来的
最大空间。如果希望 C:盘空间大一些，可
以减少该数值，一般不用修改，直接单击
"压缩"按钮。

图 4-63　"压缩 C:"对话框

5）稍等片刻后，显示如图 4-64 所示，
出现一个"未分配"的可用空间，这就是压
缩出来的空间。然后选中该空白分区，右击，
在快捷菜单中选择"新建简单卷"命令，如

图 4-64 所示。

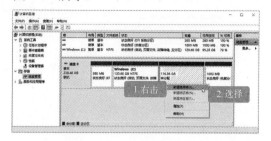

图 4-64　显示空白分区

6）显示"新建简单卷向导"对话框，
如图 4-65 所示，直接单击"下一步"按钮。

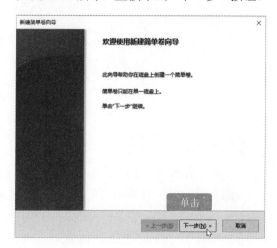

图 4-65　"新建简单卷向导"对话框

7）显示"指定卷大小"界面，如
图 4-66 所示。

图 4-66　"指定卷大小"界面

此时，用户可以输入自己想要的大小（单位为 MB），例如，把分出来的未分配空间平均分配给 D:、E:，修改数值，如图 4-67 所示，然后单击"下一步"按钮。

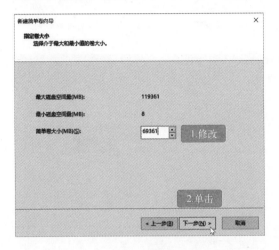

图 4-67　修改"简单卷大小"的数值

8）显示"分配驱动器号和路径"界面，如图4-68所示，为新建的简单卷选择盘符。如果盘符正确，直接单击"下一步"按钮。

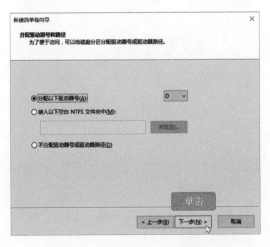

图 4-68　"分配驱动器号和路径"界面

9）显示"格式化分区"界面，如图 4-69 所示，为新建的简单卷选择磁盘的格式，一般不用修改，直接单击"下一步"按钮。

图 4-69　"格式化分区"界面

10）显示"正在完成新建简单卷向导"界面，如图 4-70 所示，稍等片刻，最后单击"完成"按钮。

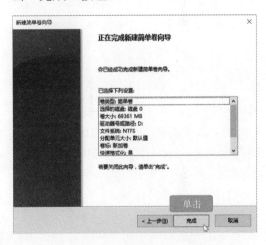

图 4-70　"正在完成新建简单卷向导"界面

11）磁盘管理视图中显示创建好的 D:盘分区，如图 4-71 所示。

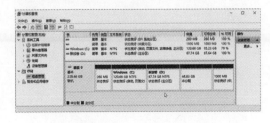

图 4-71　显示创建好的 D 盘分区

12）重复 5）~10）的操作步骤，把"48.83GB 未分配"空间添加到卷 E:盘分区。E:盘分区创建好后，显示如图 4-72 所示。可以看到，C:盘容量已经缩小，并创建了 D:盘和 E:盘。

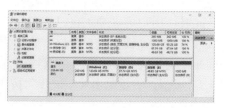

图 4-72　显示创建完成后的分区

2．删除卷

删除卷后，可以合并到其他卷，或者新建卷。

1）右击要删除的卷，从快捷菜单中选择"删除卷"命令，如图 4-73 所示。

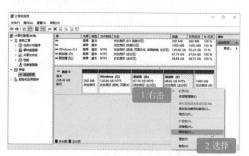

图 4-73　卷的快捷菜单

2）显示"删除 简单卷"对话框，如图 4-74 所示，单击"是"按钮。

3）该卷删除后，该空间显示为"未分配"，如图 4-75 所示。如果要删除 D:盘分区，请重复 1）~2）的操作。此外，也可以把未分配的空间合并到 D:盘。

3．扩展卷

下面把未分配空间合并到 C:卷，即扩展 C:卷。

1）右击要扩展空间的卷，从快捷菜单中单选择"扩展卷"命令，如图 4-76 所示。

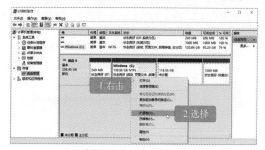

图 4-76　扩展卷

2）显示"扩展卷向导"对话框，如图

图 4-74　"删除 简单卷"对话框

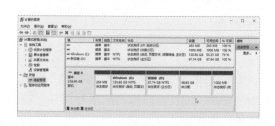

图 4-75　删除卷后的显示

4）假设也删除了 D:卷，"未分配"空间显示如图 4-76 所示。如果要建立一个 D:盘，则可以按前面介绍的方法新建一个卷。

4-77 所示，单击"下一步"按钮。

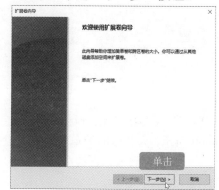

图 4-77　"扩展卷向导"对话框

3）显示"选择磁盘"界面，如图 4-78
所示，"选择空间量"数值框中显示最大可
用空间量，即未分配空间的容量。如果需
要扩展所有未分配空间，则不用修改；否
则，输入需要扩展的容量，然后单击"下
一步"按钮。

图 4-79 "完成扩展卷向导"界面

5）扩展卷后，显示如图 4-80 所示。

图 4-78 "选择磁盘"界面

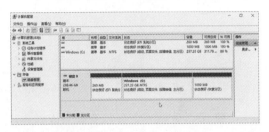

图 4-80 扩展卷后的显示

4）显示"完成扩展卷向导"界面，如
图 4-79 所示，单击"完成"按钮。

4.7 高手速成——添加打印机

添加打印机就是安装打印机驱动程序后，将该打印机添加到 Windows 10 系统中，使
Windows 10 识别该打印机并能打印。现在新出的打印机多数是 USB 接口的，因此首先要把打
印机的 USB 线连接到计算机的 USB 接口上，然后打开打印机电源开关启动打印机。随打印机
销售的安装盘中的驱动程序或者下载的驱动程序，一般都是可执行文件，所以运行 Setup.exe 就
可以按照安装向导提示一步一步完成驱动安装。下面以安装 HP LaserJet 1020 为例进行介绍。

1）如果当前的 Windows 10 是 64 位系
统，则最好安装 64 位的驱动程序。在驱动
程序安装文件夹中，打开 x64 文件夹，如
图 4-81 所示，双击 Setup.exe 文件。

2）运行打印机驱动程序，显示安装向
导的第一步"许可协议"界面，如图 4-82
所示，选中"我接受许可协议的条款"复
选框，然后单击"下一步"按钮。

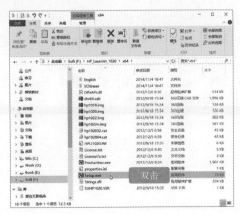

图 4-81 双击 Setup.exe 文件

图 4-82 "许可协议"界面

显示安装进度，如图 4-83 所示。

图 4-83 安装进度

3）安装完成后，显示安装完成界面，如图 4-84 所示，单击"完成"按钮。

图 4-84 安装完成界面

4）在"设备"设置窗口中单击"打印机和扫描仪"选项卡，从右侧窗格中可以看到已经添加的打印机型号，单击该打印机名称，显示如图 4-85 所示，单击"设置为默认设备"按钮，打开"启用后，默认打印机将是上次使用的打印机"开关将是上次使用的打印机开关。

图 4-85 "打印机和扫描仪"选项卡

5）在"相关设置"下单击"设备和打印机"，可以看到被 Windows 10 识别的设备，如图 4-86 所示。

图 4-86 "设备和打印机"窗口

第5章 文字编辑组件Word 2016的使用——快速入门

Office 是微软公司的一个办公软件集合，Office 2016 于 2015 年 9 月 22 日正式发布，Office 2016 的安装程序包括 Word、Excel、PowerPoint、OneNote、Outlook、Skype、Publisher 等组件和服务。

Word 2016 是目前最常用的文字编辑软件之一，是一种集文字处理、表格处理、图文排版和打印于一身的办公软件。利用 Word 可轻松、高效地组织和编写具有专业水准的文档。

本章介绍使用 Word 2016 新建文档、保存文档和打开文档的操作方法。

5.1 新建文档

新建文档是使用 Word 的第一步，包括新建空白文档和使用模板新建文档两种。

5.1.1 新建空白文档

通常都是新建 Word 空白文档，然后在该空白文档中输入文字等内容。新建 Word 空白文档有多种方法，常用的方法如下。

1. 在启动 Word 应用程序时新建文档

通过"开始"菜单等方式，启动 Word 应用程序。弹出 Word 2016 的"打开或新建"窗口，如图 5-1 所示，单击"空白文档"模板。

打开 Word 2016 的编辑窗口，同时新建一个名为"文档 1"的空白文档，如图 5-2 所示。

图 5-1 "打开或新建"窗口

图 5-2 Word 2016 的编辑窗口

2. 在打开的现有文档中新建文档

如果已经启动了 Word 应用程序，当前文档处在编辑窗口状态，如图 5-2 所示，那么当需要新建文档时，单击"文件"。显示"文件"选项卡的"信息"标签，如图 5-3 所示。

在左侧选项中单击"新建"，右侧显示如图 5-4 所示。单击"空白文档"，显示如图 5-2 所示的 Word 2016 编辑窗口。

图 5-3 "文件"选项卡的"信息"标签

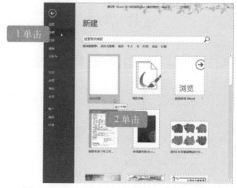

图 5-4 "文件"选项卡的"新建"标签

图 5-1、图 5-3 和图 5-4 所示的显示方式被称为 Backstage 视图。在 Backstage 视图中，如果要返回到图 5-2 所示的 Word 2016 文档编辑窗口，则单击 Backstage 视图 "文件" 选项卡上端的 "返回" 按钮◉或者按〈Esc〉键。

3. 在打开的现有文档中新建空白文档

当 Word 文档处在图 5-2 所示的 Word 编辑状态，需要新建空白文档时，可按〈Ctrl + N〉组合键。或者，如果在 "快速访问工具栏" 中添加了 "创建文档" 按钮，如图 5-5 所示，单击该按钮▣，即可新建一个空白文档，并把编辑窗口切换到新建的空白文档。

图 5-5　通过 "快速访问工具栏" 新建空白文档

5.1.2　使用模板新建文档

模板是模板文件的简称，模板是一种特殊的文件，每个模板都提供了一个样式集合，供格式化文档使用。除了样式外，模板还包含其他元素，比如宏、自动图文集、自定义的工具栏等。因此可以把模板形象地理解成一个容器，它包含上面提到的各种元素。

在新建文档时可使用模板来新建文档，包括空白文档，这时 Word 使用 Normal 模板来创建一个新空白文档。Word 2016 提供了许多类型的文档模板，包括空白文档、简历、经典的课程教学大纲、年底报告、APA 论文格式等。

如果要新建空白文档之外的模板文档，可以执行以下操作。

1）在图 5-1 所示的 "打开或新建" 窗口中，或者在图 5-4 所示的 "文件" 选项卡的 "新建" 标签中，单击需要的模板，这里单击 "简历（永恒设计）"，弹出确认对话框，如图 5-6 所示，单击 "创建" 按钮。

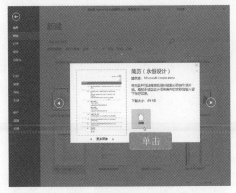

图 5-6　模板确认对话框

此时，系统将用该模板新建一个文档，并打开新建文档的编辑窗口，如图 5-7 所示，然后用具体的内容代替文档中的内容，或者删除不合适的内容，添加需要的内容。

图 5-7　用模板新建的文档

2）如果在图 5-1 所示的 "打开或新建" 窗口中，或者在图 5-4 所示的 "文件" 选项卡的 "新建" 标签中，没有找到需要的模板，可在 "搜索联机模板" 文本框中输入关键字，找到并下载联机模板。

5.2 保存文档

保存正在编辑的 Word 文档有几种不同方式，分别为保存未命名过的新文档、保存已保存过的文档、另外保存为一个新文档等。

 5.2.1 保存新建文档

在第一次保存文档时，一定要注意"文档三要素"，即保存的位置、名字、类型。保存文件时，可以将它保存到硬盘驱动器上的文件夹中，或者保存到网络位置、桌面或闪存驱动器，也可以保存为其他文件格式。

文档保存可执行以下任意方法：单击"文件"选项卡，再单击"保存"；按〈Ctrl + S〉组合键；在"快速访问工具栏"上，单击"保存"按钮 。

如果是第一次保存该文件，则弹出"另存为"标签，如图 5-8 所示。右侧窗格中的"另存为"标签内容分为两列，左侧显示文件夹，包括"OneDrive"（默认）、"这台电脑"等，右侧显示左侧选定的文件夹中的子文件夹。若要将文档保存在其他位置，则单击"浏览"按钮。

弹出"另存为"对话框，如图 5-9 所示。浏览到保存文档的文件夹，为文档输入一个名称，然后单击"保存"按钮。保存后，文档标题栏将显示新名称。

图 5-8 "文件"选项卡的"另存为"标签

图 5-9 "另存为"对话框

 5.2.2 保存已经保存过的文档

保存已经保存过的文档时，不会出现"另存为"对话框。如果该文档被修改过，保存时将直接保存到原来的文档中，以当前内容代替原来内容，文件名、文件格式和保存路径不变，且当前编辑状态保持不变，可继续编辑文档。

5.2.3 现有文档另存为新文档

如果当前文档被修改过，为防止覆盖当前文档，或者当需要更改当前文档的文件名、文件格式和保存位置时，可以使用"另存为"命令，把当前打开的文档保存为一个新文档。单击"文件"选项卡，再单击"另存为"标签，如图 5-10 所示。在右侧窗格中默认显示"这台电脑"中常用的保存位置，包括"当前文件夹""今天""昨天""上周"，单击显示的位置将直接保存到该位置。

如果要保存到其他位置，单击"浏览"链接，弹出"另存为"对话框，如图 5-11 所示，选择保存位置，或更改不同的文件名。在"保存类型"下拉列表框中，单击要在保存文档时使用的文件格式。例如，单击"Word 97-2003 文档(*.doc)""RTF 格式(*.rtf)""网页(*.htm 或 *.html)"或"PDF(*.pdf)"等，最后，单击"保存"按钮。这时，将关闭正在编辑的文档，并把编辑窗口切换到新文档，标题栏中显示为改名后的新文档名。

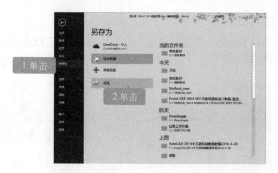
图 5-10 "文件"选项卡的"另存为"标签

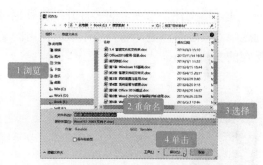
图 5-11 "另存为"对话框

5.3 关闭文档或结束 Word

 ### 5.3.1 关闭文档

关闭当前正在编辑文档的方法为：单击"文件"选项卡，单击"关闭"，如图 5-10 所示。显示提示信息框，如图 5-12 所示。若要保存，则单击"保存"按钮，否则单击"不保存"按钮。若不关闭文档，仍要继续编辑该文档，则单击"取消"按钮。

图 5-12 保存 Word 文档对话框

 ### 5.3.2 结束 Word

如果不需要在 Word 的编辑环境中继续编辑文档，或者要关闭计算机，则要结束 Word 应用程序。若要结束 Word，单击 Word 窗口右上角的"关闭"按钮。结束 Word 也将关闭编辑窗口中的 Word 文档，如果该文档没有存盘，将打开图 5-12 所示的提示框，询问用户是否保存。

5.4 打开文档

文档以文件形式保存后，使用时要重新打开。打开文档的常用方法有以下几种。

5.4.1 打开 Word 时打开文档

通过"开始"菜单等方式打开 Word 应用程序，显示"打开或新建"窗口，如图 5-13 所示。左侧窗格列出了最近使用的文档，单击文档名就可以打开该文档；如果没有列出，则单击"打开其他文档"链接。

通过"文件"选项卡的"打开"标签也可以打开文档，如图 5-14 所示，右侧窗格的左列选中"最近"标签，右列显示最近使用的文件，包括"今天""昨天""上周"及"恢复未保存的文档"。

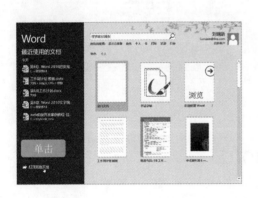

图 5-13 "打开或新建"窗口

图 5-14 "文件"菜单的"打开"标签

在"打开"标签右侧窗格中，左列还有"OneDrive""这台电脑"和"添加位置"等标签，单击某个位置后右列显示相关文件夹或文件名。在左列单击"浏览"标签，将显示"打开"对话框，如图 5-15 所示，浏览到要打开的文档位置，在右侧窗格中双击要打开的文档；或者单击要打开的文档，然后单击"打开"按钮。

打开的文档将出现在编辑窗口，如果以前在该文档中编辑过，并且文档内容超过一个编辑窗口，在右侧的垂直滚动条上将显示"欢迎回来"提示框，如图 5-16 所示，单击该提示框将把插入点移动到上次结束编辑文档时的位置。如果几秒钟时间没有移动编辑位置，"欢迎回来"提示框会折叠为图标，单击它将重新显示"欢迎回来"提示框。如果移动了编辑位置，"欢迎回来"提示框将消失。

图 5-15 "打开"对话框   图 5-16   打开文档时编辑窗口中显示的"欢迎回来"提示框

 5.4.2   正在编辑文档时打开文档

如果正在编辑 Word 文档时需要再打开一个文档,那么单击"文件"选项卡,再单击"打开",或者单击快速启动工具栏中的"打开"按钮🗁。显示"打开"标签,在"打开"标签中选取要打开的文档所在的文件夹、驱动器或其他位置,双击要打开的 Word 文档文件名,则该文档装入编辑窗口。

如果要打开其他类型的文件,则单击"浏览"按钮,显示"打开"对话框,先单击"所有 Word 文档"下拉列表框后面的展开按钮∨,显示如图 5-17 所示,单击选中需要打开的文件类型,则"打开"对话框中的内容窗格中将只显示该种类型的文件。

如果要以其他方式打开文档,那么先在内容窗格中选中要打开的文件,然后单击"打开"按钮后面的展开按钮▾,显示如图 5-18 所示,从下拉列表中选取打开方式,例如,选择"打开并修复"。文档将按选取的方式打开,并显示编辑窗口。

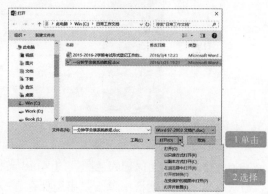

图 5-17   选取要打开的文档类型   图 5-18   选取打开文件的方式

 5.4.3   在文件资源管理器中打开文档

在文件资源管理器中,双击要打开的 Word 文档。如果没有启动 Word 应用程序,则系统会先启动 Word,然后打开该文档,并且在编辑窗口中显示该文档。如果已经启动 Word 应用程序,则直接打开该文档并在编辑窗口中显示。

如果要打开的文档来自网络或者其他人，那么在打开 Word 编辑窗口时，首先显示图 5-19 所示的提示。如果要编辑文档，则单击"启用编辑"或"启用内容"按钮。

有时文档是以"受保护的视图"方式打开，并提示该文档存在问题而无法编辑，如图 5-20 所示。

单击提示信息，切换到"文件"选项卡的"信息"标签，如图 5-21 所示，单击"仍然编辑"，此时文档就可以正常编辑了。

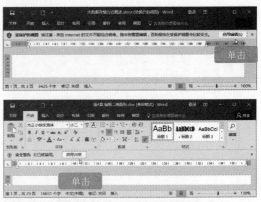

图 5-19　打开文档时的警告

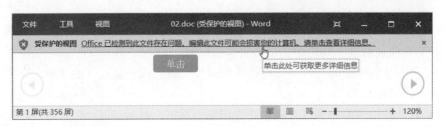

图 5-20　以"受保护的视图"方式打开文档时的警告

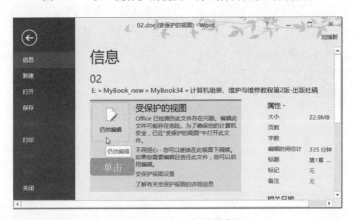

图 5-21　单击"仍然编辑"

另外，打开"受保护的视图"的 Word 文档后，也可以单击"文件"选项卡中的"保存"标签，在显示的对话框中单击"启用保存"，对文档进行编辑。

5.5　Word 2016 窗口的组成

图 5-22 所示是新建空白文档的 Word 2016 编辑窗口，从图中看出，Word 2016 主要通过功能区选项卡来操作，把相同的应用分配到一个选项卡中，以简化用户的操作。Word 2016 窗口由下面几部分组成。

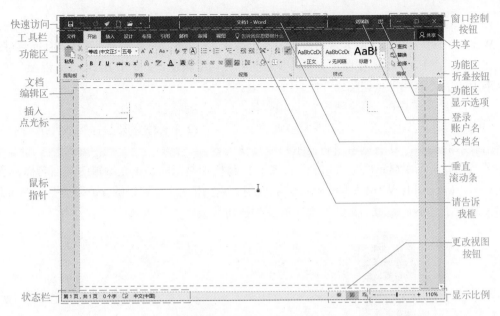

图 5-22　Word 2016 窗口的组成

 5.5.1　标题栏

Word 2016 窗口的标题栏中包括快速访问工具栏、文档名、登录账户名、功能区显示选项和窗口控制按钮。

1. 快速访问工具栏

快速访问工具栏默认显示的命令按钮有"保存"按钮🖫、"撤销"按钮⤺、"恢复"按钮⤻及"自定义快速访问工具栏"按钮⯆。

2. 文档名

标题栏中部显示正在编辑的文档的文件名以及所使用的软件名（Microsoft Word）。

3. 登录账户名

标题栏右侧显示登录 Windows 的账户名。

4. 功能区显示选项

从"功能区显示选项"中可选取功能区显示的方式。

5. 窗口控制按钮

窗口控制按钮包括"最小化"按钮➖、"最大化"按钮🗖或"向下还原"按钮🗗、"关闭"按钮✖。

 5.5.2　功能区

Word 功能区中的选项卡包括"文件""开始""插入""设计""布局""引用""邮件""审阅""视图"等，有些选项卡会依据操作的内容、环境而改变。还有"告诉我你想要做什么"文本框和"共享"图标。

1. "文件"选项卡

Word 2016 "文件"选项卡采用被称为"Backstage 视图"的显示方式。Backstage 视图会覆盖住文档。在 Backstage 视图中,如果要返回到文档编辑窗口,单击 Backstage 视图"文件"选项卡上端的"返回"按钮 或者按〈Esc〉键。

"文件"选项卡中的左侧窗格中的选项包括"信息""新建""打开""保存""另存为""打印""共享""导出""关闭""账户""选项""反馈"共 12 个标签,某些标签被突出显示,单击突出显示的标签,其右侧窗格将显示相应具体内容。

图 5-23 所示中显示的是"信息"标签,标题栏中显示的是正在编辑的文档名称、登录的账户名、Microsoft Word 帮助、Word 窗口的控制按钮。注意这里的 是控制 Word 窗口的控制按钮,不是关闭"文件"视图的控制按钮。

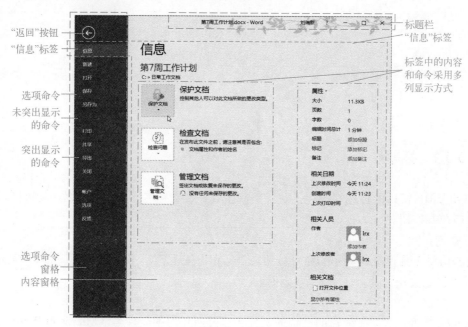

图 5-23 "文件"选项卡的"信息"标签

2. 编辑选项卡

除"文件"选项卡外,其他选项卡中则是各种文档编辑命令。图 5-24 所示是"开始"选项卡,包含了常用的命令按钮和选项。选项卡根据功能又划分为多个组,例如,"剪贴板""字体""段落""样式""编辑"等。在某些组的右下角有一个对话框启动按钮 ,单击它将显示相应的对话框或列表,以便做更详细的设置。例如,单击"开始"选项卡"字体"组右下角的 按钮,将显示"字体"对话框。

图 5-24 "开始"选项卡

5.5.3　文档编辑区

　　窗口中部大面积的区域为文档编辑区，用户输入和编辑文字、表格、图形、图片等都是在文档编辑区中进行，排版后的结果也在编辑区中显示。文档编辑区中不断闪烁的竖线"|"是插入点光标，输入的文字将出现在插入点位置。

5.5.4　滚动条

　　当文档窗口中的内容超过一个窗口显示的区域后，将出现滚动条。滚动条包括垂直滚动条和水平滚动条。滚动条中的方形滑块指示出插入点在整个文档中的相对位置。拖动滚动块，可快速移动文档内容，同时滚动条附近会显示当前移到内容的页码和简略内容。

　　单击垂直滚动条两端的上箭头▲或下箭头▼，可使文档窗口中的内容向上或向下滚动一行。单击垂直滚动条滑块的上部或下部，可使文档内容向上或向下移动一屏幕。

　　单击水平滚动条两端的左箭头◀或右箭头▶，可使文档内容向左或向右移动一列。

5.5.5　状态栏快捷方式

　　状态栏显示当前编辑的文档的某些信息、视图按钮等，可以单击状态栏上的相应按钮进行查看。

　　1. 页数、字数、语言 第12页，共17页　8353 个字　中文(中国)

状态栏左侧显示当前编辑的文档窗口和插入点所在页的信息。

　● 页数 第12页，共17页：单击该位置，Word 窗口左侧显示"导航"任务窗格，如图 5-25 所示。在"导航"窗格中显示插入点附近的页的缩略图，单击页的缩略图可快速把插入点移动到该页，再次单击该位置，可关闭"导航"窗格。

　● 字数 8375 个字：文档的字数，单击该位置可显示"字数统计"对话框，如图 5-26 所示。

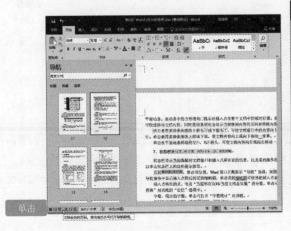

图 5-25　页数提示及"导航"窗格

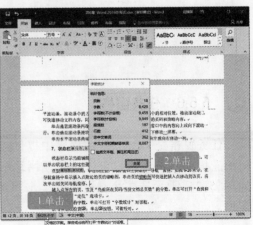

图 5-26　字数提示及"字数统计"对话框

- 拼写和语法检查 🔲：单击 🔲 按钮，可校对文档内容。
- 语言（国家/地区）：显示插入点位置文字的语言，插入点在汉字附近则显示 中文(中国)，插入在英文单词附近，则显示 英语(美国)。单击该位置，可显示"语言"对话框。

2. 更改视图 🔲 🔲 🔲

状态栏右侧有 3 个视图按钮，分别为阅读视图 🔲、页面视图 🔲 和 Web 版式视图 🔲。单击可改变当前视图。

3. 缩放 — ▮ + 100%

状态栏右侧显示文档内容显示比例按钮和滑块，用于改变编辑区域的显示比例。单击"缩放级别"（如 100% ）可显示"显示比例"对话框。

4. 自定义状态栏

状态栏可以自定义，从而使状态栏显示更多状态提示。例如，Word 之前版本在状态栏上显示"插入"或"改写"状态，而在 Word 2016 中默认不再显示。自定义状态栏的操作方法为：右击状态栏，弹出快捷菜单，如图 5-27 所示，选择需要在状态栏上显示的状态提示，例如，添加选择"大写""改写"，完成后用鼠标单击快捷菜单之外的区域即可。

添加"大写"和"改写"后，状态栏显示如图 5-28 所示，其中，"大写"只在按〈CapsLock〉键之后显示。另外，系统会根据文档的编辑状态来显示"改写"或"插入"。

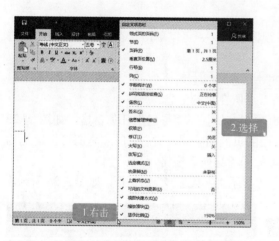

图 5-27 状态栏的快捷菜单

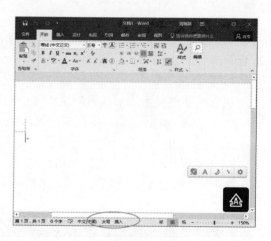

图 5-28 添加"大写"和"改写"后的状态栏

 5.5.6 任务窗格

任务窗格是 Office 应用程序中提供的常用命令窗口，一般出现在 Office 应用程序窗口的左侧或右侧，用户可以一边使用这些操作任务窗格中的命令，一边继续处理文档。如图 5-25 所示是在状态栏左端单击"页数"后，Word 窗口左侧显示的"导航"任务窗格。

5.6　输入文字和符号

创建文档后，在编辑区的左上角可以看到不断闪烁的竖线"|"，该竖线被称为插入点光标。它标记新输入字符的位置，用鼠标单击某位置，或按键盘上的方向键，可以改变插入点的位置。此外，也可以使用"即点即输"功能改变插入点位置，即将鼠标指针移动到要输入的空行中的任何位置，然后双击即可。

 ## 5.6.1　输入文字

在编辑区输入文字的操作步骤为：单击 Word 窗口编辑区中需要输入文字的位置（设置插入点），从输入法工具栏中选取一种中文输入法。输入文章的标题，然后按〈Enter〉键另起一段，使插入点移到下一行。输入正文，插入点会随着文字的输入向后移动，在输入文字时可以按空格键。如果输错了文字，可按〈Backspace〉键删除刚输入的错字，然后输入正确的文字。输入过程中，当文字到达右页边距时，插入点会自动折回到下一行行首。一个自然段输入完成后按一次〈Enter〉键，段尾有一个"↵"符号，代表一个段落的结束。显示如图 5-29 所示。

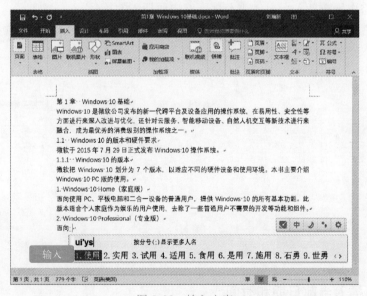

图 5-29　输入文字

 ## 5.6.2　插入符号

在文档输入过程中，可以通过键盘直接输入常用的符号，也可以使用汉字输入法输入符号。在 Word 中还可以通过下面的方法插入符号：单击要插入符号的位置，或者用键盘上的方向键移动插入点，设置插入点。然后单击功能区中的"插入"选项卡，在"符号"组中单击"符号"按钮，弹出符号列表，如图 5-30 所示，单击需要的符号。

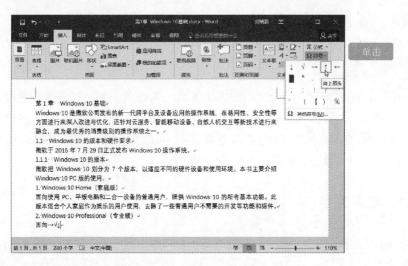

图 5-30 "符号"组中的"符号"列表

如果列表中没有要插入的符号，单击"其他符号"，弹出"符号"对话框，其中列出了某种字体的全部符号。图 5-31 所示为"普通文本"字体的符号集列表。从"字体"下拉列表框中选取合适的字体，将列出该字体包含的符号，先单击要插入的符号，再单击"插入"按钮，则该符号将出现在插入点上，或者直接双击要插入的符号。

在"符号"对话框中单击"特殊字符"选项卡，显示"特殊字符"选项卡，如图 5-32 所示，可以插入一些特殊字符。

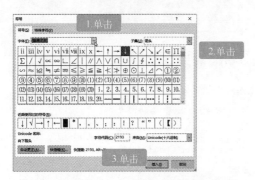

图 5-31 "符号"对话框的"符号"选项卡　　　图 5-32 "符号"对话框的"特殊字符"选项卡

 5.6.3　插入当前日期和时间

可以在文档中插入计算机当前时钟的日期和时间。注意，日期和时间有标准的格式。插入日期和时间的操作方法为：单击要插入日期或时间的位置，或者用键盘上的方向键移动插入点。在"插入"选项卡中，单击"文本"组中的"日期和时间"按钮，如图 5-33 所示。

显示"日期和时间"对话框，如图 5-34 所示，在"语言（国家/地区）"下拉列表框中选择"中文（中国）"或"英语（美国）"，在"可用格式"列表框中选择需要的格式。如果选中了"自动更新"复选框，插入的日期会在下次打开文档时自动更新。单击"确定"按钮，在插入点插入当前系统的日期和时间。

图 5-33 "文本"组中的"日期和时间"　　　　图 5-34 "日期和时间"对话框

 # 5.7　文档的编辑

编辑文档是文字处理中最基本的操作，包括移动插入点、选定文档、删除、查找等操作。

5.7.1　移动插入点

文档中闪烁的插入点光标"｜"和鼠标指针"Ｉ"具有不同的外观和作用。插入点光标用于指示在文档中输入文字和图形的当前位置，它只能在文档区域移动；鼠标指针则可以在桌面上任意移动，移动鼠标指针或者拖动滚动块，并不改变插入点的位置，只有用鼠标在文档中单击才改变插入点。在文档中移动插入点的方法如下。

1. 用鼠标移动插入点

如果要设置插入点的文档区域没有在窗口中显示，可以先使用滚动条使之显示在当前文档窗口，将"Ｉ"形鼠标指针移动要插入的位置，单击鼠标左键，则闪烁的插入点"｜"出现在此位置。

2. 用键盘移动插入点

可以用键盘上的光标移动键移动插入点。表 5-1 列出了常用的插入点移动键及其功能。

表 5-1　插入点移动键及其功能

键盘按键	功　能	键盘按键	功　能
〈←〉	左移一个字符或汉字	〈Home〉	放置到当前行的开始
〈→〉	右移一个字符或汉字	〈End〉	放置到当前行的末尾
〈↑〉	上移一行	〈Ctrl+PageUp〉	放置到上页的第一行
〈↓〉	下移一行	〈Ctrl+PageDown〉	放置到下页的第一行
〈PageUp〉	上移一屏幕	〈Ctrl+Home〉	放置到文档的第一行
〈PageDown〉	下移一屏幕	〈Ctrl+End〉	放置到文档的最后一行

5.7.2　选定文本

Windows 环境下的程序，其操作都有一个共同规律，即"先选定，后操作"。在 Word 中，体现在选定文本、图形等处理对象上。

选定文本内容后，被选中的部分变为突出显示，一旦选定了文本，就可以对它进行多种操作，如删除、移动、复制、更改格式等。

1. 用鼠标选定文本

使用鼠标选择文档正文中文本的操作见表5-2。

表 5-2　使用鼠标选择文档正文中的文本

选　　择	操　　作
任意数量的文本	在要开始选择的位置单击，按住鼠标左键，然后在要选择的文本上拖动鼠标
一个词	在单词中的任何位置双击
一行文本	将指针移到行的左侧，在指针变为⟋样式后单击
一个句子	按住〈Ctrl〉键，然后在句中的任意位置单击
一个段落	在段落中的任意位置连击三次
多个段落	将指针移动到第一段的左侧，在指针变为⟋样式后，按住鼠标左键，同时向上或向下拖动鼠标
较大的文本块	单击要选择的内容的起始处，滚动到要选择的内容的结尾处，然后按住〈Shift〉键的同时在要结束选择的位置单击
整篇文档	将指针移动到任意文本的左侧，在指针变为⟋样式后连击三次
页眉和页脚	在页面视图中，双击灰色显示的页眉或页脚文本。将指针移到页眉或页脚的左侧，在指针变为⟋样式后单击
脚注和尾注	单击脚注或尾注文本，将指针移到文本的左侧，在指针变为⟋样式后单击
垂直文本块	按住〈Alt〉键，同时在文本上拖动鼠标
文本框或图文框	在图文框或文本框的边框上移动指针，在指针变为✣样式后单击

2. 用键盘选定文本

在用键盘选定文本前，要先设置插入点，然后使用表5-3中的组合键操作。

表 5-3　用键盘选定文档正文中的文本

选　　择	操　　作
右侧的一个字符	按〈Shift+→〉组合键
左侧的一个字符	按〈Shift+←〉组合键
一个单词（从开头到结尾）	将插入点放在单词开头，再按〈Ctrl+Shift+→〉组合键
一个单词（从结尾到开头）	将指针移动到单词结尾，再按〈Ctrl+Shift+←〉组合键
一行（从开头到结尾）	按〈Home〉键，然后按〈Shift+End〉组合键
一行（从结尾到开头）	按〈End〉键，然后按〈Shift+Home〉组合键
下一行	按〈End〉键，然后按〈Shift+↓〉组合键
上一行	按〈Home〉键，然后按〈Shift+↑〉组合键
一段（从开头到结尾）	将指针移动到段落开头，再按〈Ctrl+Shift+↓〉组合键
一段（从结尾到开头）	将指针移动到段落结尾，再按〈Ctrl+Shift+↑〉组合键
一个文档（从结尾到开头）	将指针移动到文档结尾，再按〈Ctrl+Shift+Home〉组合键
一个文档（从开头到结尾）	将指针移动到文档开头，再按〈Ctrl+Shift+End〉组合键
从窗口的开头到结尾	将指针移动到窗口开头，再按〈Alt+Ctrl+Shift+PageDown〉组合键
整篇文档	按 Ctrl+A 组合键

 5.7.3　插入文本

在插入文本前，首先要确认当前文档处于插入状态，此时 Word 状态栏中显示为"插入"（自定义状态栏）。把插入点放置到插入字符的位置，输入文字，其右侧的字符逐一向右移动。

如果要在某个文字后另起一段落，先把插入点放置到该处，然后按〈Enter〉键，则后面的内容自动成为下一段落。如果要把两个连续的段落合为一个段落，把插入点放置到第一个段落的最后一个字符后，按〈Delete〉键，则后面的段落连接到前一个段落后，原来的两个段落合并成为一个大段落。

如果状态栏中显示为"改写"，表示文档处于改写状态。在改写状态下输入文字，新输入的文字将覆盖掉已有文字。所以，一般都在插入状态下工作。按键盘上的〈Insert〉键，可以在"改写"或"插入"两种编辑状态之间切换。如果〈Insert〉键无效，在"Word选项"对话框的"高级"标签中，选中"用Insert 键控制改写模式"复选框，如图 5-35所示。

图 5-35 "Word 选项"对话框的"高级"标签

5.7.4 设置格式标记

在编辑过程中，如果想检查在每段结束时是否按了〈Enter〉键，是否按了空格键，或在输入编辑过程中是否按规定格式进行了排版，这时就要在文档中显示控制字符标记。

1. 设置显示或隐藏格式标记

单击"文件"选项卡中的"选项"，在"Word 选项"对话框左侧窗格中单击"显示"。默认始终显示"制表符""空格"和"段落标记"。为了显示所有格式，最好在右侧窗格中选中"显示所有格式标记"复选框，如图 5-36 所示。

2. 显示或隐藏编辑标记

在"开始"选项卡上的"段落"组中，单击"显示/隐藏编辑标记"按钮 ，如图 5-37所示。注意，如果在"Word 选项"对话框选择了一些始终显示的标记（例如段落标记、空格、制表符），则"显示/隐藏编辑标记"按钮 不会隐藏这些始终显示的格式标记。

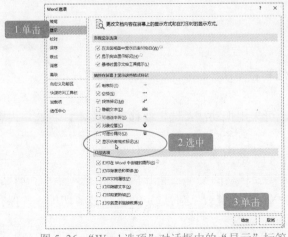

图 5-36 "Word 选项"对话框中的"显示"标签

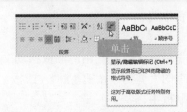

图 5-37 "显示/隐藏编辑标记"按钮

5.7.5 删除文本

删除文本内容，常用下面两种方法。

1. 删除单个文字或字符

把插入点移到要删除文本之前或之后，按〈Delete〉键将删除当前光标之后的一个字，按〈Backspace〉键将删除当前光标之前的一个字。

2. 删除文本块

选定要删除的文本，然后按〈Delete〉或〈Backspace〉键。也可以单击"开始"选项卡中"剪贴板"组上的"剪切"按钮 剪切。

 5.7.6 撤销与恢复

在编辑文档的过程中，如果删除错误，可以使用撤销与恢复操作。Word 支持多级撤销和多级恢复。

1. 撤销

在操作过程中，如果对先前所做的工作不满意，可用下面的方法之一撤销操作，恢复到原来的状态。

● 单击快速工具栏中的"撤销"按钮 （或按〈Ctrl+Z〉组合键），可取消对文档的最后一次操作。

● 多次单击"撤销"按钮 （或按〈Ctrl+Z〉组合键），依次从后向前取消多次操作。

● 单击"撤销"按钮 右边的下拉按钮，打开可撤销操作的列表，选定其中某次操作，可一次性恢复此操作后的所有操作。撤销某操作的同时，也撤销了列表中所有位于它上面的操作。

2. 恢复

在撤销某操作后，如果认为不该撤销该操作，又想恢复被撤销的操作，可单击常用工具栏中的"恢复"按钮 。如果不能重复上一项操作，该按钮将变为灰色的"无法恢复"。

 5.7.7 移动文本

移动文本内容最常用的方法是拖动法和粘贴法。

1. 拖动法

如果要移动的文本距离目的地较近，可采用拖动法：选定要移动的文本，将选定内容拖至新位置。

2. 粘贴法

粘贴法就是利用剪贴板移动文本：选定要移动的文本。单击"开始"选项卡中"剪贴板"组上的"剪切"按钮 剪切（或按〈Ctrl + X〉组合键）。这时选定文本已被剪切掉，并保存到剪贴板中。

切换到目标位置（可以是当前文档，也可以是另外一个文档），单击插入点位置。然后单击"开始"选项卡"剪贴板"组中的"粘贴"按钮（或〈Ctrl + V〉组合键），这时刚才剪切掉的文本连同原有的格式一起显示在目标位置。

如果只想复制文本而不带有原文本的格式（例如，从网页中复制文本），那么单击"开始"选项卡"剪贴板"组中的"粘贴"按钮的下拉按钮，从下拉列表中选择"只保留文本"。更多选项可选择"选择性粘贴"，在显示的"选择性粘贴"对话框中选择需要的格式。

 ### 5.7.8 复制文本

复制文本内容常用下面的三种方法。

1. 拖动法

选定要复制的文本，按住〈Ctrl〉键不放，将选定文本拖动至新位置。

2. 粘贴法

用粘贴法复制文本的操作步骤为：选定要复制的文本，单击"开始"选项卡"剪贴板"组中的"复制"按钮（或按〈Ctrl + C〉组合键）。

切换到目标位置，单击插入点位置。单击"开始"选项卡"剪贴板"组中的"粘贴"按钮（或按〈Ctrl + V〉组合键），这时文本内容被复制到目标位置。

3. Office 剪贴板

Office 剪贴板允许从 Office 文档或其他程序复制多个文本和图形项目，并将其粘贴到另一个 Office 文档中。在 Office 中，每使用一次"剪切"或"复制"命令，都将在"剪贴板"任务窗格中显示一个包含代表源程序的图标，Office 剪贴板可容纳 24 次剪切或复制的内容。

显示 Office"剪贴板"任务窗格的操作方法为：在"开始"选项卡的"剪贴板"组中，单击对话框启动器按钮。然后窗口左侧将显示 Office"剪贴板"任务窗格，如图 5-38 所示。

从"剪贴板"任务窗格中粘贴内容的操作方法为：先单击插入点位置，然后在"剪贴板"任务窗格中单击要粘贴内容的图标，如图 5-39 所示。

图 5-38 "剪贴板"组　　　图 5-39 "剪贴板"任务窗格

名师点拨

　　如果不从"剪贴板"任务窗格中选择，而是直接单击"剪贴板"组中的"粘贴"按钮
🖺（或按〈Ctrl+V〉组合键），则只粘贴最后一次放入剪贴板中的内容。

　　如果要关闭"剪贴板"任务窗格，单击"剪贴板"任务窗格右上角的"关闭"按
钮✕。

 5.7.9　在粘贴文本时控制其格式

　　在剪切或复制文本并将其粘贴到文档中时，有时需要保留其原始格式，有时需要采用粘贴位置周围的文本所用的格式。例如，如果要将网页中的一段文本插入到文档中，可能希望复制文本的格式与目标文档中其他文本的格式相同。

　　在 Word 中，每次粘贴文本时都可以选择上述选项中的任何一个。如果经常使用其中的某个选项，可以将其设置为粘贴文本时的默认选项。

　　1．使用"粘贴选项"

　　Word 2016 的实时粘贴预览功能让用户能预览到各种粘贴效果，避免了因为粘贴后格式不正确而撤销或再次粘贴，从而可以更快捷地得到正确的内容。

　　选择要移动或复制的文本，然后按〈Ctrl+X〉组合键剪切该文本，或按〈Ctrl+C〉组合键复制该文本。

　　在要粘贴文本的位置单击，然后按〈Ctrl+V〉组合键。在粘贴文本的右下方出现"粘贴选项"图标🖺(Ctrl)▾，单击该图标或按〈Ctrl〉键，打开其列表，显示如图 5-40 所示，将鼠标指针分别移动到"粘贴选项"下的粘贴格式图标上🖺 🖺 🖺，粘贴的内容将出现不同的粘贴效果。

　　"粘贴选项"中的各选项说明如下。

● 如果要保留粘贴文本的格式，单击"保留源格式"按钮🖺。
● 如果要与插入粘贴文本附近文本的格式合并，单击"合并格式"按钮🖺。
● 如果要删除粘贴文本的所有原始格式，单击"只保留文本"按钮🖺。如果所选内容包括非文本的内容，"只保留文本"选项将放弃此内容或将其转换为文本。例如，如果在粘贴包含图片和表格的内容时，使用"仅保留文本"选项将忽略粘贴内容中的图片，并将表格转换为一系列段落。如果所选内容包括项目符号列表或编号列表，"仅保留文本"选项可能会放弃项目符号或编号，这取决于 Word 中粘贴文本的默认设置。

　　2．设置默认粘贴选项

　　如果要设置默认粘贴选项，在"粘贴选项"列表中单击"设置默认粘贴"，显示"Word选项"对话框的"高级"选项卡，如图 5-41 所示。在"剪切、复制和粘贴"下设置默认选项。

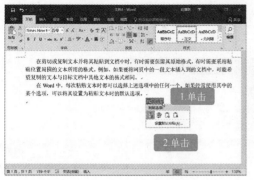

图 5-40　"粘贴选项"列表　　　　图 5-41　"Word 选项"对话框的"高级"选项卡

5.7.10　查找和替换

查找功能不仅可以查找文字，还可以查找格式文本和特殊字符。

1. 查找文本

在"开始"选项卡的"编辑"组中，单击"查找"按钮 🔍查找，显示"导航"任务窗格，如图 5-42 所示。

图 5-42　用"查找"打开"导航"任务窗格

Word 2016 使用渐进式搜索功能查找内容，因此无须确切地知道要搜索的内容即可找到它。在"搜索文档"文本框内每输入一个字、词，"导航"窗格中的内容区和文档中，都会渐进显示搜索到的段落并加重显示搜索内容。在"导航"任务窗格中单击搜索到的段落，在文档编辑区中将同步跳转到该段落，搜索的字、词也加重显示。图 5-43 所示是输入"选项"时的显示。

如果暂时不使用"导航"任务窗格，可单击任务窗格的"关闭"按钮× 将其关闭。

2. 替换文本

替换功能可以自动将某个词语替换为其他词语，替换文本将使用与所替换文本相同的格式。如果对替换结果不满意，可以单击"撤销"按钮恢复为原来的内容。替换文本的操作为：在"开始"选项卡的"编辑"组中，单击"替换"按钮 ᵃᵇ꜀替换。显示"查找和替换"对话框的

"替换"选项卡,如图 5-44 所示。在"查找内容"文本框中,输入要搜索的文本,例如"文本",在"替换为"文本框中,输入替换文本,例如"文字"。

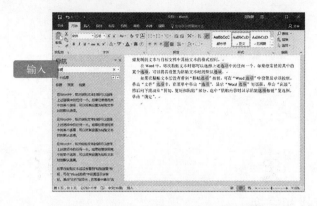

图 5-43　使用"导航"任务窗格查找

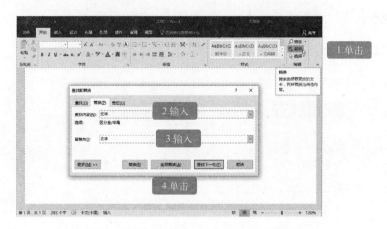

图 5-44　"查找和替换"对话框的"替换"选项卡

然后执行下列操作之一。

● 要查找下一处文本,单击"查找下一处"按钮。

● 要替换某一处文本,单击"替换"按钮。单击"替换"按钮后,插入点将移至该文本的下一处。

● 要替换所有文本,单击"全部替换"按钮。

● 要取消正在进行的替换操作,按〈Esc〉键。

利用替换功能还可以删除找到的文本,方法是在"替换为"文本框中不输入任何内容,这样替换时会以空字符代替找到的文本,相当于做了删除操作。

第6章 文字编辑组件 Word 2016 的使用——中级应用

本章介绍设置字符格式（设置字体、字号、颜色）、设置段落格式（设置段落的水平对齐方式、设置段落缩进、调整行距或段落间距、用格式刷复制格式）、设置页面（页面设置、文档分页、添加或删除页、页码）、添加表格（插入表格、绘制表格、选定和删除表格、设置表格格式、调整表格的列宽和行高）等内容。

6.1 设置字符格式

Word 中的格式包括字符格式和段落格式。设置字符格式的方法有两种：第一种是在未输入字符前设置字符格式，其后输入的字符将按设置的格式一直显示下去；第二种是先选定文本块，再设置字符格式，这时设置的格式只对该文本块起作用。

6.1.1 设置字体、字号和颜色

简体中文 Windows 中安装的字体有常用的各种英文字体、中文字体（宋体、隶书等）、和其他字体等。此外，还可以根据需要安装其他中英文字体。从"开始"选项卡的"字体"组或"控制面板"中的"字体"中查看已经安装的字体。可以用下面三种方法之一设置文档的字体、字号、颜色、字形等格式。

1. 使用浮动工具栏设置

选定要更改的文本后，浮动工具栏会自动出现，然后将指针移到浮动工具栏上，如图 6-1 所示。

当选中文本并右击时，浮动工具栏会与快捷菜单一起出现，如图 6-2 所示。

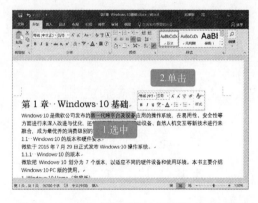

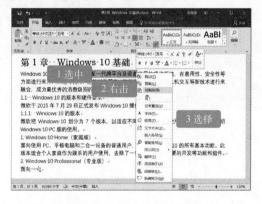

图 6-1　选中文字后自动出现浮动工具栏　　　　图 6-2　同时出现快捷菜单和浮动工具栏

单击"字体"框 等线(中3) 右端的下拉按钮，从字体下拉列表中选择所需字体的名称（如"黑体"）。

单击"字号"框 五号 右端的下拉按钮，从字号下拉列表中选择所需字号（如"三号"）。

单击"字体颜色" A 框右端的下拉按钮，从颜色下拉列表中选择所需颜色。

单击"加粗"按钮 B、"倾斜"按钮 I、"下画线"按钮 U 等，为选定的文字设置粗体、斜体、下画线等。这些按钮可以结合使用，当粗体和斜体同时按下时是粗斜体。

2. 使用"开始"选项卡的"字体"组设置

选定要更改的文本后，单击"开始"选项卡"字体"组中的相应按钮，如图 6-1 所示。

3. 使用"字体"对话框设置

选定要更改的文本，单击"开始"选项卡"字体"组右下角的对话框启动器按钮，显示"字体"对话框，如图 6-3 所示。

在"字体"对话框中可以对字符进行更详细的设置，包括字体、字形、字号、效果等。设置后的字体如图 6-4 所示。

图 6-3 "字体"对话框

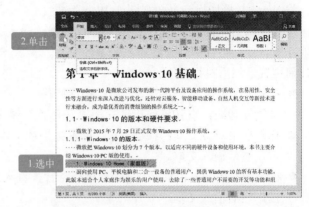

图 6-4 字体格式实例

6.1.2 设置默认字体与清除格式

1．设置默认字体

设置默认字体后，打开每个新文档都会使用选定的字体设置并将其作为默认设置。单击"开始"选项卡"字体"组中的对话框启动器按钮，显示"字体"对话框的"字体"选项卡，如图 6-3 所示。选择要应用于默认字体的选项，例如，字体、字形、字号、效果等。然后单击"设为默认值"按钮，最后在显示的对话框中单击"确定"按钮。

2．清除格式

选定要清除格式的文本，单击"开始"选项卡"字体"组中的"清除格式"按钮，将清除所选内容的所有格式，只留下纯文本。

6.2 设置段落格式

段落是文本、图片及其他对象的集合，每个段落结尾都会跟一个段落标记"↵"，每个段落都可以有自己的格式。设置段落格式是对某个段落设置格式。段落格式包括段落的对齐方式、段落的行距、段落之间的间距等。

6.2.1 设置段落的水平对齐方式

1．设置已有段落的对齐方式

单击需要对齐的段落，把插入点置于该段落中。在"开始"选项卡的"段落"组（如

图 6-5 所示）中，单击"文本左对齐"按钮，或"居中"按钮，或"文本右对齐"按钮，或"两端对齐"按钮，或"分散对齐"按钮，如图 6-5 所示。

2．改变单行文本的对齐方式

将 Word 文档切换到页面视图或 Web 版式视图，按〈Enter〉键插入新行，使用"即点即输"功能，即将鼠标指针移动到要输入文本的空行中的任何位置，然后执行以下任一操作。

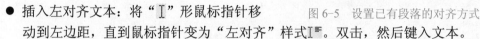

图 6-5　设置已有段落的对齐方式

- 插入左对齐文本：将"I"形鼠标指针移动到左边距，直到鼠标指针变为"左对齐"样式。双击，然后键入文本。
- 插入居中对齐文本：移动"I"形鼠标指针，直到鼠标指针变为"居中"样式。双击，然后输入文本。
- 插入右对齐文本：移动"I"形鼠标指针，直到鼠标指针变为"右对齐"样式。双击，然后输入文本。

3．设置文字方向

页面中的段落、文本框、图形、标注或表格单元格中的文字方向都可以更改，以使文字垂直或水平显示。具体操作方法为：选定要更改文字方向的文字，或者单击包含要更改的文字的图形对象或表格单元格。在"页面布置"选项卡的"页面设置"组中，单击"文字方向"按钮，如图 6-6 所示，从下拉列表中选择需要的文字方向。

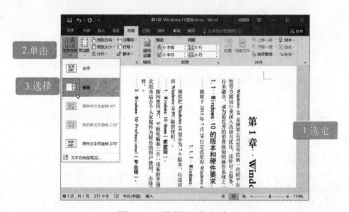

图 6-6　设置文字方向

6.2.2　设置段落缩进

就像在稿纸上写文稿一样，文本的输入范围是整个稿纸除去页边距以后的版心部分。但有时为了美观，有些文本还要再向内缩进一段距离，这就是段落缩进，如图 6-7 所示。缩进决定了段落到左右页边距的距离。

在页边距内，不仅可以增加或减少一个段落或一组段落的缩进，而且可以创建反向缩进（即凸出），使段落超出左边的页边距。此外，还可以创建悬挂缩进，即段落中的首行文本不缩进，但是下面的行缩进。段落缩进类型有首行缩进、悬挂缩进和反向缩进三种，如图 6-8 所示。

图 6-7　页边距与段落缩进量的示意图　　　图 6-8　段落缩进的三种类型

1．只缩进段落的首行

只缩进段落的首行就是首行缩进。具体操作为：在要缩进的段落中单击，把插入点设置到要设置的段落中。在"开始"选项卡中单击"段落"组的对话框启动器按钮。显示"段落"对话框的"缩进和间距"选项卡，如图 6-9 所示。（对于中文段落，最常用的段落缩进是首行缩进 2 个字符。）在"缩进"下的"特殊格式"下拉列表中，选择"首行缩进"，然后在"缩进值"数值框中设置首行的缩进间距量，如输入"2 字符"。

该段落以及后续输入的所有段落的首行都将缩进。但是选定段落之前的段落必须重新设置缩进。

2．显示或隐藏标尺

标尺包括水平标尺和垂直标尺，用于显示文档的页边距大小、段落缩进大小、制表符间距大小等。

（1）显示或隐藏水平标尺

在"视图"选项卡的"显示"组中，选中或取消选中"标尺"复选框，可以显示或隐藏水平标尺。如图 6-10 所示，可以在文档窗口上边看到水平标尺。

（2）显示或隐藏垂直标尺

只有在显示水平标尺的前提下，才能设置显示垂直标尺。在"Word 选项"对话框的"高级"标签的"显示"组中，选中"在页面视图中显示垂直标尺"复选框，如图 6-11 所示。

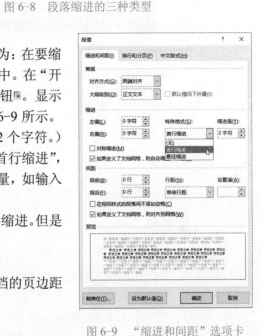

图 6-9　"缩进和间距"选项卡

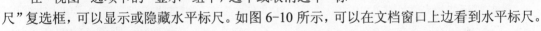

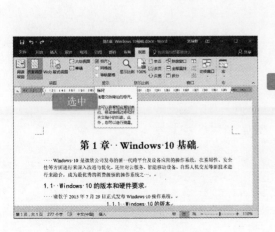

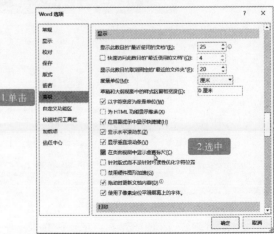

图 6-10　设置显示水平标尺　　　　　图 6-11　设置显示垂直标尺

3. 缩进段落首行以外的所有行（悬挂缩进）

缩进段落首行以外的所有行即悬挂缩进，主要有以下两种设置方式。

（1）使用水平标尺设置悬挂缩进

单击该段落，在水平标尺上，将"悬挂缩进"标记（△上面的三角形）拖动到希望缩进开始的位置。水平标尺上各部分的含义如图 6-12 所示。

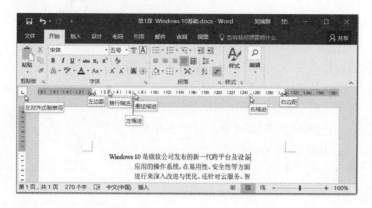

图 6-12　水平标尺上的按钮

（2）使用精确度量设置悬挂缩进

若要精确设置悬挂缩进，首先在要缩进的段落中单击，把插入点放置到要设置的段落中。在"布局"选项卡中单击"段落"组的对话框启动器按钮。显示"段落"对话框的"缩进和间距"选项卡，如图 6-9 所示。在"缩进"下的"特殊格式"下拉列表框中选择"悬挂缩进"，然后在"缩进值"数值框中设置所需的悬挂缩进间距量。

4. 创建反向缩进

单击要延伸到左边距中的文本或段落。在"布局"选项卡的"段落"组中，单击"缩进"下"左"数值框的向下微调按钮 　左: 0 字符 　。继续单击向下微调按钮，直到选定的文本到达其在左页边距中的目标位置，如图 6-13 所示。

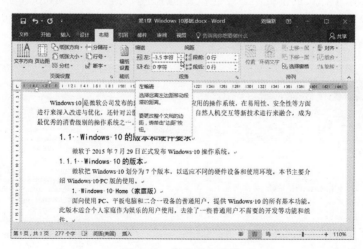

图 6-13　创建反向缩进

6.2.3 调整行距或段落间距

1. 更改行距

单击要更改行距的段落，在"开始"选项卡的"段落"组中，单击"行距和段落间距"按钮 ⁝≡▾，打开列表如图 6-14 所示。

执行下列任一操作。

- 要应用新的设置，单击所需行距对应的数字。例如，如果选择"2.0"，所选段落将采用双倍行距。
- 要设置更精确的行距，在下拉列表中选择"行距选项"，显示"段落"对话框的"缩进和间距"选项卡，如图 6-9 所示，在"行距"下设置所需的选项和值。

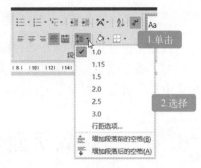

图 6-14 行和段落间距

在图 6-9 所示的"缩进和间距"选项卡中，在"行距"下拉列表中有下列行距选项。

- 单倍行距：将行距设置为该行最大字体的高度加上一小段额外间距。额外间距的大小取决于所用的字体。
- 1.5 倍行距：将行距设置为单倍行距的 1.5 倍。
- 2 倍行距：将行距设置为单倍行距的两倍。
- 最小值：设置适应行上最大字体或图形所需的最小行距。
- 固定值：设置固定行距且 Word 不能自动调整行距。
- 多倍行距：设置按指定的百分比增大或减小行距。例如，将行距设置为 1.2，Word 就会在单倍行距的基础上增加 20%。

2. 更改段前或段后的间距

段前间距是一个段落的首行与上一段落的末行之间的距离。段后间距是一个段落的末行与下一段落的首行之间的距离。默认情况下，段落前、后的间距为 0 行。

单击要更改段前间距或段后间距的段落，在"布局"选项卡的"段落"组中，单击"段前间距" ⁝≡段前: 0行 或"段后间距" ⁝≡段后: 0行 后面的箭头，或者输入所需的间距值。

 6.2.4 用格式刷复制格式

使用"开始"选项卡中的"格式刷"按钮 ❖格式刷，可以把已有格式复制到其他文本或基本图形上，例如，边框和填充。使用"格式刷"复制格式非常简便，因此，"格式刷"是最常用的工具之一。

选择具有要复制格式的文本或图形。如果要复制文本格式，可选择段落的一部分。如果要复制文本和段落的格式，需要选择整个段落，包括段落标记。在"开始"选项卡的"剪贴板"组中，单击"格式刷"按钮 ❖格式刷，如图 6-15 所示。指针变为刷子形状 ▙I。如果想更改文档中的多个选定内容的格式，那么要双击"格式刷"按钮，然后选择要设置格式的文本或图形。

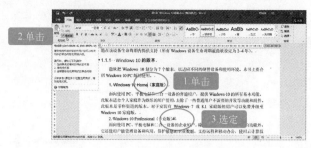

图 6-15　使用"格式刷"

当要停止格式设置时，按〈Esc〉键或再次单击"格式刷"按钮。

对于图形来说，使用"格式刷"不仅可以复制图形对象（如自选图形），而且可以从图片中复制格式（如图片的边框）。

6.3　设置页面

在 Word 中创建的内容都是以页为单位显示或打开的。

6.3.1　页面设置

一般，页面设置可在新建文档后，输入内容前进行。当然，也可以在文档内容输入完毕后进行页面设置。

1. 选择纸张大小

与我们用笔在纸上写字一样，使用 Word 编辑文字前也要先选择纸张大小和页面方向。在"布局"选项卡的"页面设置"组中，单击"纸张大小"按钮，如图 6-16 所示。从下拉列表中选取需要的纸张大小（默认为 A4）。

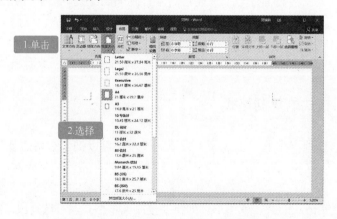

图 6-16　"布局"选项卡上的"页面设置"组

如果要自定义页面大小，选择下拉列表中的"其他页面大小"，显示"页面设置"对话框的"纸张"选项卡，如图 6-17 所示。在"宽度"和"高度"微调框中输入纸张大小。

2．更改每行字数和每页行数

根据纸型的不同，每页中的行数和每行中的字符数的默认值都不同。调整该值，可以满足用户的特殊需要。在"布局"选项卡中，单击"页面设置"组的对话框启动器按钮，显示"页面设置"对话框，然后单击"文档网格"选项卡，如图 6-18 所示。选中"指定行和字符网格"单选按钮，再在"每行"微调框中调整每行的字符数，在"每页"微调框中调整每页的行数。

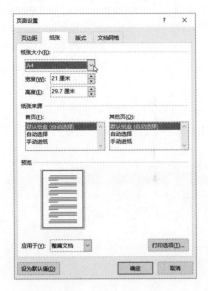

图 6-17 "纸张"选项卡

图 6-18 "文档网格"选项卡

3．选择页面方向

在选择页面方向时，可以为部分或全部文档选择纵向（垂直）或横向（水平）方向。

（1）更改整个文档的方向

在"布局"选项卡的"页面设置"组中，单击"纸张方向"按钮。从下拉列表中选择"纵向"或"横向"。

（2）在同一文档中使用纵向和横向方向

选择要更改为纵向或横向的页或段落，在"布局"选项卡的"页面设置"组中，单击"页边距"按钮。从下拉列表中选择"自定义页边距"。显示"页面设置"对话框的"页边距"选项卡，如图 6-19 所示。在"纸张方向"下，单击"纵向"或"横向"图标。在"应用于"下拉列表框中，选择"所选文字"。如果选择将某页中的部分文本而非全部更改为纵向或横向，Word 将所选文本放在文本所在页上，而将周围的文本放在其他页上。

Word 自动在具有新页面方向的文字前后插入分节

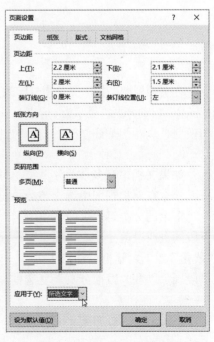

图 6-19 "页边距"选项卡

6.3.2 文档分页

Word 提供了自动分页和手动分页两种分页方法。

1. 自动分页

自动分页是指建立文档时，Word 根据字体大小、页面设置等，自动为文档做分页处理。Word 自动设置的分页符在文档中没有固定位置，它是可变化的，这种灵活的分页特性使得用户无论对文档进行过多少次变动，Word 都会随文档内容的增减而自动变更页数和页码。

2. 手动分页

手动分页是指用户根据需要手动插入分页标记，可以在文档中的任何位置插入分页符。手协插入分页符的操作方法是：在文档中单击要开始新页的位置，在"插入"选项卡的"页"组中，单击"分页"按钮，如图 6-20 所示。

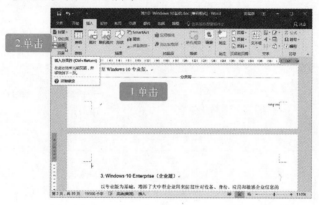

图 6-20　手工分页

在页面视图、打印预览和打印的文档中，分页符后面的文字将出现在新的一页上。在草稿视图中，自动分页符显示为一条贯穿页面的虚线，手动分页符显示为标有"分页符"字样的虚线。切换到"草稿"视图的方法：在"视图"选项卡的"文档视图"组中，单击"草稿"按钮。

3. 删除分页符

如果文档中有多余的分页符，可以将其删除。如果这些多余的分页符是手动插入的分页符，那么在草稿视图中选定该分页符，按〈Delete〉键即可删除该分页符。

多余的分页符也可能是使用了一些影响文档分页的段落格式生成的，如段中不分页、与下段同页或段前分页。要删除这些分页符，选定分页符后的段，在"布局"选项卡中，单击"段落"组的对话框启动器按钮，单击"换行和分页"选项卡，取消选中"段中不分页""与下段同页"和"段前分页"复选框。

6.3.3 添加或删除页

当文本或图形填满一页时，Word 会插入一个自动分页符，并开始新的一页。用户也可以根据需要，单击"插入"选项卡"页"组中的"空白页"按钮，向文档中添加新的空白页或添加带有预设布局的页。当不需要下一个空白页时，可以删除文档中的分页符，以删除不需要的页。

1．添加空白页

单击文档中需要插入空白页的位置，在"插入"选项卡的"页面"组中，单击"空白页"按钮，如图 6-20 所示，插入的页将位于光标之前。

2．添加封面

Word 2016 提供了预先设计的封面样式库，无论光标出现在文档的什么地方，封面始终插入到文档的开头。在"插入"选项卡的"页面"组中，单击"封面"按钮。显示"内置"封面列表，如图 6-21 所示，在"内置"列表中选择一个封面布局，然后用自己的内容替换示例文本。若要删除封面，那么在"封面"下拉列表中选择"删除当前封面"。当然，也可以用常规的删除方法。

图 6-21　插入封面

3．删除页

通过删除分页符可以删除 Word 文档中的空白页，包括文档末尾的空白页，此外，也可以通过删除两页间的分页符来合并这两页。

（1）删除空白页

首先确保在草稿视图中（切换到草稿视图的方法：在"视图"选项卡的"视图"组中单击"草稿"按钮）。如果看不见非打印字符（如段落标记），可在"开始"选项卡的"段落"组中单击"显示/隐藏"按钮。然后，选择页尾的分页符，按〈Delete〉键。

（2）删除单页内容

可以选择和删除文档任意位置的单页内容。将光标放在要删除的页面内容中的任何位置，选中该页内容，按〈Delete〉键。

（3）删除文档末尾的空白页

首先确保在草稿视图中，并且能看见非打印字符（如段落标记）。然后选择文档末尾的分页符或任何段落标记，再按〈Delete〉键。

6.3.4　页码

页码与页眉页脚关联，可以将页码添加到文档的顶部、底部或页边距中。保存在页眉、页脚或页边距中的页码信息显示为灰色，并且不能与文档正文信息同时进行更改。

1. 插入页码

可以从样式库中选择一种页码编号来插入页码。在"插入"选项卡的"页眉和页脚"组中，单击"页码"按钮。打开下拉列表，根据希望页码在文档中显示的位置，选择"页面顶端""页面底端"或"页边距"。然后单击需要的页码样式，如图 6-22 所示。这时，切换到"页眉和页脚"视图。文档部分显示为灰色，插入点在页码与页眉区域中闪烁，此时可以输入、修改页码。单击选项卡上的"关闭页眉和页脚"按钮，即可返回到文档编辑视图。

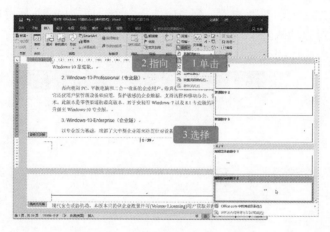

图 6-22 "页眉和页脚工具"视图

2. 设置页码格式

添加页码后，可以像更改页眉或页脚中的文本一样更改页码，还可以更改页码的格式、字体和大小。

（1）修改页码格式

页码格式如 1、i 或 a。双击文档中某页的页眉或页脚区域。切换到"页眉和页脚"视图。在"页眉和页脚工具-设计"选项卡的"页眉和页脚"组中，单击"页码"按钮，然后选择"设置页码格式"。显示"页码格式"对话框，如图 6-23 所示。在"编号格式"下拉列表框中，选择一种编号样式，然后单击"确定"按钮。

（2）修改页码的字体和字号

双击文档中某页的页眉、页脚或页边距区域，切换到"页眉和页脚"视图。选中页码。在所选页码上方显示浮动工具栏，用该工具栏更改字体和字号等。此外，也可以在"开始"选项卡的"字体"组中设置字体、字号等。

图 6-23 "页码格式"
对话框

3. 删除页码

单击"删除页码"按钮或手动删除文档中单个页面的页码时，将自动删除本文档中的所有页码。在"插入"选项卡上的"页眉和页脚"组中，单击"页码"按钮，选择"删除页码"。如果"删除页码"为灰色，则需要在"页眉和页脚"视图中手动删除页码。

添加表格

表格由行和列的单元格组成,在单元格中可以填写文字、插入图片以及插入另外一个表格。可以采用自动制表或者手动制表来添加表格,还可以将已有文本转换为表格。

 6.4.1 插入表格

1. 使用表格模板

使用表格模板可以插入一组预先设置好格式的表格。表格模板包含示例数据,可以帮助用户预览添加数据时表格的外观。具体操作方法是:首先在要插入表格的位置单击,然后在"插入"选项卡的"表格"组中,单击"表格"按钮,显示下拉列表,指向"快速表格",再选择需要的模板,如图 6-24 所示。

插入的表格将出现在插入点处,同时显示"表格工具-设计"选项卡,如图 6-25 所示。使用所需的数据替换模板中的数据,也可重新设置表格的样式。

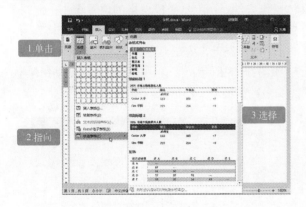

图 6-24 使用表格模板插入表格

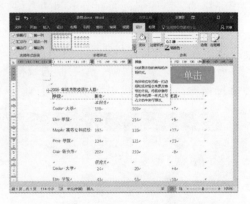

图 6-25 插入表格并设置表格样式

2. 使用"表格"下拉列表

使用"表格"下拉列表插入表格的操作方法是:首先在要插入表格的位置单击,然后在"插入"选项卡的"表格"组中,单击"表格"按钮,显示下拉列表,然后在"表格"下拉列表中拖动鼠标以选择需要的行数和列数,如图 6-26 所示。松开鼠标按键后,表格就被插入到插入点处,最后,可以使用显示的"表格工具-设计"选项卡修改表格。

3. 使用"插入表格"对话框

使用"插入表格"对话框插入表格可以在将表格插入文档之前选择表格尺寸和格式。具体操作是:在要插入表格的位置单击;在"插入"选项卡的"表格"组中,单击"表格"按钮,显示下拉列表,然后选择"插入表格"。显示"插入表格"对话框,如图 6-27 所示;在"表格尺寸"下,输入列数和行数。在"'自动调整'操作"下,选择选项以调整表格尺寸;最后单击"确定"按钮。

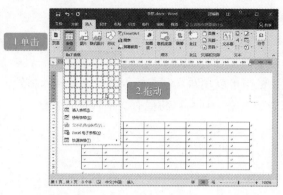

图 6-26　使用"表格"菜单插入表格　　　　　图 6-27　"插入表格"对话框

 6.4.2　绘制表格

1. 绘制表格

用"绘制表格"工具可方便地画出非标准的各种复杂表格。例如，绘制包含不同高度的单元格的表格或每行的列数不同的表格。具体操作方法是：在要创建表格的位置单击；在"插入"选项卡的"表格"组中，单击"表格"按钮，显示下拉列表，然后选择"绘制表格"。指针会变为铅笔状 ；在要定义表格的外边界，按住鼠标左键，从左上方到右下方拖动鼠标 ，松开鼠标左键即可得到一个绘制的表格外框，如图 6-28 所示；接着，在该矩形内拖动铅笔状鼠标指针，绘制行线和列线（ 、 、 、 ），如图 6-29 所示。

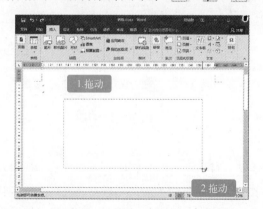

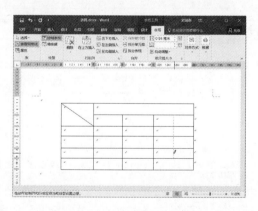

图 6-28　绘制表格外框　　　　　　　　　图 6-29　绘制列线和行线

 名师点拨

若要擦除一条线或多条线，在"表格工具-设计"选项卡的"绘制边框"组中，单击"擦除"按钮，指针会变为橡皮状 ，然后单击要擦除的线条。若要擦除整个表格，请参阅本章后文关于删除表格的内容。

如果要继续绘制列线和行线，则单击"绘制表格"按钮，指针会变为铅笔状 。

绘制完表格以后，在单元格内单击，开始输入文字或插入图形。

2. 在单元格中绘制斜线

在 Word 2016 中，斜线表头就只有一条斜线，这是根据国外大多数地区的使用习惯而设计的，在国内，制表时也基本不用斜线表头（像 Excel 表格）。为了与国际接轨，在 Word 2016 中取消了以前版本中的斜线表头功能。在单元格中绘制斜线有两种方法。

● 单击"绘制表格"按钮，指针会变为铅笔状。按单元格对角方向拖动鼠标，画出对角斜线。
● 单击要绘制斜线的单元格，把插入点放置到该单元格中。单击"开始"选项卡，在"段落"组中单击"边框"后的下拉按钮，在下拉列表中选择"斜下框线"或"斜上框线"，如图 6-30 所示。

或者，右击单元格，然后在浮动工具栏中单击"边框"后的下拉按钮，如图 6-31 所示。此外，也可以在下拉列表中选择"边框和底纹"，显示"边框和底纹"对话框，在"应用于"中选定"单元格"，单击斜线。

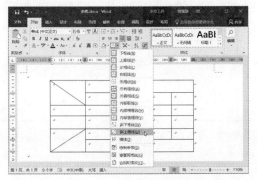 

图 6-30　绘制斜线单元格　　　　图 6-31　表格单元格的浮动工具栏

由于单元格中可以换行，所以可以输入多行文字。或者插入文本框，来放置文字。

3. 表格中插入内容

建立空表格后，可把插入点放置到单元格中进行内容插入，插入的内容可以是文本、图片和另外的表格。表格中每一个单元格都是一个独立的编辑单元，每个单元格都有自己的段落标记，如果要分段落，可按〈Enter〉键，单元格的高度会增高。当在单元格中输入的内容到达单元格的右边线时，单元格的宽度可能会自动加宽，以适应内容。输入文本后的表格如图 6-32 所示。

图 6-32　输入文本后的表格

 名师点拨

不仅可以用鼠标在单元格内单击来设置插入点，而且可以按〈Tab〉键把插入点放置到下一个单元格，按〈Shift+Tab〉组合键把插入点移回前一个单元格。按〈↑〉和〈↓〉键把插入点上、下移动一行。

6.4.3 选定和删除表格

通过上面的方法建立的表格往往不能满足要求，因此，还需要进行修改、调整、修饰等工作。在具体操作前必须先选定表格中需要修改的部分，这样才能对其进行操作。根据表格中的对象不同，选定的方法也不同。

1. 用鼠标选定单元格、行、列或表格

用鼠标选定单元格、行、列或表格，见表6-1。

表6-1　用鼠标选定单元格、行、列或表格

选择对象	执　　行
一个单元格	移动鼠标指针到单元格左侧边框的右侧，当指针变为 时单击，效果为
一行	移动鼠标指针到表格的左边框外侧，当鼠标指针变为 时单击，效果为
一列	移动鼠标指针到该列顶端，当鼠标指针变为 时单击，效果为
连续的单元格、行或列	拖动鼠标指针划过所需的单元格、行或列
不连续的单元格、行或列	单击所需的第一个单元格、行或列，按住〈Ctrl〉键，然后单击所需的下一个单元格、行或列
整张表格	在页面视图中，将鼠标指针停留在表格上，直至表格左上角外显示表格控制点标记 ，然后单击该表格控制点标记
取消选定单元格	单击选定单元格以外的位置
取消选定表格	单击表格以外的位置

2. 用键盘选定单元格、行或列

用键盘选定单元格、行或列，见表6-2。

表6-2　用键盘选定单元格、行或列

选择对象	执　　行
插入点所在的单元格	按〈Shift+End〉组合键
插入点所在的相邻单元格	按〈Shift+↑〉、〈Shift+↓〉、〈Shift+←〉、〈Shift+→〉组合键
下一单元格中的文字	按〈Tab〉键
前一单元格中的文字	按〈Shift+Tab〉组合键
取消选定	按〈↑〉、〈↓〉、〈←〉或〈→〉键

3. 删除整个表格

可以一次性同时删除整个表格及其内容。有以下两种方法删除整个表格。

● 在页面视图中，把鼠标指针停留在表格上，直至显示表格控制点标记 ，然后单击表格控制点标记 。按〈Backspace〉键，将整个表格删除。

● 先在表格中单击，然后在"表格工具-布局"选项卡的"行和列"组中，单击"删除"按钮，从下拉列表中选择"删除表格"。

● 选中包含表格的段落，按〈Delete〉键。

4. 删除表格的内容

可以删除某单元格、某行、某列或整个表格的内容。当删除表格的内容时，该文档将保留表格的行和列。具体操作如下。

1）在表格中，选择要清除的内容。

● 整张表格。在页面视图中，将鼠标指针停留在表格上，直至显示表格控制点标记⊞，然后单击表格控制点标记⊞。

● 一行或多行。单击相应行的左侧。

● 一列或多列。单击相应列的顶部网格线或边框。

● 一个单元格。单击该单元格的左边缘。

2）按〈Delete〉键即可删除所选内容。

→ 6.4.4　设置表格格式

1. 使用"表样式"设置整个表格的格式

创建表格后，可以使用"表样式"设置整个表格的格式。在要设置格式的表格内单击。在"表格工具-设计"选项卡的"表格样式"组中，将指针停留在每个表格样式上，可以预览表格的外观，直至找到要使用的样式为止。要查看更多样式，单击"其他"按钮 ，如图 6-33 所示，单击样式可将其应用到表格。在"表格样式选项"组中，选中或取消选中各复选框，可为各表格元素应用或删除选中的样式。

2. 添加或删除边框

可以添加或删除边框，将表格设置为所需的格式。

（1）添加表格边框

首先选定表格。在"表格工具-布局"选项卡的"表"组中，单击"选择"，从下拉列表中单击"选择表格"，选定表格，如图 6-34 所示。

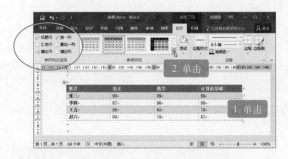
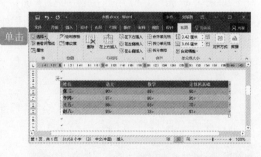

图 6-33　"表格工具-设计"选项卡的"表格样式"组　　　　图 6-34　选定表格

然后在"表格工具-设计"选项卡的"边框"组中，单击"边框"下的下拉按钮 ，在下拉列表中执行下列任一操作，如图 6-35 所示。

● 选择任一预定义边框。

● 选择"边框和底纹"，显示"边框和底纹"对话框，单击"边框"选项卡，如图 6-36 所示，然后选择需要的选项。

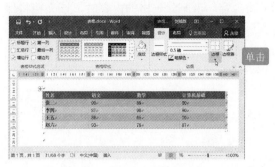

图 6-35 "设计"选项卡的"边框"组　　　　图 6-36 "边框和底纹"对话框的"边框"选项卡

（2）删除整个表格的表格边框

首先选定表格。在页面视图中，把鼠标指针停留在表格上，直至显示表格控制点标记⊞，然后单击表格控制点标记⊞。在"表格工具-设计"选项卡的"边框"组中，单击"边框"下的下拉按钮▾，再选择"无框线"。

（3）只给指定的单元格添加表格边框

选择需要添加表格边框的单元格，包括结束单元格标记 张三 。如果看不到结束标记，在"开始"选项卡的"段落"组中，单击"显示/隐藏"按钮↙。在"表格工具-设计"选项卡的"边框"组中，单击"边框"下的下拉按钮▾，从下拉列表中选择要添加的边框。

（4）只删除指定单元格的表格边框

选择需要删除表格边框的单元格，包括结束单元格标记 张三 。在"表格工具-设计"选项卡的"边框"组中，单击"边框"下的下拉按钮▾，从下拉列表中选择"无边框"。

3. 插入行、列

（1）使用功能区添加单行或单列

如果要添加列，将光标定位到要添加位置的左边一列或右边一列中的任意一个单元格中；如果要添加行，将光标定位到要添加位置的上边一行或下边一行中的任意一个单元格中。在"表格工具-布局"选项卡的"行和列"组中，根据情况单击对应的按钮，如果添加行，可以单击"在上方插入"按钮或"在下方插入"按钮；如果添加列，可以单击"在左侧插入"按钮或"在右侧插入"按钮。例如，单击"在下方插入"按钮，如图 6-37 所示。

（2）用表格插入标识插入行、列

插入行：将鼠标光标移到两行之间分隔线的左侧，单击出现的添加行标记⊕，如图 6-38 所示，会在分隔线位置插入一行。

图 6-37 插入行、列　　　　　　　　　　　图 6-38 插入行

插入列：将鼠标光标移到两列之间分隔线的上方，单击出现的添加列标记⊕，如图 6-39 所示，会在分隔线位置插入一列。

（3）用表格的快捷菜单插入行、列

如果要添加列，将光标定位到要添加位置的左边一列或右边一列中的任意一个单元格中；如果要添加行，将光标定位到要添加位置的上边一行或右边一行中的任意一个单元格中。然后右击，指向"插入"，然后根据需要选择合适的菜单命令，如图 6-40 所示。

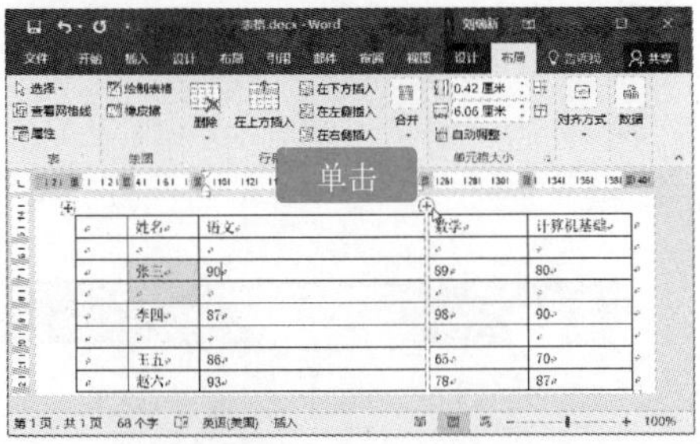

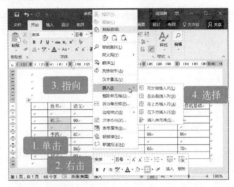

图 6-39　插入列　　　　　　　图 6-40　用表格的快捷菜单插入行、列

（4）在表格行尾部外通过按〈Enter〉键插入行

将鼠标移至某行的最后一个单元格边框外，在段落符号内单击，把插入点设置到最后一个单元格边框外，然后按〈Enter〉键，即可在下方插入一个新行。

把插入点放置到表格最后一行的右端框线外的换段符前，按〈Enter〉键，即可在表格最后一行的下方添加一个空白行。

4．插入单元格

在要插入单元格处的右侧或上方的单元格内单击，然后单击"表格工具-布局"选项卡的"行和列"组的对话框启动器按钮。显示"插入单元格"对话框，如图 6-41 所示。各选项说明如下。

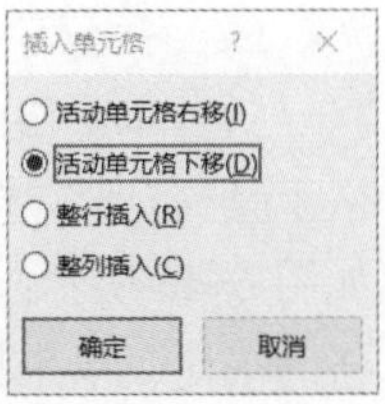

● "活动单元格右移"：插入单元格，并将该行中所有其他的单元格右移。该选项可能会导致该行的单元格比其他行的多。

● "活动单元格下移"：插入单元格，并将该列中剩余的现有单元格都下移一行。该表格底部会添加一个新行以包含最后一个现有单元格。

● "整行插入"：在单击的单元格上方插入一行。

● "整列插入"：在单击的单元格右侧插入一列。

图 6-41　"插入单元格"对话框

5．删除行、列或单元格

（1）使用功能区删除行、列、单元格或表格

如果要删除列，将光标定位到要删除列中的任意一个单元格中；如果要删除行，将光标定位到要删除行的任意一个单元格中；如果要删除单元格，将光标定位到删除的单元格中。然后，在"表格工具-布局"选项卡的"行和列"组中单击"删除"按钮，显示下拉列表，如图 6-42 所示，接着根据需要选择"删除行""删除列"或"删除表格"。

如果在下拉列表中选择"删除单元格",将显示"删除单元格"对话框,如图 6-43 所示,选择删除该单元格后对其他单元格的处理方式。

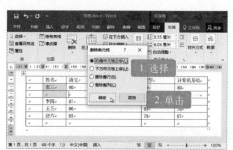

图 6-42 "删除"下拉列表　　　　　　　　图 6-43 "删除单元格"对话框

（2）使用表格单元格的快捷菜单删除行、列或单元格

如果要删除行,选中要删除的行;如果要删除列,选中要删除的列;如果要删除单元格,选中要删除的单元格。然后右击,从快捷菜单中选择"删除行""删除列"或"删除单元格"命令。如果选择了"删除单元格"命令,将显示"删除单元格"对话框,接着根据需要选择合适的选项。图 6-44 所示是选中行的快捷菜单。

6. 合并或拆分单元格

图 6-44 选中行的快捷菜单

（1）合并单元格

Word 可以将同一行或同一列中的两个或多个单元格合并为一个单元格。例如,可以在水平方向上合并多个单元格,以创建横跨多个列的表格标题。具体操作方法为:选中要合并的多个单元格,在"表格工具-布局"选项卡的"合并"组中,单击"合并单元格"按钮,如图 6-45 所示。此外,也可以使用选中单元格的快捷菜单来合并单元格。

（2）拆分单元格

拆分单元格的操作方法为:在单个单元格内单击,或选中要拆分的多个单元格;然后在"表格工具-布局"选项卡的"合并"组中,单击"拆分单元格"按钮,显示"拆分单元格"对话框,如图 6-46 所示;接着输入要将选定的单元格拆分成的列数或行数。此外,也可以使用选中单元格的快捷菜单来拆分单元格。

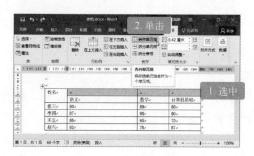

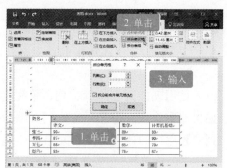

图 6-45 合并单元格　　　　　　　　　　图 6-46 "拆分单元格"对话框

6.4.5　调整表格的列宽和行高

　　自动创建表格时，Word 将表宽设置为页宽，列宽设置为等宽，行高设定为等高。用户也可以根据需要对其进行调整。

　　1．调整列宽

　　调整列宽的操作方法为：将指针停留在需更改其宽度的列的边框上，直到指针变为 ↔，然后拖动边框，调整到所需的列宽，如图 6-47 所示。

 名师点拨

　　在调整列宽时，如果只拖动鼠标，则整个表格宽度不变，表格线相邻两列宽度改变。如果先按住〈Shift〉键不放，然后将鼠标定位到表格线并拖动鼠标，则当前列宽度改变，其他列宽均不变，整个表格宽度也改变。如果先按住〈Ctrl〉键不放，将鼠标定位到表格线并拖动鼠标，则表格线左侧各列宽不变，右侧各列按比例改变，整个表格宽度不变。

　　2．调整行高

　　调整行高的操作方法为：把鼠标指针停留在要调整高度的行的边框上，直到指针变为 ↕，然后拖动边框。此外，也可以在"表格属性"对话框的"行"选项卡中改变行高。

　　3．平均分布行或列

　　如果要平均分布表格中的各行或列，在表格内单击，或者选中要平均分布的行或列，然后单击"表格工具-布局"选项卡的"单元格大小"组中，单击"分布行"按钮 田分布行 或"分布列"按钮 田分布列，如图 6-48 所示。或右击，在快捷菜单中选择"平均分布各行"命令或"平均分布各列"命令。

图 6-47　调整列宽　　　　　　　　　　　　　图 6-48　平均分布选中的列

　　4．调整整个表格尺寸

　　如果需要调整表格的大小，那么可按下面的方法操作：将指针置于表格上，直到表格尺寸控点 □ 出现在表格的右下角 ⌐，然后将指针停留在表格尺寸控点上 ↖，使其出现一个双向箭头 ↖，接着将表格的边框拖动到所需尺寸。

第 7 章　文字编辑组件 Word 2016 的使用——高手速成

　　本章主要介绍插入图片的方式、技巧，恢复未保存的文档，共享文档等，最后通过两个应用实例分享高手实战经验。

插入与设置图片

在文档中插入图片，是美化文档常用的方法。

 7.1.1 插入图片

1. 插入来自文件的图片

首先，在文档中单击要插入图片的位置，然后，在"插入"选项卡的"插图"组中，单击"图片"按钮，如图 7-1 所示。显示"插入图片"对话框，浏览并选定要插入的图片，单击"插入"按钮或者双击要插入的图片。

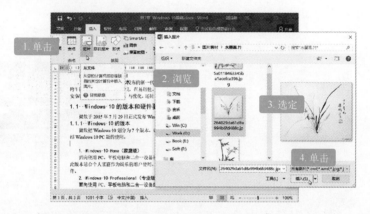

图 7-1 "插图"组和"插入图片"对话框

此时，图片将插入到插入点位置，如图 7-2 所示。

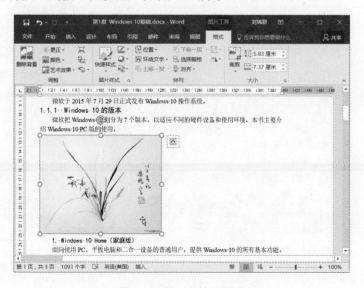

图 7-2 插入文档的图片

名师点拨

默认情况下，Word 将图片嵌入文档中。如果要链接到图片，在"插入图片"对话框中，单击"插入"按钮 插入(S) 右侧的下拉按钮，然后从下拉列表中选择"链接到文件"。

2．插入联机图片

插入联机图片就是通过网络获得想要插入的图片。具体操作是：首先在文档中单击要插入图片的位置，然后在"插入"选项卡的"插图"组中，单击"联机图片"按钮，显示"插入图片"对话框，如图 7-3 所示。

如果在"必应图像搜索"框中输入关键字，例如"牡丹花"，按〈Enter〉键或单击"搜索"按钮。显示 bing 搜索对话框，如图 7-4 所示，选定搜索到的图片，然后单击"插入"按钮，图片将插入到插入点位置。

图 7-3 "插入图片"对话框

图 7-4 bing 搜索对话框

如果在"插入图片"对话框中单击"OneDrive-个人"，那么将显示 OneDrive 网盘中的文件和文件夹，浏览到要插入的图片，单击选中，然后单击"插入"按钮，如图 7-5 所示。

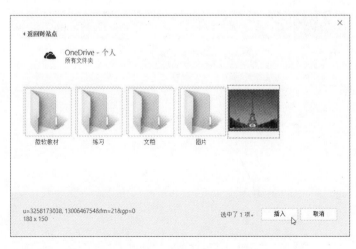

图 7-5 "OneDrive-个人"网盘

图片将被插入到插入点位置，如图 7-6 所示。

图 7-6　插入文档中的图片

3．插入网页中的图片

首先打开 Word 文档，然后在网页上右击要插入的图片，从快捷菜单中选择"复制图片"
命令，接着在 Word 文档中右击要插入图片的位置，从快捷菜单中选择合适的粘贴命令。

● 如果要使插入到 Word 文档的图片保留链接地址，那么单击"保留源格式"按钮。
然后把鼠标指针放在图片上，可以看到链接地址。

● 如果插入的图片不包含链接，只须插入图片，单击"合并格式"按钮。

 ### 7.1.2　选中、复制和删除图片

1．选中图片

单击文档中的图片，图片边框上会出现 8 个尺寸控点，表示已选中该图形，同时图片右
上部将出现"布局选项"按钮图标，如图 7-6 所示。利用图片的尺寸控点和"布局选项"，
可以设置图片的格式。

如果要选中多张图片，可单击第一张图片，然后在按住〈Ctrl〉键的同时单击其他图片
（注意必须是浮动图片）。

2．图片的复制、删除和组合

单击图片，然后执行下列操作之一。

● 要复制图片，可按〈Ctrl+C〉组合键，或者单击"开始"选项卡"剪贴板"组中的"复
制"按钮，或者右击并选择快捷菜单中的"复制"命令。

● 要剪切图片，按〈Ctrl+X〉组合键，或者单击"开始"选项卡"剪贴板"组中的"剪
切"按钮，或者右击并选择快捷菜单中的"剪切"命令。

然后将插入点置于要放置图片的位置。按〈Ctrl+V〉组合键，或者单击"开始"选项卡
"剪贴板"组中的"粘贴"按钮，或者右击并选择快捷菜单中的"组合"命令或。如
果要删除图片，则在选中图片后直接单击〈Delete〉键。

7.1.3 更改图片的环绕方式

Word 中的图片有两种布局方式：嵌入型和浮动型。在 Word 文档中，嵌入型图片的性质与文字相同，是随行和段落排版的，而浮动型图片是插入绘图层的图形，可在页面上任意放置，可使其位于文字或其他对象的上方或下方。设置图片的嵌入方式或环绕方式的步骤如下。

双击或单击选中图片，在图片右上角的旁边会显示"布局选项"按钮。单击"布局选项"按钮，显示"布局选项"选单，如图 7-7 所示；或者，在"图片工具-格式"选项卡的"排列"组中，单击"位置"按钮，显示列表，如图 7-7 所示。

接着执行下列操作之一。

- 若要将嵌入式图片更改为浮动式图片，则选择任一"文字环绕"页面位置选项。
- 若要将浮动式图片更改为嵌入式图片，则选择"嵌入型"或"嵌入文本行中"。
- 单击"查看更多"或"其他布局选项"，显示"布局"对话框，单击"文字环绕"选项卡，如图 7-8 所示，然后单击需要的环绕方式。

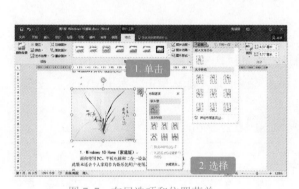

图 7-7　布局选项和位置菜单　　　　图 7-8　"文字环绕"选项卡

对于设置为浮动型的图片、视频、形状等对象，可实时预览布局效果，释放鼠标后，对象和文本环绕即按预览的结果呈现。对齐参考线可以轻松将图表、照片、图形与文字对齐，使文档看起来不仅专业而且美观。参考线会显示在需要的位置，设置完毕后会自动消失。拖动对象时，对齐参考线能自动帮助对齐，布局效果可实时预览，如图 7-9 所示。

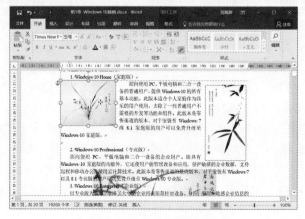

图 7-9　对齐参考线和实时布局

7.1.4　调整图片大小和旋转图片

1. 调整图片大小

（1）粗略调整图片大小

单击文档中的图片，图片边框上会出现 8 个尺寸控点，如图 7-10 所示。将鼠标指针置于其中的一个尺寸控点上，鼠标指针会变为↕、↔、↖或↗。如果要按比例缩放图片，则拖动四个角上的控制点；如果要改变高度或宽度，则拖动上、下或左、右边的控制点。当图片大小合适后，松开鼠标。

（2）精确调整图片大小

双击文档中的图片，然后在"图片工具-格式"选项卡的"大小"组中，单击"高度"按钮或"宽度"按钮调整图片的大小。或者，单击"大小"组的对话框启动器按钮，或者右击图片，选择快捷菜单中的"大小和位置"命令。显示"布局"对话框的"大小"选项卡，如图 7-11 所示，为了保持图片不变形可选中"锁定纵横比"复选框，然后调整"缩放"下的"高度"或"宽度"，从而精确缩放图片。单击"重置"按钮则复原图片。

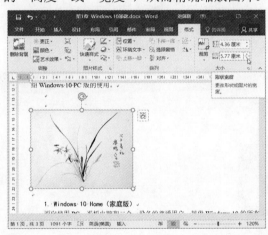
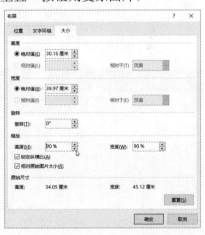

图 7-10　拖动控制点　　　　　图 7-11　"布局"对话框的"大小"选项卡

2. 旋转图片

单击文档中的图片，选中该图形，图片边框出现 8 个尺寸控点和一个绿色的旋转柄。将鼠标指针放到绿色的旋转柄上，鼠标指针变为，如图 7-12a 所示。按下鼠标左键不放，鼠标指针变为时拖动鼠标旋转图片，如图 7-12b 所示。旋转合适角度后，松开鼠标，效果如图 7-12c 所示。

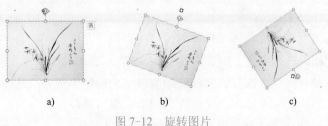

a)　　　　　　　b)　　　　　　　c)

图 7-12　旋转图片

a) 旋转前　b) 旋转中　c) 旋转后

→ 7.1.5 裁剪图片

裁剪操作就是通过减少垂直或水平边缘来删除或屏蔽不希望显示的图片区域。具体操作方法如下。

1）双击要裁剪的图片，如图 7-13a 所示。

2）在"图片工具-格式"选项卡的"大小"组中，单击"裁剪"按钮，鼠标指针变为↖。

3）将裁剪指针置于裁剪控点上，鼠标指针将变为 ⊢、⊤、⊥ 或 ⊣，然后执行下列操作之一。

- 若要裁剪某一侧，则将该侧的中心裁剪控点向里拖动，如图 7-13b 所示。
- 若要同时均匀地裁剪两侧，则按住〈Ctrl〉键的同时将任一侧的中心裁剪控点向里拖动。
- 若要同时均匀地裁剪全部四侧，则按住〈Ctrl〉键的同时将一个角部裁剪控点向里拖动。
- 若要向外裁剪或在图片周围添加页边距，则将裁剪控点拖离图片中心。

4）若要放置裁剪，则移动裁剪区域（通过拖动裁剪方框的边缘）或图片。

5）完成后按〈Esc〉键，或再次单击"裁剪"按钮上部，如图 7-13c 所示。

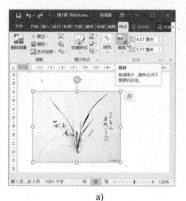 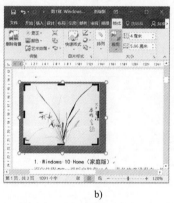 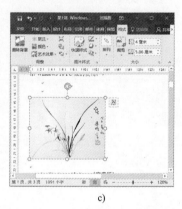

a)   b)   c)

图 7-13　裁减图片

a) 选定图片　b) 裁剪图片　c) 完成裁剪

7.2　恢复未保存的文档

当出现意外关闭文档但文档还未保存时，可选择保留文件最近的自动保存版本，这样可以在下次打开该文档时进行恢复。例如，在编辑文档时，发生意外情况关闭了正在编辑的文档，而且该文档还没有保存。恢复该文档的最新版本的操作步骤为：首先打开没有保存的文档，然后在 Word 的功能区中单击"文件"选项卡，显示"信息"标签，单击"管理文档"按钮，从下拉列表中选择"恢复未保存文档"，如图 7-14 所示。

此时 Word 会打开记录的所有自动保存的文档，用户可从中选择需要恢复的文档，如图 7-15 所示，然后单击"打开"按钮。

图 7-14 "信息"标签

图 7-15 打开自动保存的文档

Word 之所以可以自动恢复文档，是因为设置了文档的自动保存时间间隔。因此，可修改缩短自动保存时间间隔，这样出现意外恢复时能恢复更多内容。

 7.3 共享文档

 7.3.1 文档的共享

若要邀请其他人查看或编辑云中的文档，则单击 Word 窗口右上角的"共享"按钮。在打开的"共享"任务窗格中，可以获取共享链接或向你选择的用户发送邀请，从而可快速便捷地邀请他人共同审阅或编辑文档。注意，要想实现文档共享，首先要使用微软账号登录 Windows，其次，文档要保存到 OneDrive。文档共享的操作步骤如下。

1）单击功能区右上角的"共享"按钮。显示"共享"任务窗格，单击"保存到云"按钮，如图 7-16 所示。显示"另存为"标签，单击保存位置为"OneDrive 一个人"，如图 7-17 所示。如果该文档已经保存到 OneDrive 中，则没有此步骤。

图 7-16 单击"保存到云"按钮

图 7-17 设置保存位置为 OneDrive

显示"另存为"对话框，选择保存的文件夹和文件名，单击"保存"按钮，如图 7-18 所示。

另外，也可以在"文件"选项卡中，单击"共享"标签，然后单击"与人共享"，如图 7-19 所示。

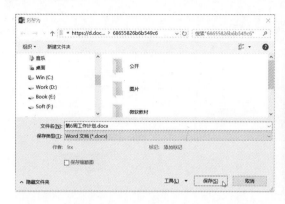

图 7-18 "另存为"对话框　　　　　　　　　　图 7-19 "共享"标签

2）设置文档共享。这里介绍两种文档共享方式。

● 邮件共享方式：在"共享"任务窗格中，在"邀请人员"文本框中输入邮件地址，选择"可编辑"或"可查看"权限，单击"共享"按钮，显示如图 7-20 所示。由于某些原因，这种通过邮件共享文档的方法在国内可能无法使用。

● 链接共享方式：在图 7-20 所示的"共享"任务窗格底部，单击"获取共享链接"。"共享"任务窗格显示"获取共享链接"，如图 7-21 所示。如果希望别人能够编辑，则单击"编辑链接"后的"复制"按钮，复制 URL；如果该文档仅供查看，则单击"创建仅供查看的链接"按钮，然后单击其后的"复制"按钮。这里的用户身份是主人。

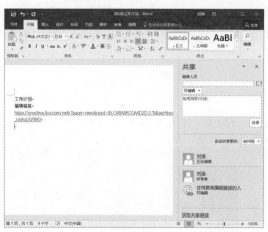

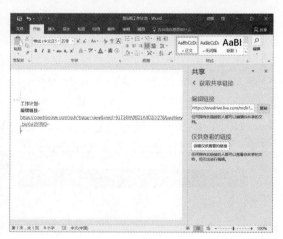

图 7-20 邮件共享方式　　　　　　　　　　图 7-21 链接共享方式

 7.3.2　实时编辑文档

Word 2016 允许多人同时在线编辑存放在 OneDrive、OneDrive for Business 或 SharePoint Online 中的 Word 文档。下面介绍如何打开两种共享方式共享的文档。

- 打开邮件共享方式的文档：在收到的含有共享文档链接的邮件中，单击带链接的文档名称，即可打开共享的文档。在文档的右侧会列出所有参与者，文档的正文左侧，则会显示出正在编辑此部分内容的人员。由于某些原因，这种通过邮件共享文档的方法在国内可能无法使用。
- 打开链接共享方式的文档：把复制得到的 URL 粘贴到浏览器的地址栏中，即可在 Word Online 中打开该文档，如图 7-22 所示，单击"在浏览器中编辑"按钮。

在 Word Online 中打开该文档，如图 7-23 所示，然后编辑该文档。这里的用户身份是客人。

图 7-22　预览文档内容　　　　　图 7-23　在 Word Online 中打开文档

在 OneDrive 或 SharePoint 站点上共享的 Word 文档的共同编辑操作，将以实时的方式进行，这意味着可以看到其他作者正在你目前工作的相同文档中的哪些位置作更改。客人在 Word Online 中编辑文档，如图 7-24 所示。

如果主人和客人同时在 Word Online 中编辑这个文档，则客人编辑的内容会同步显示在主人的 Word Online 中，同时提示"客人"，如图 7-25 所示。

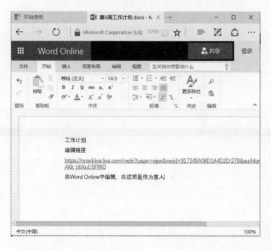

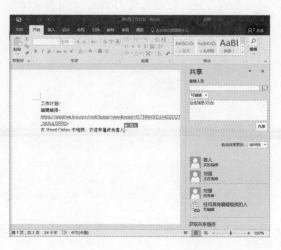

图 7-24　客人编辑文档（客人的 Word Online）　图 7-25　客人编辑文档同步显示在主人的 Word Online 中

主人正在 Word 中编辑文档，如图 7-26 所示。

如果客人也同时在 Word Online 编辑文档，则主人编辑的内容会同步显示在客人的 Word Online 中，同时给出提示，如图 7-27 所示。

图 7-26　主人编辑文档（主人的 Word Online）　　图 7-27　主人编辑文档同步显示在（客人的 Word Online 中）

这里说的"主人"是指发起共享的用户，"客人"是指接受共享的用户，可以有多个"客人"，具体操作时 Word 会显示真正的登录 Windows 的账户名。

7.3.3　在 OneDrive 中共享文档

1. 生成共享链接

也可以在浏览器中打开 OneDrive 网站（https://onedrive.live.com/），输入 Microsoft 账户和密码，或者在 Windows 10 状态栏右端的通知区中，右击图标，在快捷菜单中选择"在线查看"命令，即可进入网页版 OneDrive，如图 7-28 所示。选中要共享的文档，单击"共享"按钮。

显示"共享隐讳号"对话框，如图 7-29 所示，这里单击"获取链接"。

图 7-28　网页版 OneDrive　　　　　　　图 7-29　"共享隐讳号"对话框

显示链接地址文本框，如图 7-30 所示，单击"复制"按钮，把链接地址复制到剪贴板。

2. 使用共享链接打开文档

其他用户把得到的共享链接粘贴到浏览器的地址栏中，打开该文档，显示如图 7-31 所示，单击"编辑文档"按钮，从下拉列表中选择"在 Word 中编辑"或"在浏览器中编辑"。

图 7-30　生成链接地址文本框　　　　　图 7-31　使用共享链接打开文档

7.4 高手速成——Word 应用实例

7.4.1　制作价目单

在 A4 纸上打印下面的价目单，其中，点心、饮料左对齐，价格右对齐，如图 7-32 所示。

下午茶　点心坊

点心：

蜂蜜松饼 ....28 元	蓝莓松饼 ....29 元
香蕉酥派 ....29 元	苹果酥派 ....28 元
香草冰淇淋松饼 ......58 元	低脂鲜奶松饼 .....59 元

饮料：

百汇水果茶 ....80 元/壶	伯爵奶茶 ....30 元/杯
玫瑰花果茶 ....80 元/壶	锡兰奶茶............38 元/杯
天峰毛尖 ....90 元/壶	台湾烧仙草 ....30 元/杯

图 7-32　价目单

制作价目单的具体步骤如下。

1）新建空白文档。设置纸张大小为 A4。输入价目单中的文字，在品名与价格之间空 1～2 个空格，并保存，如图 7-33 所示。

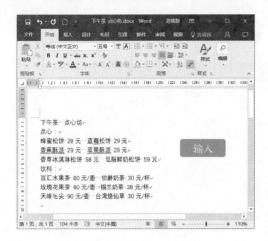

图 7-33　输入文字

2）设置价目单的字体、字号。标题字号为 28，字体分别为华文琥珀、华文彩云，并设置下画线。"点心："“饮料："的字体为华文隶书、小一号、字符底纹。价目单正文为等线、小三号，如图 7-34 所示。

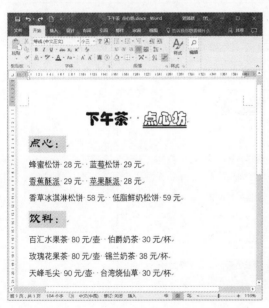

图 7-34　设置字体、字号

3）插入制表符。在"蜂蜜松饼"后的

“28 元”前单击，设置插入点，然后按〈Tab〉键，插入一个制表符。用同样的方式插入另外两个制表符，如图 7-35 所示。如果看不到插入到文档中的制表符，在"开始"选项卡的"段落"组中，单击"显示/隐藏编辑标记"按钮 。

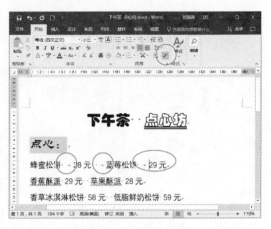

图 7-35　插入制表符

4）设置制表位。单击水平标尺最左端的方形按钮，直到显示 ，在水平标尺的下边框上单击要插入制表位的位置，刚才选定的制表位符号将出现在该处，如图 7-36 所示。设置另外两个制表位，分别为 、。

图 7-36　设置第一个右对齐的制表位

5）拖动标尺上的制表位，对齐到合适的位置，如图 7-37 所示。

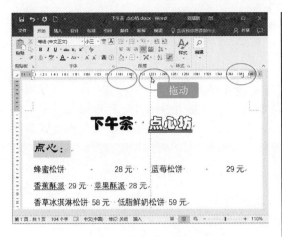

图 7-37　拖动标尺上的制表位

6）在"页面布局"选项卡中，单击"段落"组的对话框启动器按钮⬛。在显示的"段落"对话框中，单击"制表位"按钮。

7）显示"制表位"对话框，因为该行已经设置了 3 个制表位，所以显示已有的制表位，如图 7-38 所示。单击第 1 个制表位的数字，在"前导符"中选中 2 样式的前导符单选按钮，然后单击"设置"按钮。

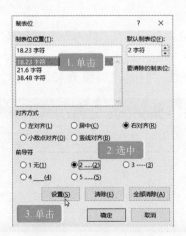

图 7-38　设置前导符

单击第 3 个制表位数字，在"前导符"中选中 2 样式的前导符单选按钮，然后单击"设置"按钮，最后单击"确定"按钮。返回"段落"对话框，单击"确定"按钮。

该行设置完成后的显示效果如图 7-39 所示。

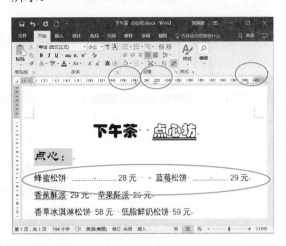

图 7-39　完成一行

8）把插入点设置到另外一行，重复 6）和 7）的步骤，再设置一行前导符。

最简单的方法是使用格式刷进行设置，即先单击完成前导符设置的行，然后单击"格式刷"按钮，接着用格式刷在其他行上刷。完成后的显示效果如图 7-40 所示。

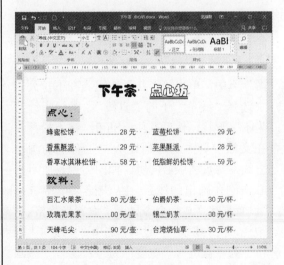

图 7-40　完成后的显示

7.4.2 编排健康周报

制作一张健康周报，周报样式如图 7-41 所示。要求纸张为 A4，上、下、左、右页边距分别为 2.5cm、2.5cm、2cm、2cm，纸张方向为纵向。正文是五号宋体。标题用艺术字，插入文本框、线条、图片文件，段落首行缩进 2 字，艺术字、文本框、图片、线条都设置为浮于文字上方。具体操作步骤如下。

图 7-41　周报样式

1）设置纸张。按要求设置纸张和页边距，然后保存文件。

2）插入线条。在"插入"选项卡的"插图"组中，单击"形状"按钮，在下拉列表中选择"线条"下的"直线"。鼠标指针变为十字形状，然后按住〈Shift〉键不松开，在文档中页面上边距处从左向右拖动画出直线，与页面版心同宽，如图 7-41 所示。右击刚才画出的线条，从快捷菜单中选择"设置形状格式"命令显示"设置形状格式"边栏，在"线条"下设置，选中"实线"，"颜色"为"蓝色"，"宽度"为"2 磅"，"短画线类型"为"方点"。单击边框上部的"效果"，在"阴影"中设置一种阴影。复制设置好的线条，拖放到页面合适位置。

3）插入艺术字。在文档中要插入艺术字的位置单击，在"插入"选项卡的"文本"组中，单击"艺术字"按钮。在下拉列表中选择艺术字样式，如图 7-42 所示。

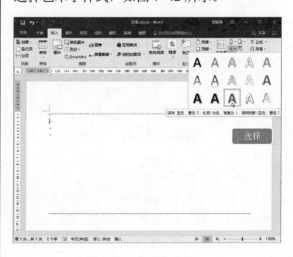

图 7-42　艺术字样式

显示如图 7-43 所示，在艺术字文本框中输入文字"周报"。

图 7-43　在艺术字文本框中输入文字

如果要更改艺术字，则双击要更改的艺术字文本框的边框。然后在"开始"选项卡的"字体"组中，将字体设置为黑体，大小设为 120 磅。接着单击"字体"组的对话框启动器按钮 ，显示"字体"对话框，在"高级"选项卡中，在"缩放"下拉列表框中选择"80%"，把字体设置为瘦高型，如图 7-44 所示。

图 7-44　缩放字体

在"绘图工具-格式"选项卡中，单击"艺术字样式"组中的"文字效果"按钮 A ，从下拉列表中选择"透视：右上"，如图 7-45 所示。

图 7-45　设置透视效果

再插入一个艺术字，文字为"健康专刊"，字体为隶属，字号为初号，在"康"后按〈Enter〉键，将其分为两行。在"文字效果"下拉列表中选择"棱台"效果，如图 7-46 所示。

图 7-46　"棱台"效果

4）插入文本框。在"插入"选项卡的"文本"组中，单击"文本框"按钮，显示文本框列表。在"文本框"下拉列表中选择"绘制文本框"，如图 7-47 所示。

图 7-47　"文本框"下拉列表

　　鼠标指针变为✛，在文档中需要插入文本框的位置单击并拖动，绘制所需大小的文本框，如图 7-48 所示。

图 7-48　绘制文本框

　　在文本框内单击，输入或粘贴文本。若要设置文本框中的文本的格式，选择文本，然后使用"开始"选项卡"字体"组中的格

式设置选项。若要改变文本框的位置，单击该文本框，然后在指针变为✛时，将文本框拖到新位置。输入文字后的文本框如图 7-49 所示。

图 7-49　在文本框中输入文字

　　更改文本框的边框。可以选择更改或删除文本框边框的颜色、粗细或样式，也可以选择取消整个边框。右击文本框，从快捷菜单中选择"设置形状格式"命令。显示"设置形状格式"对话框，在左侧窗格中单击"填充"，在右侧窗格中单击"无填充"；在左侧窗格中单击"线条颜色"，在右侧窗格中单击"无线条"，然后单击"关闭"按钮。设置完成后的效果如图 7-50 所示。

图 7-50　取消文本框的填充和边框

　　插入其他文本框（其中一个文本框是竖排文本框），在文本框中输入或粘贴文字，改变文本框边框的颜色和样式，改变填充颜色。完成后的效果如图 7-41 所示。

　　5）插入或粘贴一张图片，设置图片的文字环绕方式为浮于文字上方。

第 8 章　电子表格组件 Excel 2016 的使用——快速入门

Excel 是微软公司的办公套件 Microsoft Office 的组件之一，是一款用于数据处理的电子表格软件，它可以进行各种数据的处理、统计分析和辅助决策操作。Excel 以其直观的表格形式、简单的操作方式和友好的操作界面，被广泛地应用于管理、统计财经、金融等众多领域。

本章主要介绍 Excel 2016 工作簿的基本操作，单元格的基本操作，工作表的行、列操作，在单元格中输入和编辑数据等内容。

8.1 Excel 工作簿的基本操作

Excel 的基本操作包括启动和退出、理解和正确使用 Excel 的功能选项卡、文件的保存和打开及关于工作簿和工作表的操作等。

8.1.1 新建工作簿

新建工作簿是使用 Excel 的第一步。新建工作分为新建空白工作簿和基于模板新建工作簿两种。

1. 新建空白工作簿

通常都是新建 Excel 空白工作簿，然后在空白工作簿中输入文字、数字等内容。新建空白工作簿有多种方法，常用方法如下。

（1）在启动 Excel 应用程序时新建工作簿

通过"开始"菜单等方式，启动 Excel 应用程序。显示 Excel 2016 的"打开或新建"窗口，如图 8-1 所示，单击"空白工作簿"模板。

打开 Excel 2016 的编辑窗口，同时新建名为"工作簿 1"的空白工作簿，如图 8-2 所示。

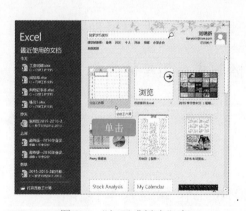
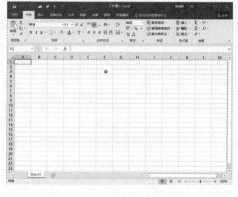

图 8-1 "打开或新建"窗口　　　　　　图 8-2 Excel 2016 的编辑窗口

（2）在打开的现有工作簿中新建工作簿

如果已经启动 Excel 应用程序，当前处在编辑窗口状态，如图 8-2 所示。需要新建工作簿时，在功能区左端单击"文件"选项卡，显示"文件"选项卡的"信息"标签，如图 8-3 所示。

单击左侧的"新建"标签，右侧显示"新建"标签的具体内容，如图 8-4 所示，单击"空白工作簿"，显示图 8-2 所示的 Excel 2016 编辑窗口。

图 8-1、图 8-3 和图 8-4 所示的显示方式被称为 Backstage 视图。在 Backstage 视图中，如果要返回到图 8-2 所示的 Excel 2016 工作簿编辑窗口，则单击 Backstage 视图"文件"选项卡上端的"返回"按钮或者按〈Esc〉键。

图 8-3　"文件"选项卡的"信息"标签　　　图 8-4　"文件"选项卡的"新建"标签

（3）在打开的现有文档中新建空白工作簿

当前处在图 8-2 所示的 Excel 编辑状态，如果需要新建空白文档，按〈Ctrl+N〉组合键。如果在"快速访问工具栏"中添加了"创建文档"按钮，单击该按钮，则新建一个空白工作簿，并把编辑窗口切换到新建的空白工作簿。

2．使用模板新建工作簿

"模板"是"模板文件"的简称，模板是一种特殊的文件，每个模板都提供了一个样式集合，供格式化文档使用。除了样式外，模板还包含其他元素，比如宏、自动图文集、自定义的工具栏等。因此可以把模板形象地理解成一个容器，它包含上面提到的各种元素。

在新建工作簿时都使用模板来新建工作簿，包括"空白工作簿"，这时 Excel 使用 Normal 模板来创建一个新空白文档。Excel 2016 提供了许多类型的文档模板，包括空白工作簿、预算表和基本销售报表等。

如果要新建空白工作簿之外的模板工作簿，可以使用下面的方法。

● 在图 8-1 所示的"打开或新建"窗口或者图 8-4 所示的"文件"选项卡的"新建"标签中，单击需要的模板，例如，单击"每日工作日程"模板，显示确认对话框，如图 8-5 所示，单击"创建"按钮。Excel 将用该模板新建一个文档，并打开新建文档的编辑窗口，如图 8-6 所示，然后就可以用具体的内容代替文档中的内容，或者删除不合适的内容，添加需要的内容。

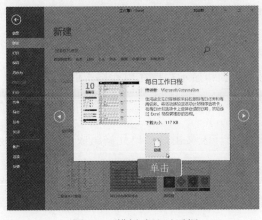

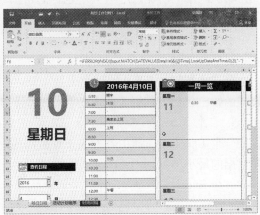

图 8-5　模板确认对话框　　　　　　　图 8-6　用模板新建的文档

● 如果在图 8-1 所示的"打开或新建"视图或者图 8-4 所示的"文件"选项卡的"新建"
标签中，没有找到需要的模板，那么可在"搜索联机模板"框中输入关键字，下载联
机模板。

 8.1.2　Excel 2016 的窗口组成

图 8-7 所示是新建空白工作簿的 Excel 2016 编辑窗口，可以在其中输入数据并使用 Excel
提供的数据处理功能创建电子表格。Excel 2016 窗口主要由功能区和数据区两大部分组成。
功能区提供对数据操作的命令和方法，数据区用于保存输入和计算的数据。Excel 窗口的其
他部分与 Word 的功能相同。

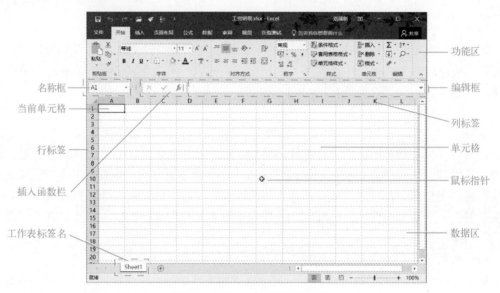

图 8-7　Excel 2016 窗口的组成

1．功能区

Excel 2016 功能区以选项卡的形式共用标题栏下方的一个区域，各命令以图标的形式呈
现在功能区中。功能区选项卡中包含的常用命令按钮和选项，单击选项卡的名称可以切换选
项卡。在某些功能按钮的旁边有一个 标记，表示这是一个功能组按钮，单击该按钮将显示
一个包含多个命令的功能选项。

2．公式函数栏

公式函数栏是 Excel 的一个重要工具，它用于输入和显示存放在单元格中的公式或函数。
公式函数栏包括名称框、插入函数栏和编辑栏。

3．工作簿和工作表

一个 Excel 工作簿由若干张工作表组成，每张工作表又由众多单元格组成，单元格是保
存数据的最小单位。

一个 Excel 文档就是一个工作簿，而工作表是工作簿中包含的"页"。默认情况下，一个
新建的 Excel 工作簿中包含一张工作表，系统默认地将其命名为 Sheet1。通过单击 Excel 窗
口左下角相应工作表的标签可在各工作表之间切换。

4．单元格和当前单元格

单元格是组成工作表的最小单位，也就是工作表中的一个"格"。每个单元格都有一个由列号和行号组成的名称。例如，B3 单元格表示该单元格位于工作表的第 2 列第 3 行。

鼠标指针在工作表数据区上方时显示为✛，当在工作表中单击选中某单元格时，Excel 窗口左上方的"名称框"中将显示该单元格的名称。这时输入的数据将出现在选中的单元格中，同时出现插入点光标▏。双击单元格也会在单元格中出现插入点光标▏。例如，选中 B3 单元格，并在单元格中输入"good"，名称框中显示该单元格名称，编辑栏中显示单元格中的数据。此时，B3 单元格被称为"当前单元格"或"活动单元格"，并以加粗边框显示，如图 8-8 所示。注意，用户输入的各类数据只能被当前单元格接收。

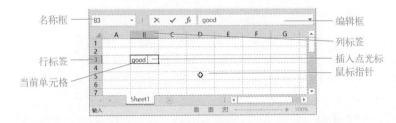

图 8-8　单元格名称和当前单元格

下面对 Excel 工作簿进行几点说明。

1）"行标签"和"列标签"上显示的分别是行号和列号。

2）工作表中行号用连续的数字表示，一个工作表中最多允许有 1 048 576 行。

3）工作表中列标号用 A～Z、AA～ZZ 等表示，一个工作表中最多允许有 16 384 列。

4）一个工作簿中包含工作表的数量没有限制，仅与当前计算机配置的内存大小有关。

8.1.3　工作表的基本操作

在 Excel 中对工作表的操作主要有：向工作簿中插入工作表，重命名工作表，复制、移动和删除工作表，以及保护工作表中的数据安全等。

1．向工作簿中插入工作表

Excel 2016 启动后会自动创建一个带有一张工作表的空白工作簿，工作表默认的名称为 Sheet1。若要使工作簿中包含更多的工作表，可通过以下几种方法来实现。

- 用鼠标右击位于 Excel 窗口左下角的某个工作表标签，在弹出的快捷菜单中选择"插入"命令，如图 8-9 所示。显示"插入"对话框，如图 8-10 所示，在"常用"选项卡中单击"工作表"，然后单击"确定"按钮，即可在当前工作表前方插入一个新的空白工作表。
- 直接单击 Excel 窗口左下角工作表标签列表后面的"新工作表"图标⊕。该图标被单击后将直接在当前工作表序列最后插入一张新的空白工作表。新的工作表名默认为 Sheet×，×为递增的数字。这是向工作簿中添加工作表最简单的方法。
- 在 Excel 功能区的"开始"选项卡中，单击"单元格"组中"插入"旁的下拉▾，从下拉列表中选择"插入工作表"选项，则在当前工作表前方插入一个新的空白工作表。

图 8-9　选择"插入"命令

图 8-10　选择插入对象为工作表

2. 重命名工作表

为了更直观地表现工作表中数据的含义，可将默认的工作表名 Sheet× 改名为便于理解的名称，例如，"通信录""成绩表"等。操作方法是用鼠标右击希望更名的工作表标签，在快捷菜单中选择"重命名"命令，使原工作表名称处于可编辑状态，输入新的名称后按〈Enter〉键或用鼠标单击工作表标签以外的任何区域。

3. 移动、复制和删除工作表

工作表的移动是指调整工作表的排列顺序或将工作表整体迁移到一个新的工作簿中。复制工作表是指建立指定工作表的副本，以便在此数据基础上快速建立一个新的工作表。例如，复制"1 月份工资表"工作表到"2 月份工资表"工作表，从而通过部分数据的修改大幅度提高工作效率。

（1）移动或复制工作表

在 Excel 工作簿中移动或复制工作表可通过以下几种方法来实现。

● 在 Excel 窗口左下角，右击希望移动或复制的工作表标签，在弹出的快捷菜单中选择"移动或复制"命令，如图 8-11 所示。

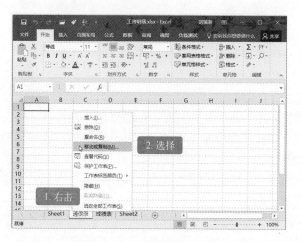

图 8-11　工作表标签的快捷菜单

显示"移动或复制工作表"对话框，如图 8-12 所示，通过该对话框可以指定将选定的工作表移动或复制到当前工作簿的哪个工作表之前，执行复制操作应选中"建立副本"复选框。此外，也可以在"工作簿"下拉列表框中选择将选定的工作表移动或复制到"新工作簿"中，最后单击"确定"按钮。

改变顺序后的工作表如图 8-13 所示。

图 8-12　"移动或复制工作表"对话框

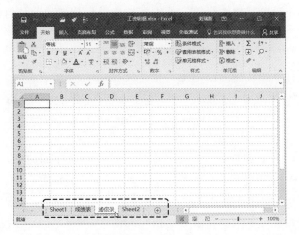

图 8-13　移动工作表后的工作表

● 在工作表标签列表中直接用鼠标拖动工作表标签到新的位置，也可以实现工作表的移动，如图 8-14 所示。图中 标记指示了工作表将要被移动到的新位置。

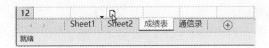

图 8-14　移动工作表

若按下〈Ctrl〉键的同时拖动工作表标签，则此时鼠标拖动的标签中有一个"+"号，如图 8-15 所示，这种方法可实现工作表的复制。图中 标记指示了工作表将要被复制到的位置。

图 8-15　复制工作表

（2）删除工作表

若要从工作簿中删除某个工作表，可用鼠标右击该工作表标签，在快捷菜单中选择"删除"命令。

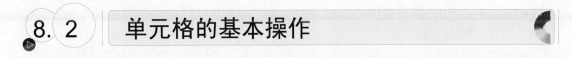

8.2　单元格的基本操作

单元格是工作表中行、列交汇的区域，用于保存数值、文字、日期等数据。单元格是编辑数据的基本元素。工作表中的行、列，由多个单元格组成。

8.2.1 选定单元格

在对单元格编辑前，首先要选定单元格或单元格区域。启动 Excel 并创建新工作簿后，默认选定单元格 A1。

1. 选定一个单元格

有下面几种方法选定一个单元格。

- 在当前工作表中，单击某一个单元格，该单元格的边框线变成粗线，说明此单元格处于选定状态。被选定的单元格也称为当前单元格。当前单元格的地址显示在名称框中，鼠标指针在工作表上方时显示为 ✚。
- 在名称框中输入某一个单元格的地址，例如 C9，按〈Enter〉键，则选定 C9 单元格。
- 使用键盘上的〈↑〉、〈↓〉、〈←〉、〈→〉方向键，可以选定单元格。

2. 选定连续的单元格区域

若要对多个单元格进行相同的操作，可以先选定单元格区域。有下面几种方法选定单元格区域。

- 单击要选定区域的左上角单元格，按住〈Shift〉键不松开，同时单击要选定区域的右下角单元格。此时，选定的单元格区域深色显示，且边框变成粗线。
- 将鼠标指针放置在要选定区域的左上角单元格上，按下鼠标左键不松开，拖拽至要选定区域的右下角单元格。
- 在名称框中输入单元格区域名称，格式为"开始单元格名称:结束单元格名称"，例如"A2:E5"，按〈Enter〉键则选定该单元格区域。

3. 选定不连续的单元格区域

选定不连续的单元格区域也就是选定不相邻的单元格或单元格区域，操作方法如下。

按上面的方法选定第一个单元格或单元格区域，按住〈Ctrl〉键不松开，选定第 2 个单元格或单元格区域后，仍然按住〈Ctrl〉键不松开，选定其他单元格或单元格区域。此时，选定的单元格区域为深色。

4. 选定行或列的单元格区域

Excel 可以快速选定一行或多行，一列或多列，配合〈Shift〉键或〈Ctrl〉键，也可以同时选定连续或不连续的行、列，以及单元格、单元格区域。把鼠标指针移动到行标签或列标签上时，鼠标指针变为 ➡ 或 ⬇，然后用下面几种方法选定行或列。

- 单击鼠标左键，即可选定该行或列。
- 按下鼠标左键不松开，并拖动，即可选定多行或多列。
- 选定开始行或列后，按住〈Shift〉键不松开，单击其他行标签或列标签，可选中连续的行、列或区域。
- 选定开始行或列后，按住〈Ctrl〉键不松开，单击其他行标签、列标签或区域，可选中不连续的行、列或区域，如图 8-16 所示。

5. 选定所有单元格

选定所有单元格就是选定当前工作表的所有单元格，或称选定整个工作表。操作方法如下。

- 单击工作表左上角行与列交汇处的"选定全部"按钮 ◢，即可选定整个工作表，如

图 8-17 所示。

图 8-16　选定行、列区域

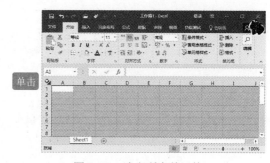

图 8-17　选定所有单元格

● 按〈Ctrl+A〉组合键，选定整个工作表。

6．取消选定单元格

选定的单元格区域为深色，这时对选定的单元格区域进行字体、对齐方式等格式设置，有效范围是选定的区域。如果要取消选定的单元格或单元格区域，有下面操作方法。

● 用鼠标单击任何单元格。

● 按一下键盘上的〈↑〉、〈↓〉、〈←〉、〈→〉方向键。

此时，将取消选定原来的单元格或单元格区域，单击鼠标或按键盘方向键，单元格将被选定，即至少选定一个单元格。

8.2.2　合并与撤销合并单元格

对于跨多个列、行的单元格，例如标题，合并单元格后，将更容易说明问题。

1．合并单元格

合并单元格是指在工作表中，把两个或多个选定的相邻水平或垂直单元格合并成一个单元格。合并后单元格的名称、内容，使用原始选定区域的左上角单元格的名称、内容。

选定要合并的单元格区域后，在"开始"选项卡的"对齐方式"组中单击"合并后居中"按钮，如图 8-18 所示。

显示"合并单元格时，仅保留左上角的值，而放弃其他值。"提示对话框，如图 8-19 所示，单击"确定"按钮，则合并成为一个跨多行或多列的大单元格，从"名称框"和"编辑栏"中可以看到。

图 8-18　选定要合并的单元格区域

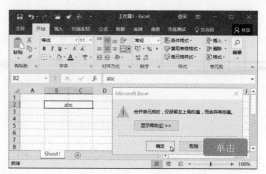

图 8-19　合并单元格时的提示和结果

在"开始"选项卡的"对齐方式"组中单击"合并后居中"按钮 图·右侧的下拉按钮 ，在弹出的下拉列表中有"合并后居中""跨越合并"和"合并单元格"3种合并操作选项。"合并单元格"的作用是将选择区域中所有单元格合并成一个单元格，与"合并后居中"的不同仅在于合并后不会强制文本居中而已。"跨越合并"的作用是将选择区域中的单元格按每行合并成一个单元格，如图8-20所示。

2. 取消合并的单元格

Excel可以将合并后的单元格重新拆分成原状，但是不能拆分未合并过的单元格。选定合并后的单元格，在"开始"选项卡"对齐方式"组中，单击"合并后居中"按钮 图·后的下拉按钮 ，在下拉列表中选择"取消单元格合并"选项，如图8-21所示。则该单元格被取消合并，恢复成合并前的单元格。

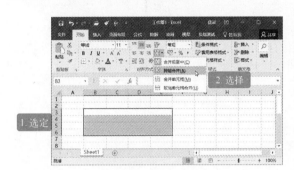

图8-20　跨越合并　　　　　　　　图8-21　取消合并的单元格

8.3　工作表的行、列操作

对工作表的行、列的操作包括添加或删除行、列或单元格，调整工作表的行高和列宽等。

8.3.1　添加、删除工作表中的行、列或单元格

1. 在工作表中插入行

在工作表中插入新行时，当前行向下移动。插入一行或多行的方法有以下几种。

● 在工作表中单击行号选择某行，在"开始"选项卡的"单元格"组中，单击"插入"按钮 插入，如图8-22所示。即可在当前行上方插入一行空白行，并在插入的空行下方显示"插入选项"按钮 ，如图8-23所示。单击"插入选项"按钮 ，显示下拉列表，如图8-24所示，默认选择"与上面格式相同"。

● 在工作表中单击要插入行中的任意一个单元格，在"开始"选项卡的"单元格"组中，单击"插入"按钮 插入·后的下拉按钮 ，显示下拉列表，选择"插入工作表行"选项，可在当前行上方插入一个空白行。

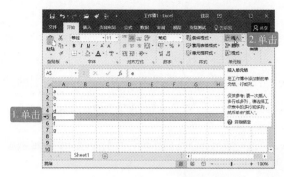　　

图 8-22　单击"插入"按钮　　　　　　　　图 8-23　插入一个空白行

图 8-24　新行的插入选项

- 用鼠标右击工作表中某行的行号,在快捷菜单中选择"插入"命令,即可在当前行的上方插入一个新的空白行。
- 如果希望在工作表中某行的上方一次插入多行,可首先在该行处向下选择与要插入的行数相同的若干行,然后右击这些行的区域,在快捷菜单中选择"插入"命令,如图 8-25 所示。插入选定数量的行数,如图 8-26 所示。

　　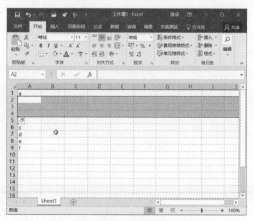

图 8-25　选定多行　　　　　　　　　　　图 8-26　插入多个空白行

2. 在工作表中插入列

在工作表中插入新列时,当前列则向右移动。可以通过以下几种方法来实现。

- 在工作表中单击列标号选择某列,在"开始"选项卡的"单元格"组中,单击插入按钮 插入,则新插入的列位于当前列,插入前的选定列向右移动。单击"插入"按钮,在弹出的下拉列表中选择"插入工作表列"选项，也可插入一个新列。

● 用鼠标右击工作表中某列的列号，在快捷菜单中选择"插入"命令，即可在当前列号上插入一个新的空白列，原来这个列号上的列向右移动。

● 如果希望在工作表中一次插入多列，可先在该列处向右选择与要插入的列数相同的若干列，然后右击这些列的列号区域，在快捷菜单中选择"插入"命令。

3. 在工作表中插入空白单元格

在把新单元格插入到当前单元格的位置上时，原来这个位置上同一行右方的单元格右移，同一列下方的单元格下移。具体操作步骤如下。

1）选取要插入新空白单元格的单元格或单元格区域。选中的单元格数量应与要插入的单元格数量相同。例如，要插入 5 个空白单元格，需要选取 5 个单元格。

2）在"开始"选项卡上的"单元格"组中，单击"插入"按钮 后的下拉按钮，在下拉列表中选择"插入单元格"。也可以用鼠标右击选定的单元格或区域，在快捷菜单中选择"插入"命令。显示"插入"对话框，选取插入方式，如图 8-27 所示。

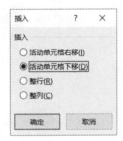

图 8-27 "插入"对话框

4. 删除行、列或单元格

删除工作表中单元格、行或列的方法有多种，常用的方法如下。

● 选中要删除的行或列，右击，从快捷菜单中选择"删除"命令，如图 8-28 所示。

图 8-28 选中行的快捷菜单

选中的行或列被删除后，其下方或右侧的行或列移到当前行或列，如图 8-29 所示。

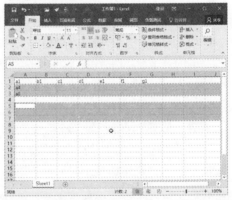

图 8-29 删除行

● 在要删除的行或列中单击一个单元格，右击，从快捷菜单中选择"删除"命令，如图 8-30 所示。

图 8-30 单元格的快捷菜单

显示"删除"对话框，选中"整行"或
"整列"，然后单击"确定"按钮，如图 8-31
所示。

图 8-31 "删除"对话框

图 8-32 删除单元格

显示"删除"对话框，选中"右侧单元
格左移"或"下方单元格上移"，然后单击
"确定"按钮，如图 8-33 所示。

- 选中一个或多个单元格，在"开始"
选项卡"单元格"组中单击"删除"
按钮后的下拉按钮，如
图 8-32 所示，从下拉列表中选择"删
除单元格"。

图 8-33 "删除"对话框

5．复制或移动单元格、行或列

在 Excel 中复制或移动单元格、行或列，最简单的操作方法就是直接用鼠标拖动。

- 移动操作。选定单元格、行、列或区域后，将鼠标靠近所选范围的边框处，当鼠标指
针变成双十字箭头时，如图 8-34 所示。按下鼠标左键将其拖动到目标位置，如
图 8-35 所示。

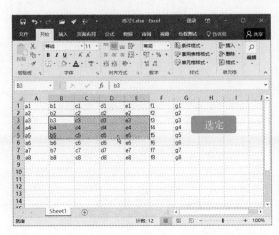

图 8-34 移动单元格

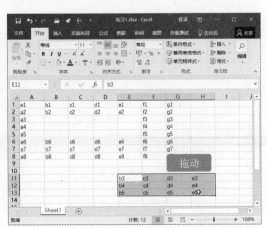

图 8-35 移动单元格

● 复制操作。选定单元格、行、列或区域后，按住〈Ctrl〉键不松开，将鼠标靠近所选
范围的边框处，当鼠标指针中出现加号时，按下鼠标左键将其拖动到目标位置。

 名师点拨

需要说明的是，如果希望将某行（列）移动到某个包含数据的行（列）前，应首先在
目标位置插入一个新的空白行（列）。否则，目标位置的原有数据将会被覆盖。

 8.3.2　调整行高和列宽

在 Excel 2016 工作表中，默认列宽为 8.11 个字符。根据需要，用户可以将列宽指定为 0～
255 个字符。当单元格的高度或宽度不足时，会导致单元格中的内容显示不完整，这时就需
要调整行高或列宽。

如果列宽设置为 0，则隐藏该列。默认行高为 13.8 点（1 点约等于 1/72 英寸），可以将
行高指定为 0 ～ 409 点。如果将行高设置为 0，则隐藏该行。

1. 快速更改列宽和行高

在工作表中更改列宽和行高比较快捷的方法是用鼠标拖动列号或行号之间的边界线。

● 调整单行或单列。选定要调整的行或列，把鼠标指向列号或行号的边界线，当鼠标指
针变成＋（调整列宽）或＋（调整行高）时，按下鼠标左键拖动即可实现列宽或行
高的调整，拖动时显示像素值。

● 调整多行或多列。选定要调整的多列或多行，用鼠标拖动选定范围内任一列号右侧边界
线或行号下边界线，可同时调整选中的所有列宽或行高到相同的值，如图 8-36 所示。

● 调整整个工作表的行高或列宽。单击"全选"按钮，然后拖动任意行号或列号的边
界，调整行高或列宽。

2. 精确设置列宽和行高

如果希望将列宽或行高精确设置成某一数值，可按如下方法进行操作。

● 选定要调整的一行或多行、一列或多列，用鼠标右击选定的行、列或范围，在快捷菜
单中选择"行高"或"列宽"命令，显示"行高"或"列宽"对话框，输入值，单击
"确定"按钮，如图 8-37 所示。

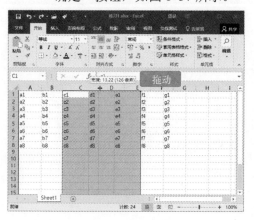
图 8-36　调整多列

图 8-37　精确调整行高

- 选定要调整的一行或多行、一列或多列，在"开始"选项卡中，单击"单元格"组中的"格式"按钮 格式 ，在下拉列表中选择"行高"或"列宽"，显示"行高"或"列宽"对话框，输入值，单击"确定"按钮，如图 8-37 所示。

3. 自动调整列宽和行高

除了手动调整行高与列宽外，还可以把单元格设置为根据单元格内容自动调整行高或列宽。常用下面两种操作方法。

- 在列号或行号上，当鼠标指针变为 ➕ 或 ➕ 时，双击列号右侧或行号下面的边界线，可使列宽或行高自动匹配单元格中的数据宽度或高度。例如，单元格中数值数据超过了单元格宽度时会显示成一串"#"号，双击该单元格列号右侧边线即可自动调整列宽，使数据完整显示。
- 选中需要自动调整的列或行后，在"开始"选项卡的"单元格"组，单击"格式"按钮 格式 ，在下拉列表中选择"自动调整行高"或"自动调整列宽"。

8.4 在单元格中输入和编辑数据

单元格中的数据会根据数据的特征按照一定的形式显示，用户也可以根据需要更改数据的显示形式。

8.4.1 向工作表中输入数据

单元格中可以输入多种类型的数据（例如文本、数字、日期等）。掌握不同类型数据的输入技巧是使用 Excel 必不可少的操作基础。

1. 输入文本型数据

单元格中的文本型数据包括汉字、英文、数字、符号等。每个单元格中最多可以包含 32 767 个字符。

（1）输入文本

首先单击要在其中输入数据的单元格，通过键盘输入数据，此时当前单元格中出现插入点光标，如图 8-38 所示。在向单元格中输入数据的过程中，可移动插入点光标到其他位置以方便插入新的字符，按〈Delete〉键删除光标后的一个字符，按〈Backspace〉键删除光标前的一个字符。

图 8-38　向单元格中输入文本

输入的数据会同步显示到编辑栏中，并且在编辑栏左侧出现"确认"按钮 ✔ 和"取消"按钮 ✕。在当前单元格中输入数据完成后，有下面几种确认输入的方式。

- 单击 ✔ 按钮确认输入，当前单元格不变。
- 单击 ✕ 按钮或按〈Esc〉键，取消输入到单元格中未确认输入的内容，当前单元格不变。
- 按〈Enter〉键，确认输入，当前单元格切换到下一行相同列位置。
- 按〈Tab〉键，确认输入，当前单元格切换到同一行右侧单元格。

- 按键盘上的〈↑〉、〈↓〉、〈←〉、〈→〉方向键，确认输入，当前单元格切换到方向键移到的单元格。

当这个单元格中的数据确定输入后，Excel 会自动识别数据类型，文本数据默认设置为左对齐。

需要说明的是，单元格在初始状态下有一个默认的宽度，只能显示一定长度的字符。如果输入的字符超出了单元格的宽度，仍可继续输入，表面上它会覆盖右侧相邻单元格中的数据，实际上仍属本单元格内容。确定输入后，如果右侧相邻单元格为空，则此单元格中的文本会跨越单元格完整显示，如图 8-39 所示。

如果右侧相邻单元格不是空的，则只能显示一部分字符，超出单元格列宽的文本将不显示，但在编辑区中会显示完整的文本，如图 8-40 所示。

图 8-39　右侧单元格无数据的情况　　　图 8-40　右侧单元格有数据的情况

（2）处理由数字组成的字符串

有时需要把一些数字串当作文本类型数据来处理，例如，电话号码、邮政编码、身份证号等不参加数学运算的数字串，以避免因类型理解不正确而导致数据显示错误。例如，输入身份证号码"110201198009122508"时，单元格中显示如图 8-41 所示。

按〈Enter〉键或单元其他单元格后，显示如图 8-42 所示，原因是 Excel 将其默认为数值数据进行了处理而出现了错误。

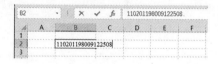 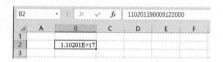

图 8-41　输入长数字串　　　　　　　　图 8-42　文本按数字处理时出现了错误

为避免直接输入这些纯数字串之后，Excel 将其自动按数值型数据来处理，需要将这些数字设置为文本格式。设置方法有以下几种。

- 在数字字符串前添加一个英文的单引号"'"，可指定后续输入的数字串为文本格式，如图 8-43 所示。

  使用这种方法输入文本格式的数字串后，选中单元格后，在其左侧会出现一个"警告"标记 ，如图 8-44 所示。

 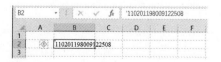

图 8-43　使用"'"号使数字串按文本处理　　图 8-44　使用"'"后出现的警告标记

鼠标指向该标记时，显示提示信息，如图 8-45 所示。

单击该标记显示处理操作选项，如图 8-46 所示。一般情况下不用理会该标记，或者选择"忽略错误"。

图 8-45 警告标记的提示　　　　　图 8-46 警告处理操作选项

- 将需要输入数字字符串的单元格、列、行或区域设置为文本格式。具体操作方法是：首先选中单元格、列、行或区域，如图 8-47 所示。在"开始"选项卡"数字"组中单击"数字格式"下拉按钮▾，在下拉列表中选择"文本"，如图 8-48 所示。该操作表示在选定的单元格、列、行或区域中输入的任何数据都按文本数据处理，而不必在每个数据前逐一添加"'"。

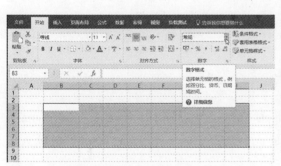　　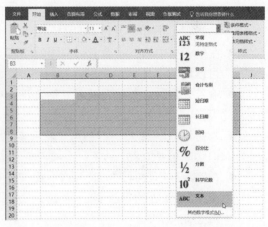

图 8-47 选定区域　　　　　图 8-48 更改选定区域的数据格式

2．输入数值型数据

数值型数据是 Excel 中使用最多的数据类型。数值型数据可以是整型、小数或科学记数。在数值中可以出现的数学符号包括负号"–"、百分号"%"、指数符号"E"等。在输入数值时，一般按"常规"方式显示。"数字格式"下拉列表中的数据类型，如图 8-48 所示。在单元格中输入数值型数据并确认后，Excel 会自动将数值的对齐方式设置为右对齐。

在工作表中输入数值型数据的规则如下。

- 当输入的数字长度超出单元格宽度时，自动按科学记数法表示。例如，由于默认单元格的列宽为 8.11 个字符，输入"123456789012345"，确认后显示为"1.23E+14"（由于默认列宽只显示 8 个字符）。"编辑栏"中仍然显示完整的数字，如图 8-49 所示。

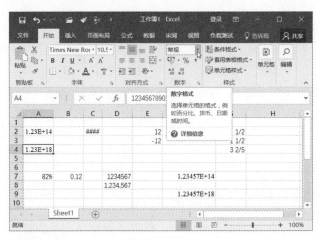

图 8-49　输入数值型数据

- 当输入的数字长度超过 15 位时，由于 Excel 数值精度为 15 位，因此超出 15 位的部分会被强制修改为 0。例如，输入"1234567890123456789"，确认后单元格中显示"1.23E+18"，编辑栏中显示"1234567890123450000"。

- 当数值所占宽度超过了单元格的宽度时，数字将以一串"#"代替，从而避免产生阅读错误。拖动单元格列号右侧边线调整单元格列宽后，数值可恢复正常显示。

- 在单元格中输入正数时，前面的"+"号可以省略，负数的输入可以用"-"开始，也可以用数字加括号的形式，例如，"-12"可以输入为"(12)"。

- 输入分数时，必须先以零或整数开头，然后按一下空格键，再输入分数。如，"0 1/2"表示½、"1 1/2"表示1½。

- 若在数值尾部加"%"符号，表示该数除以 100，例如，"85%"，在单元格内显示 85%，但实际值是 0.85。

- 在输入纯小数时，可以省略小数点前面的"0"。例如，"0.12"可输入".12"。此外，为增强数值的可读性，在输入数值时允许加分节符，如，"1234567"可输入为"1,234,567"。

3. 输入日期和时间型数据

Excel 内置了一些日期与时间的格式，当输入的数据与这些格式相匹配时，Excel 会自动将它们识别为日期或时间型数据。日期和时间也可以参加运算。

（1）输入日期

日期的输入格式为"年-月-日""年/月/日""日/月/年"或"日-月-年"。例如，"2016年 10 月 8 日"的输入形式可以是2016-10-8、16-10-8、2016/10/8、16/10/8、8/Otc/16 或 8-Otc-16。若要在单元格中输入当前日期，按〈Ctrl+;（分号）〉组合键。

（2）输入时间

在单元格中输入时间的格式为"时:分:秒"。例如，"9:16:3""15:32"。若要输入当前时间，按〈Ctrl + Shift + ;（分号）〉组合键。

Excel 默认对时间数据采用 24 小时制，若要输入 12 小时制的时间数据，可在时间数据后输入一个空格，然后输入"AM"（上午）或"PM"（下午），例如，3:02 PM，如图 8-50 所示。

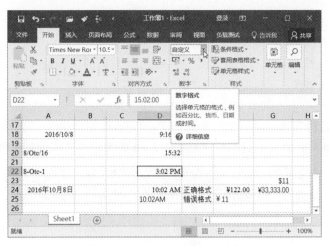

图 8-50　输入日期和时间型数据

如果要在同一单元格中同时输入日期和时间，则应在日期和时间之间用空格分隔。

在单元格中输入的日期或时间的显示格式既可以是默认的日期或时间格式，也可以是在输入日期或时间之前应用于该单元格的格式。

日期和时间型数据在单元格中靠右对齐。如果 Excel 不能识别输入的日期或时间形式的数据，则在单元格中靠左对齐，这时就要检查错误的原因。

 名师点拨

　　Excel 默认的日期或时间格式取决于 Windows "控制面板" 中的 "时钟、语言和区域" 选项中的 "日期和时间" 设置。如果这些设置发生了更改，则工作簿中所有未设置专用格式的任何现有日期和时间数据的格式也会随之更改。

4．输入货币型数据

在输入表示货币的金额数值时，需要将单元格格式设置为货币，如果输入的数据不多，可以直接在单元格中输入带有货币符号的金额，例如，$100.06。货币符号不会对计算产生影响。

单击要输入人民币符号 "￥" 的单击格，在 "开始" 选项卡的 "数字" 组中，单击 常规 后的 "数字格式" 下拉按钮，在下拉列表中选择 "货币"，然后输入数字。确认输入后，数字前将出现货币符号。货币型数据为右对齐。

 8.4.2　快速填充数据

利用 Excel 的自动填充功能，可以方便快捷地输入有规律的数据。有规律的数据是指相同数据、相同的计算公式或函数、等差数据、等比数据、系统预定义的数据填充序列、用户自定义的序列等。

1．在多个单元格中输入相同的数据

如果需要在多个单元格中输入相同的数据，其快速输入法为：首先选中要在其中输入相同数据的多个单元格，这些单元格可以不相邻；然后在其中的任何一个活动单元格中输入数据，按〈Ctrl + Enter〉组合键确认输入，则刚才所选的单元格都将被填充成同样的数据。如果前面选定的单元格中已经有数据，则这些数据将被覆盖，如图 8-51 所示。

2. 重复数据的自动完成

Excel 的自动完成功能，可以帮助用户实现重复数据的快速录入。如果在单元格中输入的文本字符（不包括数值、日期和时间类型数据）的前几个字符与该列上一行中已有的单元格内容相匹配，会自动输入其余的字符。例如，当前列上一行单元格的内容为"计算机"，当输入"计"后，"算机"会自动出现在单元格中，如图 8-51 所示。如果接受建议的内容，则按〈Enter〉键；如果不想采用自动提供的字符，可继续输入文本的后续部分。

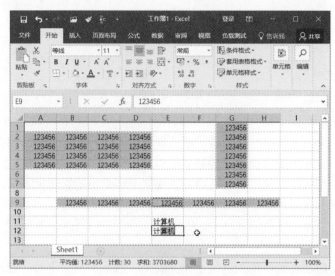

图 8-51 在多个单元格中输入相同的数据和自动完成

在"文件"选项卡中单击"选项"，在图 8-52 所示的对话框中单击"高级"，在"编辑选项"中选中或取消选中"为单元格值启用记忆式键入"复选框，可启用或关闭自动完成功能。

图 8-52 "Excel 选项"的高级选项

3．相同数据的自动填充

如果需要在相邻的若干个单元格中输入完全相同的文本或数值，可以使用自动填充功能。在某单元格中输入数据后，将鼠标移动到单元格的右下角的"填充柄"（右下角的黑色点标记▪）上，当鼠标指针变成黑色十字标记✚时，如图 8-53 所示。按下鼠标左键，拖动鼠标向上、下、左或右方向移动，即可完成相同数据的快速输入，图 8-54 所示是填充结果。

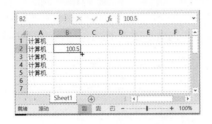

图 8-53　鼠标指针放在填充柄上

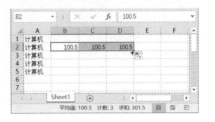

图 8-54　拖动填充柄移动

自动填充完成后，会显示"自动填充选项"图标▦，单击该图标显示自动填充选项，如图 8-55 所示。默认的自动填充操作为"复制单元格"。此外，还可以选"填充序列""仅填充格式""不带格式填充"。注意，对于不同的数据类型，显示的自动填充选项会不同。

4．数据序列自动填充

在创建表格时，常会遇到需要输入一些按某规律变化的数字序列。例如，一月、二月、三月、……；星期一、星期二、……；1、2、3、…等。此时使用自动填充功能录入数据序列是十分方便的。Excel 中已经预定义了一些常用的数据序列，也允许用户按照自己的需要添加新的序列。单击"文件"选项卡，单击"选项"，单击"高级"标签，在"常规"中单击"编辑自定义列表"按钮，如图 8-56 所示。

图 8-55　自动填充选项

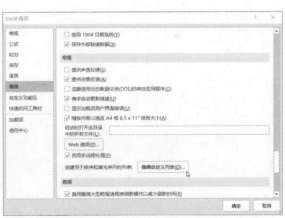

图 8 56　"Excel 选项"的"高级"标签

显示"自定义序列"对话框，如图 8-57 所示。若需要创建新的数据序列，则在"自定义序列"列表框中选择"新序列"，然后在右侧"输入序列"列表框中按每行一项的格式逐个输入各序列项，输入完毕后单击"添加"按钮。如果要添加的序列已经输入到了工作表中，单击▣按钮把该对话框折叠起来，然后在工作表中拖动鼠标选择包含数据序列各项的一些连续的单元格，单击▣按钮返回对话框后单击"导入"按钮，即可将其添加到自定义序列列表中。

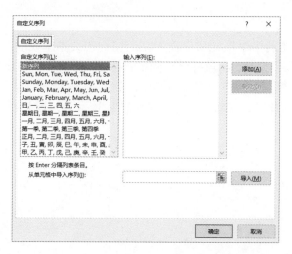

图 8-57　新建、编辑数据序列

使用已定义的数据序列进行自动填充操作时，可首先输入序列中的一个项（不要求是第一个项），然后将鼠标移动到"填充柄"上，当鼠标指针变成+时，按下左键向希望的方向拖动鼠标进行填充。图 8-58 所示是用该方法获得的"星期一""星期二"…数据序列。

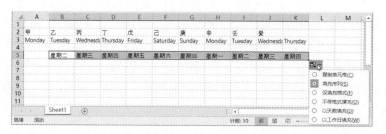

图 8-58　填充序列

从图 8-58 中看出，填充时系统从用户输入的某个序列项开始，逐个填充后续项。当填充完序列中的最后一个项时，周而复始，继续填充直到用户停止拖动鼠标为止。如果，用户对自动填充的数据序列不满意，单击"自动填充选项"图标，选择相关选项。例如，图 8-58 中，如果选择"以工作日填充"，则序列中将不再有"星期六"和"星期日"项。

5. 自学习序列填充

如果在连续的 4 个单元格中分别输入了"张三""李四""王五"和"赵六"，再选中这 4 个单元格，如图 8-59 所示。

图 8-59　选中单元格

拖动"填充柄"执行自动填充操作，Excel 能自动将"张三""李四""王五""赵六"学习为一个序列，填充结果如图 8-60 所示。

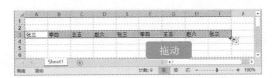

图 8-60 自学习序列填充

6. 规律变化的数字序列填充

制作表格时经常会遇到需要输入众多按规律变化的数字序列的情况，Excel 默认按等差数列的方式自动填充数字序列。例如，希望在工作表中填充行号，可在第一行输入"1"，第二行输入"2"，拖动鼠标选中这两个单元格，将鼠标指针移动到所选区域右下角的"填充柄"上，如图 8-61 所示。

按下鼠标左键向下拖动，Excel 能自动推算出用户希望的数字序列为 1、2、3、4、…，并显示出当前的填充数值情况，图 8-62 所示显示的数字"7"表示该位置填充的数字为"6"。图 8-63 所示是放开鼠标后得到的填充结果。

　　　　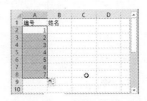

图 8-61 选中单元格　　　图 8-62 拖动填充柄　　　图 8-63 填充的数字序列

由于 Excel 默认按等差数列方式填充数字序列，因此若第一个和第二个数字分别是 12 和 15，则执行自动填充时得到的结果就是 12、15、18、21、…。

7. 公式、函数自动填充

公式和函数的使用将在后续章节中详细介绍，这里仅介绍公式、函数自动填充的操作方法。

1）在工作表中输入数据后，单击要显示计算结果的单元格，例如 E2 单元格，如图 8-64 所示。

图 8-64 单击将显示计算结果的单元格

2）在 E2 单元格中输入求和计算公式"=C2+D2"，如图 8-65 所示。

图 8-65 在单元格中输入计算公式

3）确认后，在 E2 单元格中显示 C2 与 D2 单元格中数据的和 180，如图 8-66 所示，同时在编辑栏中可看到，E2 单元格中的计算结果 180 所对应的公式为"=C2+D2"。

图 8-66 计算结果

4）按下鼠标拖动填充柄，向下拖动到 E5 单元格，如图 8-67 所示。

图 8-67 拖动填充柄

松开鼠标后，Excel 将执行计算公式的填充，自动填充的结果如图 8-68 所示。

图 8-68　填充结果

填充完成后，单击填充结果单元格，

会在编辑栏中看到填充的不同公式，如图 8-69 所示显示填充到 E4 单元格中的公式。这就是公式、函数自动填充的特点，它是一种快速执行相同计算方法的功能。

图 8-69　填充单元格的公式

8.4.3　编辑单元格中的数据

1.　单元格内数据的选定、复制、粘贴或删除

在工作表中单击某一个单元格，则该单元格的边框线变成粗线，此单元格变为当前单元格，当前单元格的地址显示在名称框中；当前单元格中的数据、公式或函数，显示在编辑栏中，鼠标指针在工作表上方显示为✛。如果该单元格中有数据，通过键盘输入字符，将会清除单元格中原来的数据。

在当前单元格上双击鼠标，则插入点放置在单元格内部。如果该单元格中有数据，可以用鼠标选中单元格中的部分或全部数据，如图 8-70 所示。然后在"开始"选项卡中，通过"剪贴板"组中的命令按钮，或者通过〈Ctrl+C〉、〈Ctrl+X〉、〈Ctrl+V〉和〈Delete〉等快捷键或组合键来执行复制、剪切、粘贴、删除和移动等操作。可以在单元格内部执行这些操作，也可以粘贴数据到其他单元格上，如图 8-71 所示。

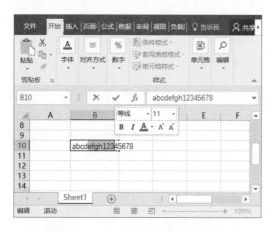

图 8-70　在单元格内部选定部分数据

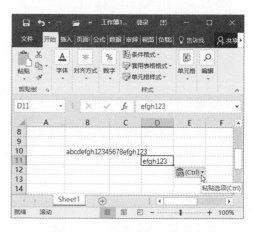

图 8-71　粘贴数据到其他单元格

需要注意的是，如果复制或剪切的是单元格，则不能在单元格内部执行粘贴操作。

2. 单元格中数据格式的编辑

如果输入的数据格式不正确，则可以更改数据的格式。此时，一般是对单元格或单元格区域中的数据格式进行修改。具体操作步骤是：用鼠标右击需要编辑数据的单元格，在快捷菜单中选择"设置单元格格式"命令，如图 8-72 所示。

显示"设置单元格格式"对话框，在左侧"分类"列表框中选择需要的格式，在右侧设置相应的格式，如在"分类"列表框中选择"数值"，在右侧设置"小数位数"为 1 位，如图 8-73 所示，然后单击"确定"按钮。

图 8-72　单元格的快捷菜单　　　　　　图 8-73　"设置单元格格式"对话框

编辑后的格式如图 8-74 所示。

图 8-74　修改数值小数位数为 1 位的效果

此外，选中要修改的单元格或单元格区域，按〈Ctrl+1〉组合键（其中 1 为数字），也可以打开"设置单元格格式"对话框。

 8.4.4　在单元格中换行

1. 自动换行

默认情况下，单元格中的文本只能显示在同一行中。如果要在一个单元格中显示多行文本，则单击要自动换行的单元格，在"开始"选项卡的"对齐方式"组中，单击"自动换行"按钮，如图 8-75 中的 C3 单元格所示。再次单击"自动换行"按钮，则取消该单元格的自动换行。

图 8-75　在单元格中换行

2．强制换行

　　如果在单元格中输入的是多行数据，在单元格中当前插入点光标处按〈Alt + Enter〉组合键，可实现强制换行。换行后，无论输入到单元格中的文本是否够一行，后续文本都将另起一行显示，行的高度也会自动加高（注意，这些行仍属于同一单元格），如图 8-75 中的 C4 单元格所示。

第 9 章　电子表格组件 Excel 2016 的使用——中级应用

本章主要介绍单元格的格式设置、公式与函数的使用，数据管理与分析等内容。

9.1 设置单元格的格式

单元格的格式包括数字格式、对齐方式、边框底纹等，设置单元格的格式不会改变其数据值，只影响数据的显示和打印效果。通过设置单元格的格式可以使工作表更加美观，工作表中的数据更加易于识别。

 ## 9.1.1 设置数据格式

设置数据格式是指设置单元格或单元格区域内所有数据的字形、字体、字号、对齐方式、颜色、填充色和边框等。

1. 设置字体

在"开始"选项卡的"字体"组中，提供了常用的文本数据格式设置工具，如字体、字号、增大或减小字号、字形等，如图9-1所示。

在默认情况下，输入的字体为"宋体"，字形为"常规"，字号为"11"。用户不仅可以通过"格式"工具栏和菜单重新设置字体、字形和字号，而且可以添加下画线以及改变字的颜色。具体设置方法与在 Word 中相同。单击"字体"组右下角的对话框启动器按钮 。显示图9-2所示的对话框，通过该对话框可以更加详细地设置字体格式。

图9-1 "字体"组

图9-2 "设置单元格格式"对话框的"字体"选项卡

2. 更改数据的对齐方式

在"开始"选项卡的"对齐方式"组中提供了用于设置数据垂直对齐、水平对齐、文字方向、减小或增大缩进量等功能，如图9-3所示。

其中， 三个工具按钮用于设置单元格或所选区域中数据的垂直对齐方式， 三个工具按钮用于设置数据的水平对齐方式， 两个工具按钮分别用于设置减少或增大数据的缩进量。单击 按钮，将显示图9-4所示的操作菜单，通过该菜单中提供的命令可实现文字方向的调整。

图 9-3　"对齐方式"组

图 9-4　设置文字方向

　　单击"对齐方式"组右下角的对话框启动器按钮 。显示图 9-5 所示的"设置单元格格式"对话框的"对齐"选项卡。通过该选项卡内提供的各功能可更加详细地设置单元格或选择区域中数据的对齐方式。

　　3. 设置数值格式

　　通过应用不同的数字格式，可以只更改单元格内数字的外观而不会更改数值。所以，使用数字格式只会使数值更易于表示，并不影响 Excel 用于执行计算的实际值。

　　在"开始"选项卡的"数字"组中提供了一些常用的用于设置数值格式的工具按钮，如图 9-6 所示。

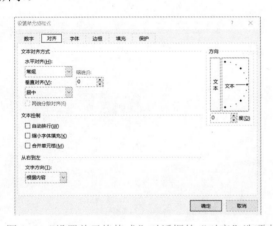

图 9-5　"设置单元格格式"对话框的"对齐"选项卡

图 9-6　"数字"组

 名师点拨

　　Excel 默认对数值应用"常规"格式。如果选定了某个包含具体数据的单元格后（如图 9-7 中的"100.03"所示），单击"常规"下拉列表框右侧的"数字格式"下拉按钮 ，显示针对该数据的各种格式选项及当前格式选项。其中部分选项的说明如下。

　　常规：这是输入数字时的默认数字格式。大多数情况下，"常规"格式的数字以输入的方式显示。当单元格的宽度不够显示整个数字时，"常规"格式会用小数点对数字进行四舍五入。此外，使用"常规"格式对较大的数字使用科学记数表示法。

　　数字：这种格式用于数字的一般表示。在该格式下，用户可以指定要使用的小数位数、是否使用千位分隔符，以及如何显示负数等。

图 9-7　常用数据格式

货币：此格式一般用于货币值并显示带有数字的默认货币符号。该格式也可以指定要使用的小数位数、是否使用千位分隔符，以及如何显示负数。

会计专用：这种格式也用于货币值，但是它会在一列中对齐货币符号和数字的小数点。

由于本书篇幅所限，其他数字格式的含义请读者根据图例进行理解，这里不再一一介绍。

在"开始"选项卡的"数字"组下方从左至右各按钮依次是"会计数字格式""百分比样式""千位分隔样式""增加小数点位"和"减少小数点位"。"会计数字格式"默认为中文样式，若希望使用其他格式，单击其右侧的下拉按钮 ，在下拉列表中选择"其他会计格式"选项。显示"设置单元格格式"对话框的"数字"选项卡，如图 9-8 所示。

图 9-8 "设置单元格格式"对话框的"数字"选项卡

9.1.2 使用边框和底纹

单元格四周的灰色网格线默认是不能被打印出来的。为了使表格更加规范、美观或突出表现不同区域，可以为单元格或单元格区域设置边框线和底纹。

1. 设置单元格或单元格区域的背景色

首先选择要设置底纹的单元格或单元格区域，在"开始"选项卡的"字体"组中，单击"填充颜色"按钮 ，可将当前颜色（"颜料桶"下方显示的颜色）设置为所选单元格或区域的底纹。若希望使用其他颜色，则单击"填充颜色"按钮右侧的下拉按钮 ，然后在图 9-9 所示的调色板上单击所需的颜色。

如果"主体颜色"和"标准色"中没有需要的颜色，那么单击调色板下方的"其他颜色"。显示"颜色"对话框，如图 9-10 所示，选择需要的颜色。

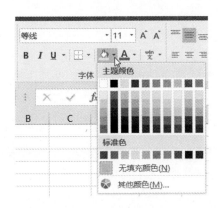

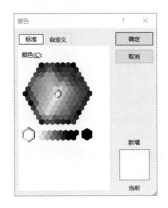

图 9-9　背景色调色板　　　　　　　　　图 9-10　"颜色"对话框

2．设置填充效果

除了可以为单元格或单元格区域设置纯色的背景色外，还可以将渐变色、图案设置为单元格或单元格区域的背景。在"开始"选项卡的"字体"组中，单击右下角的对话框启动器按钮 ，显示"设置单元格格式"对话框，单击"填充"选项卡，如图 9-11 所示，单击"填充效果"按钮。

显示"填充效果"对话框，如图 9-12 所示，在该对话框中可以指定形成渐变色效果的颜色及底纹样式，单击"确定"按钮可将指定效果设置为所选单元格或单元格区域的背景。

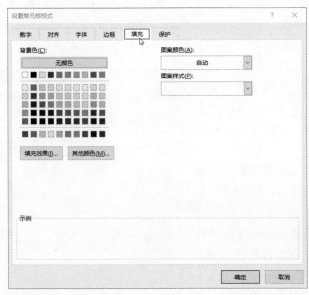

图 9-11　"设置单元格格式"对话框的"填充"选项卡　　　图 9-12　"填充效果"对话框

3．使用图案填充单元格

"图案"指的是在某种颜色中掺入一些特定的花纹而构成的特殊背景色。在"设置单元格格式"对话框的"填充"选项卡中，如图 9-13 所示，可在"图案颜色"下拉列表框中选定某种颜色后，再在"图案样式"下拉列表框中选择希望的"掺杂"方式，设置完毕后单击"确定"按钮。

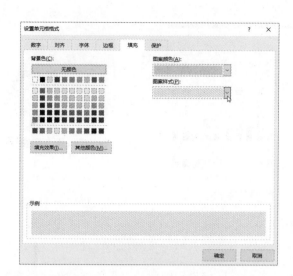

图 9-13　设置图案颜色和样式

　　如果希望删除所选单元格或单元格区域中的背景设置，可在"开始"选项卡"字体"组中，单击"填充颜色"按钮🎨·右侧的下拉按钮▾，在下拉列表中选择"无填充颜色"即可。

9.1.3　设置条件格式

　　条件格式是使数据在满足不同的条件时，显示不同的底纹、字体或颜色等格式。条件格式基于不同的条件来确定单元格的外观。例如，可以将所选区域中所有学生成绩小于 60 的采用红色字体显示，以便直观地显示出不及格学生的情况。

　　首先需要在工作表中选定希望设置条件格式的单元格或单元格区域。在"开始"选项卡"样式"组中，单击"条件格式"按钮🔲条件格式·，显示下拉列表，如图 9-14 所示。各选项的含义如下。

- "突出显示单元格规则"：如果单元格数据满足某条件（大于、小于、介于、等于……），则将单元格数据和背景设置为指定颜色。
- "项目选取规则"：从所有数据中挑选出满足某条件的若干项，并显示为指定的前景色和背景色。供选的条件有值最大的若干项、值最大的百分之若干项、值最小的若干项、值最小的百分之若干项、高于平均值的项和低于平均值的项等。

图 9-14　设置条件格式

- "数据条"：为单元格数据添加一个表示大小的数据条，数据条的长短可直观地表示数据的大小。数据条可选为渐变色或实心填充样式。
- "色阶"：根据单元格数据的大小为其添加一个不同的背景色，背景色的色阶值可直观地表示数据的大小。例如，选择由绿色到红色的色阶变化，则数值大的背景设置为绿色，随着数值的减小逐步过渡到红色。

● "图标集"：将所选区域中单元格的值按大小分为 3 ～ 5 个级别，每个级别使用不同的图标来表示。

 名师点拨

如果希望取消单元格或单元格区域中的条件格式设置，可在选择了单元格或单元格区域后，在"开始"选项卡的"样式"组中，单击"条件格式"按钮，指向"清除规则"，然后按实际需要执行其下级子菜单中的"清除所选单元格的规则"或"清除整个工作表的规则"命令即可。

 9.1.4　清除单元格中的数据和格式

前面介绍过，选中某单元格后可以向其中输入数值或文本。双击包含数据的单元格可使插入点光标出现在双击处，方便用户编辑修改数据。选择了包含数据的单元格后按〈Delete〉键或〈Backspace〉键，可删除单元格中的数据。

需要注意的是，上述方法删除的只是单元格中的数据、公式和函数（也称为"内容"），而其中包含的格式（包括数据格式、条件格式、边框设置等）、批注等不会被删除。

若要在不删除单元格本身的前提下清空单元格，可在"开始"选项卡的"编辑"组中单击"清除"按钮，弹出下拉列表，如图 9-15 所示，可以选择 "全部清除""清除内容""清除格式""清除批注"或"清除超链接"。

图 9-15 "清除"下拉列表

 9.1.5　使用边框

通过使用预定义的边框样式，可以在单元格或单元格区域周围添加边框。Excel 提供了各种边框工具以便在单元格或单元格区域快速地添加边框样式。

1. 为单元格区域添加边框线

在工作表中选择要添加边框的单元格或单元格区域，在"开始"选项卡的"字体"组中，单击"下边框"按钮 可为所选单元格区域添加一个实线下边框线。若要设置其他边框样式，可单击 右侧的下拉按钮，在下拉列表中选择需要的边框样式。此外，也可以自主选择线型和颜色，手工绘制边框，或擦除不再需要的边框。

最常用的表格区域边框样式如图 9-16 所示。表格标题个设置边框，表格内部设置为细实线边框，表格外框设置为粗实线边框。操作时要先选择表格的数据区，然后为所选区域应用"所有框线" 所有框线(A) 样式，接着在不撤销原选区的情况下再次应用"粗外侧框线" 粗外侧框线(T) 样式，即可得到图 9-16 所示的边框效果。

	A	B	C	D	E
1	学生成绩统计表				
2	编号	姓名	数学	语文	总分
3	20160105	张三	80	100	180.0
4	20160106	李四	70	60	130.0
5	20160107	王五	90	80	170.0
6	20160108	赵六	100	90	190.0

图 9-16 设置边框

如果在选择了某单元格区域后，在下拉列表中选择"无框线" 无框线(N)，则区域内所有已设置的边框线将全部被删除。

2. 绘制斜线表头

Excel 2016 可以通过设置单元格对角线的方法为表格添加斜线表头，以便说明数据区首行和首列中数据的性质。具体操作步骤为：首先在工作表中选定要绘制斜线表头的单元格，然后右击该单元格，在快捷菜单中选择"设置单元格格式"命令。显示"设置单元格格式"对话框，单击"边框"选项卡，如图 9-17 所示，再单击"外边框"，然后单击从左上角至右下角的对角线按钮，可以设置线条的样式（实线、虚线、点画线等）和线条的颜色，设置后单击"确定"按钮。

在斜线表头中输入文字时，应使用〈Alt+Enter〉组合键将文字书写在两行，并添加空格调整文字的显示位置，使之能显示到由斜线分隔开的两个区域的适当位置。

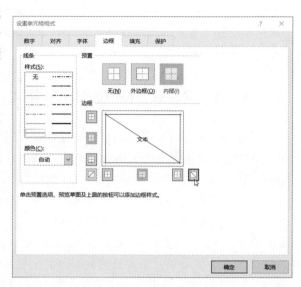

图 9-17 "边框"选项卡

9.2 使用公式与函数

Excel 提供了大量用于数据计算的函数，同时还支持用户使用自定义的计算公式，具有十分强大的数据处理功能。这也是 Excel 表格与 Word 表格最主要的区别之一。

9.2.1 使用公式

Excel 的公式以"="开头，由运算符、函数和单元格名称（也称"引用地址"或"地址"）组成。例如，公式"=A2+B2"中，A2 和 B2 表示两个单元格的名称，"+"表示求和运算符，整个公式表示计算 A2 和 B2 两个单元格的和，并将结果显示到当前单元格中。

1. 公式的输入方法

公式需要在选择了希望显示计算结果的单元格后，手工输入到编辑栏或当前单元格中。在公式中输入单元格名称时，可以手工输入（列标号不区分大小写），也可以使用鼠标单击单元格来选择。公式输入完毕后按〈Enter〉键或单击编辑栏左侧的"输入"按钮。

操作完成后，在当前单元格中显示的是公式的计算结果，而在编辑栏中始终显示着单元格中保存的公式或函数。按〈Ctrl+`〉组合键（其中`为键盘左上角数字 1 左侧的键）可使工作表在公式（或函数）和计算结果两种显示状态间切换。

如果希望计算图 9-18 所示的"学生成绩表"中的"总评成绩"(平时成绩占 30%，期中成绩占 30%，期末成绩占 40%)，那么首先选定当前单元格为 F3 (第一个学生的总评成绩单元格)，然后在单元格中输入公式"=C3*0.3+D3*0.3+E3*0.4"后按〈Enter〉键 (小数点前面的 0 可以省略，如 0.3 可以输入".3")，在当前单元格中将得到公式的计算结果。

图 9-18 在单元格中输入公式

其他学生的综合分计算可使用前面章节介绍过的填充公式来处理，填充后的结果如图 9-19 所示。从图中可以看到单元格中显示的是计算结果，而编辑栏中始终显示着公式或函数的内容。

图 9-19 通过填充计算出所有综合分

2. 公式和数据的修改

如果要修改单元格中的公式，可先选择包含公式的单元格，然后在编辑栏中修改。也可以双击该单元格使之进入编辑状态 (出现插入点光标)，修改完成后按〈Enter〉键或单击"输入"按钮 。

完成了公式或函数的计算后，若修改了相关单元格中的数据，则当按下〈Enter〉键确认修改后，公式或函数所在单元格中的计算结果能自动更新，无须重新计算。

9.2.2 单元格的引用方式

单元格地址的作用在于唯一地表示工作簿上的单元格或单元格区域。在公式中引入单元格地址，其目的在于指明所使用的数据存放位置，而不必关心该位置中存放的具体数据是多少。

如果某个单元格中的数据是通过公式或函数计算得到的，那么对该单元格进行移动或复制操作时，就不是简单的移动和复制。当进行公式的移动或复制时，就会发现经过移动或复制后的公式有时会发生变化。Excel 之所以有如此功能是由于单元格的相对引用和绝对引用。因此，在移动或复制时，用户可以根据不同的情况使用不同的单元格引用。

当用户向工作表中插入、删除行或列时，受影响的所有引用都会相应地作出自动调整，不管它们是相对引用还是绝对引用。

1．单元格的相对引用

单元格的相对引用是指在引用单元格时直接使用其名称的引用，例如 E2、A3 等，这也是 Excel 默认的单元格引用方式。

若公式中使用了相对引用方式，则在移动或复制包含公式的单元格时，相对引用的地址将相对目的单元格自动进行调整。

如图 9-20 所示，单元格 F3 中的公式为"=C3*0.3+D3*0.3+E3*0.4"，现将其复制到单元格 G5 后，其中的公式变化为"=D5*0.3+E5*0.3+F5*0.4"。这是因为目的位置相对源位置发生变化，导致参加运算的对象分别作出了相应的自动调整。也正是这种能进行自动调整的引用，才使用自动填充功能来简化计算操作成为可能。然而，自动调整引用也可能会造成错误。

2．绝对地址引用

绝对引用表示单元格地址不随移动或复制的目的单元格的变化而变化，即表示某一单元格在工作表中的绝对位置。绝对引用地址的表示方法是在行号和列标前加一个"$"符号。

在图 9-21 中，把学生成绩表 G5 单元格中的公式改为"=$C$5*0.3+$D$5*0.3+$E$5*0.4"，然后将公式复制到 G7 单元格，复制后的公式没有发生任何变化。

图 9-20　相对引用示例　　　　　　图 9-21　绝对引用示例

3．混合引用

如果单元格引用地址一部分为绝对引用，另一部分为相对引用，例如$A1 或 A$1，则这类地址称为混合引用地址。如果"$"符号在行号前，则表明该行位置是绝对不变的，而列位置仍随目的位置的变化作相应变化。反之，如果"$"符号在列名前，则表明该列位置是绝对不变的，而行位置仍随目的位置的变化作相应变化。

4．引用其他工作表中的单元格

Excel 允许在公式或函数中引用同一工作簿中的其他工作表中的单元格，此时，单元格地址的一般书写形式如下。

工作表名! 单元格地址

例如，"=D6+E6-Sheet3!F6"公式表示计算当前工作表中 D6、E6 之和，再减去工作表 Sheet3 中 F6 单元格中的值，并将计算结果显示到当前单元格中。

9.2.3　自动求和

求和计算是一种常用的公式计算，为了减少用户在执行求和计算时的公式输入量，Excel 提供了一个专门用于求和的工具按钮Σ。使用该按钮可以对选定的单元格中的数据进行自动求和。

1. 使用自动求和按钮

使用 Excel 提供的自动求和功能，需要首先将希望存放计算结果的单元格设置为当前单元格。单击"开始"选项卡"编辑"组中的"求和"按钮 Σ，如图 9-22 所示。系统会根据当前工作表中数据的分布情况，自动给出一个推荐的求和区域（虚线框内的区域），并向计算结果存放单元格粘贴一个 SUM 函数。例如，本例中的 SUM(C3:D3)表示将 C3 到 D3 组成的连续单元格范围中的数值之和写入当前单元格。

如果系统默认的求和数据区域不正确，可在工作表中拖动鼠标重新选择以修改公式。编辑栏中会同步显示修改后的 SUM 函数内容。确认求和区域选择正确后，按〈Enter〉键或单击编辑栏左侧的"输入"按钮 ✔ 完成自动求和操作。

除了求和外，Excel 还将一些常用的计算命令存放在"开始"选项卡的"编辑"组中，单击"自动求和"按钮右侧的下拉按钮 ▾，显示下列列表，如图 9-23 所示，通过下拉列表中的选项可以实现平均值、计数、最大值、最小值等常用计算。这些计算每个都对应一个 Excel 函数，它们的详细使用方法将在后续章节中介绍。

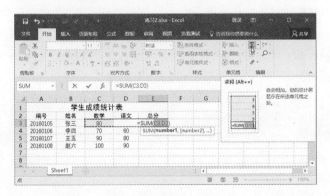

图 9-22　系统自动选择的求和区域

图 9-23　"自动求和"下拉列表

2. 多区域求和

如果参与求和的单元格并不连续，可按如下方法实现自动求和。

首先选定存放求和结果的单元格，然后单击"自动求和"按钮 Σ，拖动鼠标选择第一个包含求和数据且连续的单元格区域，按下〈Ctrl〉键后拖动鼠标选择第二个包含求和数据且连续的单元格区域，直至所有数据均被选择，最后按〈Enter〉键或单击编辑栏左侧的"输入"按钮 ✔ 完成自动求和操作。

此时，编辑栏内看到的 SUM 函数的格式类似于 "=SUM(C5:C6,D7:D8)" 的样式。其中 "C5:C6" 和 "D7:D8" 是两个连续的单元格区域，但这两个区域是不连续的，故区域间需要使用逗号 "," 来分隔。例如，"=SUM(A1:D3,F6:G7)"表示将左上角为 A1 右下角为 D3 的单元格区域中的所有单元格和左上角为 F6 右下角为 G7 的单元格区域中的所有单元格中的数据求和，并将计算结果写入当前单元格。

 ### 9.2.4　使用函数

函数是一种预先定义好的内置的公式。Excel 共提供了 13 类函数，每个类别中又包含了若干个函数。前面提到的 SUM 函数就是"常用函数"类中的一员。使用函数能省去输入公式的麻烦，提高了效率。由于篇幅所限，这里只能对一些最常用的函数进行简要介绍。

1. 向单元格中插入函数

可以使用直接输入的方法向结果单元格中插入函数，这与前面介绍的公式的输入方法相同。用户只要在单元格中输入"＝"，而后输入函数名称及所需参数，最后按〈Enter〉键。

由于 Excel 中包含众多功能各异的函数，为了便于用户记忆和使用，系统提供了一个专用的函数插入工具 f_x。该工具位于编辑栏的左侧，单击"插入函数"按钮将显示图 9-24 所示的对话框。通过该对话框用户可以搜索或按类别找到需要的函数。当用户在"选择函数"列表框中选择了某函数时，在"选择函数"列表框的下方将显示该函数的功能及使用方法说明。例如，在"选择函数"列表框中选择"SUM"，下方将显示"SUM(number1, number2,…)"，其中，"SUM"为函数名，"number1,number2,…"为函数参数。

单击"确定"按钮后显示图 9-25 所示的对话框，单击参数框右侧的 ▦ 按钮，可将"函数参数"对话框折叠起来，以方便用户通过拖动鼠标来选择包含参与计算数据的单元格区域，选择完毕后单击折叠框右侧的 ▦ 按钮，可返回"函数参数"对话框。参数选择完毕后，单击"确定"按钮完成插入函数操作，即可在目标单元格中得到计算结果。

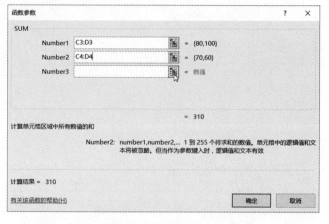

图 9-24 "插入函数"对话框　　　　　　　图 9-25 "函数参数"对话框

这里以 SUM 函数为例说明了向单元格中插入函数的操作方法，使用其他函数的操作方法大同小异，使用时应注意对话框中显示的函数和参数使用说明。必要时可单击对话框左下角"有关该函数的帮助"链接，从 Excel 帮助中获取操作支持。

在使用函数时所用到的所有符号都是英文符号，因为在函数表达式中不能识别中文标点。

2. 常用函数介绍

常用函数介绍如下。

1）SUM(区域 1,区域 2,...)：计算若干个单元格区域中包含的所有单元格中值的和。区域 1、区域 2 等参数可以是数值，也可以是单元格或单元格区域的引用，参数最多为 30 个。

2）AVERAGE(区域 1,区域 2,...)：计算若干个单元格区域中包含的所有单元格中值的平均值。

3）MAX(区域 1,区域 2,...)：求若干个单元格区域中包含的所有单元格中值的最大值。

4）MIN(区域 1,区域 2,...)：求若干个单元格区域中包含的所有单元格中值的最小值。

5）COUNT(区域 1,区域 2,...)：统计若干个单元格区域中包含数字的单元格个数。

6）ROUND(单元格,小数点位数)：按指定的小数点位数对单元格中数值进行四舍五入后的数值。

7）IF(P,T,F)：判断条件 P 是否满足，如果 P 为真，则取 T 表达式的值，否则取 F 表达式的值。例如，"=IF(Sheet2!A1="教授",600,300)"表示判断工作表 Sheet2 中 A1 单元格中的数据是否为"教授"。若是，则在当前单元格中输入 600。否则，输入 300。

IF 函数支持嵌套使用。例如，"=IF(A1="教授",600, IF(A1="副教授",400,300))"表示首先判断 A1 单元格中的数据是否为"教授"。若是，则在当前单元格中输入 600。否则，再判断 A1 单元格中的数据是否为"副教授"。若是，输入 400。否则，输入 300。其中第二个 IF 函数"IF(A1="副教授",400,300)"被用作 A1 单元格中数据不等于"副教授"时的返回值。

思考：若将 IF 函数用于津贴发放计算，且规定"教授，600；副教授，400；讲师，300；助教，200"，员工的职称数据保存在 A4 单元格中，应如何书写 IF 函数的表达式？

8）INT(单元格)：将单元格中的数值向下取整为最接近的整数。例如，"=INT(2.8)"得到的结果为"2"；"=INT(-2.8)"得到的结果为"-3"。

9）ABS(单元格)：求单元格中数据的绝对值。

3. 错误信息说明

如果输入的公式或函数无法得到正确的计算结果，Excel 将会在单元格中显示一个表示错误类型的错误值。例如，#####、#DIV/0!、#N/A. #NAME? #NULL!、#NUM!、#REF!和#VALUE!等等。

以下是常见错误值表示的错误产生原因和相应的解决方法。

1）#####错误：当某列不足够宽而无法在单元格中显示所有字符时，或者单元格包含负的日期或时间值时，Excel 将显示此错误。例如，用过去的日期减去将来的日期的公式（如=06/15/2017-07/01/2016）将得到负的日期值。

2）#DIV/0!错误：当一个数除以零或不包含任何值的单元格时，Excel 将显示此错误值。

3）#N/A 错误：当某个值不可用于函数或公式时，Excel 将显示此错误值。

4）#NAME? 错误：当 Excel 无法识别公式中的文本时，将显示此错误。例如，区域名称或函数名称可能出现了拼写错误。

5）#NULL!错误：当指定两个不相交的单元格区域的交集时，Excel 将显示此错误。交集运算符是分隔公式中的引用的空格字符。例如，单元格区域 A1:A2 和 C3:C5 不相交，因此，输入公式=SUM(A1:A2 C3:C5)将返回#NULL!错误值。

6）#NUM!错误：当公式或函数包含无效数值时，Excel 将显示此错误值。

7）#REF!错误：当单元格引用无效时，Excel 将显示此错误值。例如，可能删除了其他公式所引用的单元格，或者可能将已移动的单元格粘贴到其他公式所引用的单元格上。

8）#VALUE!错误：如果公式所包含的单元格具有不同的数据类型，则 Excel 将显示此错误值。如果"智能标记"功能处于打开状态，则将鼠标指针移动到智能标记上时，屏幕提示会显示"公式中所用的某个值是错误的数据类型"。通常，通过对公式进行较少更改即可修复这些问题。

9.3 数据管理与分析

前面介绍过 Excel 具有强大的数据管理、分析与处理功能，所以，可以将 Excel 认为是一个简易的数据库管理系统，可以将每个 Excel 工作簿看成一个"数据库"，将每张工作表看成一个"数据表"（也称为"数据清单"），将工作表中的每一行看成一条"记录"，将工作表中的每一列看成一个"字段"。Excel 完全符合由各字段组成一条记录，各记录组成数据表，各数据表组成数据库的数据组织形式。

9.3.1 数据排序

数据排序是数据管理与分析中一个重要的手段，通过数据排序可以了解数据的变化规律及某一数据在数据序列中所处的位置。Excel 支持对工作表进行单条件排序和多条件排序两种排序方法。

1. 单条件排序

"单条件排序"是指将工作表中的各行依据某列值的大小按升序或降序重新排列。例如，对学生成绩表按总分进行降序排序。

执行单条件排序最简单的方法是：选择排序依据列中的任一单元格为当前单元格，在"数据"选项卡的"排序与筛选"组中单击"升序"按钮或"降序"按钮，即可实现数据排序，如图 9-26 所示。

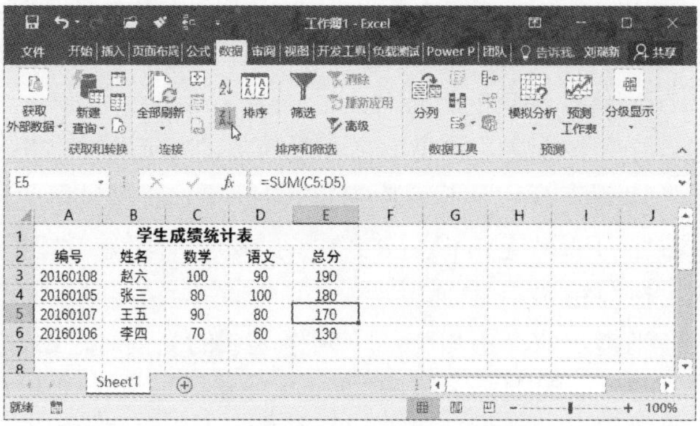

图 9-26　选定单元格的单条件排序

如果在工作表中通过单击列标号选择了某列，如图 9-27 所示，而后单击"升序"按钮或"降序"按钮，将显示图 9-28 所示的"排序提醒"对话框。若选中"扩展选定区域"单选按钮，可将所选区域扩展到周边包含数据的所有列。否则，只有选定列参加排序，其他各列数据保持原位不动，这有可能导致数据错行而引发错误。

图 9-27　选定列的单条件排序

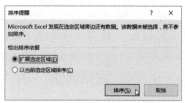
图 9-28　"排序提醒"对话框

2. 多条件排序

所谓"多条件排序"是指将工作表中的各行按用户设定的多个条件进行排序。例如，要求按员工综合考核的降序排序，综合考核相同则按销售业绩的降序排序，销售业绩又相同则按请假天数的升序排序（请假天数多者排名靠后），若前面 3 个条件都相同，则按自然顺序排序。

执行多条件排序时应选择工作表数据区中的任一单元格，单击"数据"选项卡"排序与筛选"组中的"排序"按钮，显示图 9-29 所示的对话框。其中，"主要关键字"和"次要关键字"取自表格的列标题名称，例如成绩表中的"总分""数学""语文"等；"排序依据"的可选项有"数值""单元格颜色""字体颜色"和"单元格图标"4 种，表示按单元格中何种信息排序；"次序"的可选项有"降序""升序"和"自定义序列"（例如，教授、副教授、讲师、助教等）3 种。

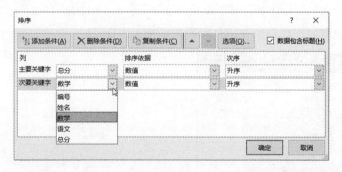
图 9-29　"排序"对话框

默认情况下，对话框中仅显示一行"主要关键字"，单击"添加条件"按钮可向对话框中添加一行"次要关键字"。单击"删除条件"按钮可从对话框中移除当前条件行。单击"复制条件"按钮可将当前条件行复制成一个新的"次要关键字行"。单击 ▲ ▼ 按钮可调整条件行的排列顺序。单击"选项"按钮将显示图 9-30 所示的对话框，通过该对话框可选择排序方向和排序方法。

图 9-30　"排序选项"对话框

名师点拨

需要说明的是，如果排序关键字是中文，则按汉语拼音执行排序。排序时首先比较第一个字母，若第一个字母相同，再比较第二个字母，以此类推。

此外，若选择"排序"对话框中的"数据包含标题"复选框，则系统自动将首行认定为列标题行，使其不参加排序。

 9.3.2 数据筛选

数据筛选是指从工作表包含的众多行中挑选出符合某种条件的一些行的操作方法，数据筛选实际上是一种"数据查询"操作。Excel 支持对工作表进行"自动筛选"和"高级筛选"两种操作。

1. 自动筛选

单击工作表数据区中任一单元格，在"数据"选项卡"排序和筛选"组中单击"筛选"按钮，系统将自动在工作表中各列标题右侧添加一个 标记，单击某列的 标记将显示图 9-31 所示的操作菜单，通过该菜单用户可以执行基于当前列的排序和数字筛选操作。

用鼠标指向菜单中的"数字筛选"命令，显示一些用于指定筛选条件的命令。这些命令的右侧多数都带有一个"…"标记，表示执行该命令将显示一个对话框。图 9-32 所示是选定"总分"后，选择"小于或等于"命令后显示的对话框。图中设置的筛选方式表示筛选出学生成绩统计表中"总分"大于或等于 170 并且"总分"小于 180 的所有行（记录）。单击"确定"按钮后，工作表中所有不符合条件的行都将被隐藏。

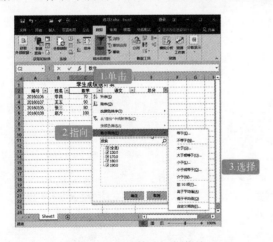

图 9-31 自动筛选操作菜单   图 9-32 "自定义自动筛选方式"对话框

自动筛选可以重复使用，也就是说，可以在前一个筛选结果中再次执行新条件的筛选。例如，如果希望筛选出学生成绩表中数学和语文成绩都大于 80 的行，那么可首先筛选出数学成绩大于 80 的行，然后在筛选结果中再筛选出语文成绩大于 80 的行。

再次单击"排序和筛选"组中的"筛选"按钮▼，可取消系统在当前工作表中设置的筛选状态，将工作表恢复到原始状态。

2. 高级筛选

与前面介绍过的自动筛选不同，执行高级筛选操作时需要在工作表中建立一个单独的条件区域，并在其中输入高级筛选条件。Excel 将"高级筛选"对话框中的单独条件区域用作高级条件的源。

高级筛选时，首先把当前单元格设置到工作表的数据区中，然后单击"数据"选项卡中的"排序与筛选"组中的"高级"按钮▼高级。

显示"高级筛选"对话框，如图 9-33 所示，在"方式"选项组中，用户可以选择要将筛选结果放置在原有区域还是将其放置在其他位置。若选择其他位置，"复制到"参数框可用，单击其右侧的折叠对话框按钮█，在工作表中单击希望显示到的位置的左上角单元格。

"列表区域"指的是工作表中的数据区（包括列标题栏），"条件区域"指的是独立于数据区的，用户输入筛选条件的区域，如图 9-34 所示。条件区域可以放置在独立于列表区域的任何地方，只要不与列表区域重叠。

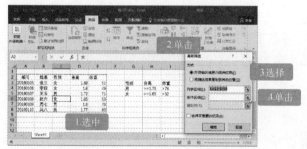

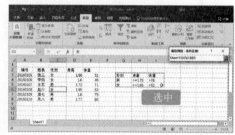

图 9-33　"高级筛选"对话框　　　　　　　图 9-34　列表区域和条件区域

如果单击"高级"按钮▼高级时，已将当前单元格设置到列表区域中任一单元格，则系统会自动推荐一个用闪烁的虚线框框起来的列表区域。接受系统的推荐，则可继续操作，否则可用鼠标重新"拖"出一个正确的列表区域，列表区域的地址引用会显示到"列表区域"栏中，如图 9-34 所示。

单击"条件区域"参数框右侧的折叠对话框按钮█，从对话框返回到工作表，拖动鼠标选择"条件区域"，如图 9-34 所示。选定条件区域后，单击展开对话框按钮█。注意，选择条件区域时应同时选择"列标题"（如本例中的"性别""身高"和"体重"）和"条件"（如本例中的"男"">=1.75"等）。条件区域中写在相同行中的条件为需要同时满足的条件，写在相同列中的条件为满足其一即可的条件。

将条件区地址引用添加到"高级筛选"对话框中，如图 9-35 所示。

图 9-35 中条件区域中输入的条件表示要筛选出"身高>=1.75，并且体重>=76 的男生"或"身高>=1.65，并且体重>52 的女生"，筛选结果如图 9-36 所示。

图 9-35　选定条件区域后的"高级筛选"对话框

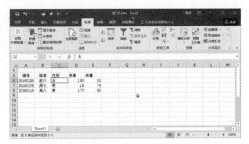

图 9-36　高级筛选结果

 ### 9.3.3　合并计算

若要汇总或报告多个单独工作表中数据的结果，可以将每个单独工作表中的数据合并到一个工作表（或主工作表）中。所合并的工作表可以与主工作表位于同一工作簿中，也可以位于其他工作簿中。如果在一个工作表中对数据进行合并计算，则可以更加轻松地对数据进行定期或不定期的更新和汇总。例如，如果每个地区办事处都有一个关于开支数据的工作表，则可使用合并计算将这些开支数据合并到公司的总开支工作表中。

实现合并计算的方法主要有以下两种。

- 按位置进行合并计算：该方法适用于多个源区域中的数据按照相同的顺序排列并使用相同的行和列标签的情况。例如，各办事处的开支工作表使用了相同的模板。
- 按分类进行合并计算：该方法适用于多个源区域中的数据以不同的方式排列，却使用相同的行或列标签的情况。例如，在每个月生成布局相同的一系列库存工作表，但每个工作表包含不同的项目或不同数量的项目。

1. 按位置进行合并计算

通过一个实例介绍"按位置进行合并计算"的操作方法。

设某工厂有 3 个车间。工厂每季度建立一个包含"生产总值"和"合格率"的统计表，并单独保存在一个 Excel 工作簿中。4 个 Excel 文件的名称分别为"2016-1 季度.xlsx""2016-2 季度.xlsx""2016-3 季度.xlsx"和"2016-4 季度.xlsx"，文件内容如图 9-37 所示。

	A	B	C
1	第1季度生产统计表		
2	车间	生产总值	合格率
3	一车间	3210	99.50%
4	二车间	3500	98.80%
5	三车间	2987	99.10%

	A	B	C
1	第2季度生产统计表		
2	车间	生产总值	合格率
3	一车间	3102	98.90%
4	二车间	3352	99.20%
5	三车间	3008	98.70%

	A	B	C
1	第3季度生产统计表		
2	车间	生产总值	合格率
3	一车间	2998	97.90%
4	二车间	3187	98.70%
5	三车间	3192	99.00%

	A	B	C
1	第4季度生产统计表		
2	车间	生产总值	合格率
3	一车间	3503	93.10%
4	二车间	2995	99.50%
5	三车间	3098	98.30%

图 9-37　4 个 Excel 文件的内容

从图 9-37 中看出，所有工作表都按相同的格式编排，故可以使用按位置进行合并计算。

在 Excel 中创建一个名为"2016 年汇总.xlsx"的 Excel 文件，其格式与各季度统计表的格式相同，如图 9-38 所示。选定汇总表中 B3 单元格（要填写汇总数据的第一个单元格）为当前单元格，单击"数据"选项卡"数据工具"组中的"合并计算"按钮。

显示"合并计算"对话框，如图 9-39 所示，在"函数"下拉列表框中选择合并计算的函数类型，例如，求和、计数、平均值、最大值、最小值等。本例选择了默认选项"求和"，表示将各车间的各季度生产总值求和，得到各车间全年生产总值的统计结果。注意，要提前打开"2016-1 季度.xlsx""2016-2 季度.xlsx""2016-3 季度.xlsx"和"2016-4 季度.xlsx 文件"，然后单击"引用位置"参数框右侧的折叠对话框按钮 。

图 9-38　全年汇总表　　　　　　　　图 9-39　"合并计算"对话框

在已打开的"2016-1 季度.xlsx"中选择第 1 季度各车间的生产总值为数据区，如图 9-40 所示，选择完毕后单击展开对话框按钮 。

图 9-40　选择第 1 季度各车间"生产总值"数据

返回"合并计算"对话框，单击"添加"按钮，把引用位置添加到"所有引用位置"列表框中，如图 9-41 所示。

重复上述操作，直至将各季度生产总值都添加到"所有引用位置"列表框中，如图 9-42 所示。

图 9-41　将一季度数据添加到　　　　　　图 9-42　将各季度生产总值都添加到
　"所有引用位置"列表框中　　　　　　　　"所有引用位置"列表框中

最后单击"确定"按钮得到图 9-43 所示的合并计算结果。

本例中原始数据区是通过拖动鼠标的方法进行选择的，这要求相关 Excel 工作簿文件必须处于打开状态。如果包含原始数据的工作簿文件没有打开，可直接在"引用位置"参数框中手工输入位置区域，例如，本例中需要输入"[2016-1

图 9-43　合并计算结果

季度.xlsx]Sheet1!\$D\$3:\$D\$5"，然后单击"添加"按钮，输入"[2016-2 季度.xlsx]Sheet1!\$D\$3:\$D\$5"
后再次单击"添加"按钮……，直至所有原始数据区均被添加到"所有引用位置"列表框中，
最后单击"确定"按钮完成操作。

在手工输入引用位置时应注意其格式，具体如下所示。

[工作簿文件名]工作表名!数据区的绝对地址

2. 按分类进行合并计算

下面通过一个实例介绍"按分类进行合并计算"的操作方法。

设某商店下设有 3 个门市部，每个门市部每天上报一个当日营业数据的流水账（按时间
顺序记录发生的业务）工作簿。3 个 Excel 文件的名称分别为"No1.xlsx""No2.xlsx"和
"No3.xlsx"，文件内容如图 9-44 所示。从图 9-42 中看出，各销售账的列标题排列是统一的，
但各门市部的销售业务内容却是散乱的。所以，只能选择按分类进行合并计算，也就是将各
门市部销售的各类商品按"品名"汇总，得到该商品的销售数量和销售总金额。

图 9-44　各门市部销售账内容

在 Excel 中创建一个名为"销售总账.xlsx"的工作簿，在 Sheet1 工作表中录入汇总表的
标题栏和列名称栏，将当前单元格设置为数据区的第一个单元格，单击"数据"选项卡"数
据工具"组中的"合并计算"按钮，如图 9-45 所示。

显示"合并计算"对话框，与前面介绍的操作方法相同，选择"函数"和位于 3 个工作
簿中的"引用位置"，如图 9-46 所示。

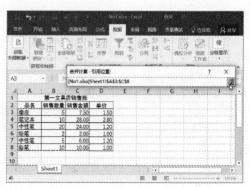

图 9-45　"销售总账.xlsx"工作簿　　　　　　　图 9-46　在 No1.xlsx 中选择引用位置

在"合并计算"对话框的"标签位置"选项组中选中"最左列"复选框，如图 9-47 所
示，表示按显示在最左列的"品名"相同，将 3 个数据区中的记录进行合并，并计算出相同
品名的数量及金额的和。这也是"按分类合并计算"与"按位置合并计算"最关键的不同点。
最后单击"确定"按钮。

合并计算结果如图 9-48 所示，本例中选择的"引用位置"为各工作表的"品名""销售

数量"和"销售金额"3 列数据（不要选列标题栏），应用的"函数"为"求和"，表示按相同品名分别计算销售数量和销售金额的和。

图 9-47　设置合并计算选项

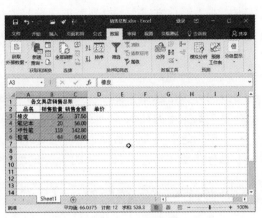

图 9-48　合并计算结果

 9.3.4　分类汇总

分类汇总就是将数据进行分类统计。例如，在工作表中分别统计出所有男生和女生的总成绩的平均值。其中，男生或女生就是"类"，而总成绩的平均值就是需要进行汇总的字段。对工作表中的数据进行分类汇总时，首先需要对工作表中的数据按"类"进行排序，且只能对包含数值的字段进行汇总，如求和、平均值、最大值或最小值等。

下面以图 9-49 所示的"文具销售账"为例，介绍使用"分类汇总"的操作方法。本例要求通过"分类汇总"统计出各种文具的销售数量。

执行分类汇总前，首先需要对工作表按"品名"列（类）进行排序，由于分类汇总仅要求所有同"类"数据行连续，所以在排序时执行升序或降序均可。将当前单元格定位到"品名"列，单击"数据"选项卡"排序和筛选"组中的"升序"按钮，完成对工作表的排序。按"品名"排序后的工作表，如图 9-50 所示。

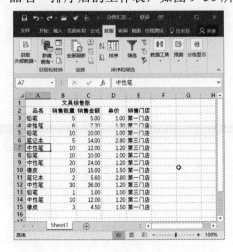

图 9-49　原始工作表

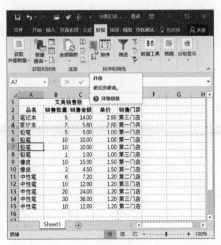

图 9-50　按品名排序后的工作表

单击"数据"选项卡"分级显示"组中的"分类汇总"按钮 分类汇总，显示"分类汇总"对话框，如图 9-51 所示。按本例的要求，在"分类字段"下拉列表框中选择"品名"作为分类依据；在"汇总方式"下拉列表框中选择"求和"；在"选定汇总项"列表框中选择"销售数量"和"销售金额"复选框。此外，系统还为用户提供了"替换当前分类汇总""每组数据分页"和"汇总结果显示在数据下方" 3 个复选框，一般保留默认设置即可。设置完毕后，单击"确定"按钮。

得到的分类汇总结果如图 9-52 所示，从分类汇总结果可以看到，操作执行完毕后系统自动在每类数据下面插入了一个包含指定汇总项数据的行，并在工作表最后插入了一个"总计"行。单击这些由系统自动插入的汇总行最左边的 − 标记，可折叠工作表中详细数据，仅显示汇总行，单击汇总行最左边的 + 标记可使折叠的工作表恢复成展开状态。

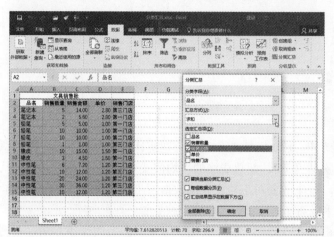

图 9-51 "分类汇总"对话框

图 9-52 分类汇总结果

如果要取消分类汇总，单击汇总区域，然后单击"数据"选项卡"分级显示"组中的"分类汇总"按钮 分类汇总，显示"分类汇总"对话框，如图 9-49 所示。单击"分类汇总"对话框中的"全部删除"按钮，可取消已完成的分类汇总（撤销插入的汇总行，使工作表恢复原状）。

第 10 章　电子表格组件 Excel 2016 的使用——高手速成

Excel 用于各种数据的处理、统计和分析，但是单一的数据难免使人感到枯燥和乏味，使用图表将更加生动、形象。本章主要介绍如何在 Excel 中使用图表，以及如何打印工作表或工作簿。

10.1 使用图表

Excel 2016 提供了 20 种标准图表类型和 20 种自定义图表类型，例如"柱形图" 、"折线图"、"饼图"、"散点图"、"层次结构图"等，每种图中还有一些子类型图。通过创建图表可以使工作表中的数据更加直观地表示出数据变化趋势及各类数据之间的关系。

10.1.1 创建图表

假设已在 Excel 中创建了图 10-1 所示的工作表，下面通过使用工作表中的现有数据创建二维柱形图表。本例使用"品名"为水平轴，图表中包含每个"品名"中的"销售数量"和"销售金额"。

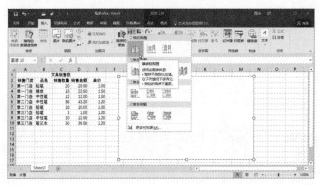

图 10-1　已有工作表和选择要插入的图

在"插入"选项卡的"图表"组中，单击"柱形图"按钮后，在下拉列表中选择柱形图样式列表，这里选择"二维柱形图"中的第一个样式"簇状柱形图"，如图 10-1 所示。在当前单元格位置插入一个空白图表，同时切换到簇状柱形图"图表工具-设计"选项卡，如图 10-2 所示。由于尚未选择希望图表表现的数据源，故只能向工作表中插入一个空白的图表占位区（也就是一个空白图表），如图 10-2 所示。此时，可以根据需要把空白图占位符拖拽到其他位置，显示出已有的表，以方便选择数据。

图 10-2　插入到工作表中的空白图表

在"图表工具-设计"选项卡中，单击"数据"组中的"选择数据"按钮，在图 10-3 所示的"选择数据源"对话框中单击"图表数据区域"参数框右侧的折叠对话框按钮，在工作表中首先选取"销售数量"列的数据（包括列标题单元格），然后按住〈Ctrl〉键，选取其他列的标题和数据，接着单击展开对话框按钮展开对话框，在该对话框中可以看到所选数据区域所对应的地址引用，如图 10-3 所示。

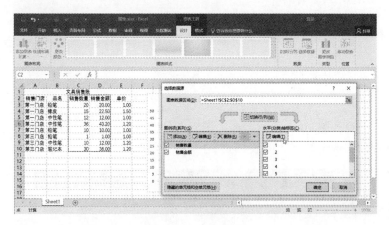

图 10-3　选取数据

数据区选择完毕后，系统会自动将所选数据区的各列标题添加到"图例项（系列）"中，并设置"水平（分类）轴标签"的序列为默认的 1、2、3、…。若需要修改，单击"水平（分类）轴标签"中的"编辑"按钮。

显示图 10-4 所示的"轴标签"对话框，单击其中的折叠对话框按钮，在工作表中选中"品名"列数据（不包括列标题单元格）后单击展开对话框按钮，返回"轴标签"对话框，单击"确定"按钮。

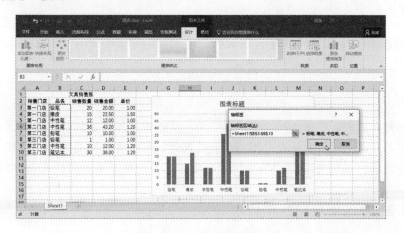

图 10-4　选取水平轴标签

返回"选择数据源"对话框，如图 10-5 所示。确认所有选项设置完毕且在图表占位区形成的图表预览也符合要求后，单击"选择数据源"对话框中的"确定"按钮结束图表创建操作。

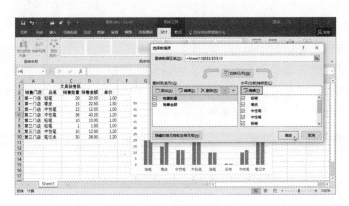

图 10-5　设置完成

生成的图表外观如图 10-6 所示。在"图表工具-设计"选项卡的"图表样式"组中可以更改图标的外观，本例选取了"图表样式"中的"样式 2"。

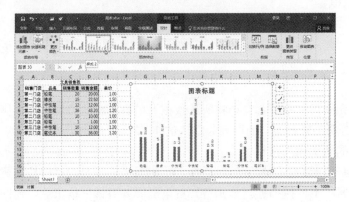

图 10-6　创建的图表

通过用鼠标拖动图表的四角或四边的中点位置，可以调整图表大小。图表大小发生变化时，水平轴的文字排列方向或竖直轴数据刻度的间隔也会自动调整以适应图表的宽度和高度。

 名师点拨

图表标题、图例均是独立的文本对象，用户可以用鼠标将其拖动到新的位置来重新设计图表的布局。需要对图表标题或图例进行修改时，可以右击标题或图例区域，在弹出的快捷菜单中选择"编辑文字""字体"等命令来设置标题或图例的格式和内容。

 10.1.2　修改图表格式和数据

图表设置完成后，仍可以对组成图表的各元素（例如，标题、图例、水平轴、垂直轴、图标区、绘图区、网格线等）或数据进行修改。

1. 设置图表元素格式

在图表中用鼠标右击某个图表元素，将弹出用于修改当前元素格式的快捷菜单和一个用于设置常用格式的工具栏，单击工具栏中"图表区"下拉列表框右侧的下拉按钮 ，可看到当前图表中所包含的所有元素。

Excel 2010 图表中的主要元素及其说明如下。

● 图表区：整个图表及其全部元素。

● 绘图区：在二维图表中，是指通过轴来界定的区域，包括所有数据系列。在三维图表中，同样是通过轴来界定区域的，包括所有数据系列、分类名、刻度线标志和坐标轴标题。

● 数据系列：在图表中绘制的相关数据点，这些数据源自数据表的行或列。

● 坐标轴：界定图表绘图区的线条，用作度量的参照框架。Y 轴通常为垂直坐标轴并包含数据，X 轴通常为水平轴并包含分类。

● 标题：图表标题是说明性的文本，可以自动与坐标轴对齐或在图表顶部居中。

● 数据标签：为数据标记提供附加信息的标签，数据标签代表源于数据表单元格的单个数据点或值。

● 图例：图例用于说明图表中某种颜色或图案所代表的数据系列或分类。

通过下拉列表框选择了某个图表元素后，可使用工具栏中提供的各种常用工具按钮对其格式进行设置，如设置字体、字号，使用粗体、斜体，设置文字对齐方式，设置文字颜色等。

如果希望对图表元素进行更为详细的设置，可在图表中单击选择某元素后，在"图表工具-布局"或"图表工具-格式"选项卡中设置。

除了使用各"图表工具"选项卡中提供的各种功能来设置各图表元素外，还可以在图表中直接双击某图表元素，通过显示的设置对话框对其格式进行设置。

2. 修改图表数据

当图表建立好之后，有时需要修改图表的源数据（增加数据系列或数据点）。工作表中的图表源数据与图表之间存在着链接关系。因此，当修改了工作表中的数据后，不必重新创建图表，图表会随之调整以反映源数据的变化。

如果向数据源中添加了一些行，由于数据源区域在设计图表时已经设置好，因此新行添加后图表不会自动更新来表现这些新行。向图表中添加新的数据行的方法如下。

在图表中单击选择图形区，如图 10-7 所示，系统用彩色框线表示选取的数据区。

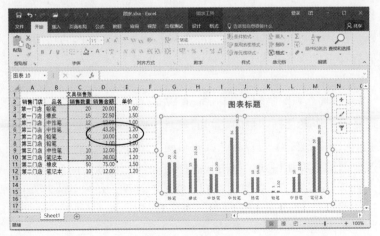

图 10-7　选择图形区

将鼠标靠近框线的右下角，当鼠标指针变成双向斜箭头样式时，向下拖动鼠标使框线扩展到新的数据行，如图 10-8 所示。重复上述操作，将其他数据区框线扩展到新的数据行。

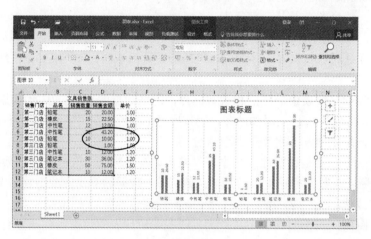

图 10-8　扩充数据区到新行

10.2　打印工作表或工作簿

Excel 提供了强大的工作表或工作簿打印功能。用户可以通过"页面布局"视图和"页面布局"选项卡查看和调整页面布局情况，如设置页边距、纸张方向、纸张大小、打印区域、添加分隔符等。在"文件"选项卡的"打印"组中可以查看打印预览效果，设置需要的打印页码范围，执行打印输出等。

10.2.1　设置页面布局

在打印工作表之前要对工作表的格式和页面布局进行调整，或者采取必要的措施以避免常见的打印问题。在 Excel 中可以通过"页面布局"选项卡中提供的功能或进入"页面布局"视图完成工作表打印前的准备工作。

1. 使用"页面布局"视图

Excel 的"页面布局"视图类似于 Microsoft Word 的"页面"视图，在该视图中以"所见即所得"的方式显示工作表及打印页面之间的关系（如页边距、页眉/页脚、数据区在页面中的位置等）。在打印工作表之前，可以在"页面布局"视图中快速对其进行微调。在此视图中，可以方便地更改数据的布局和格式。单击状态栏右面的"页面布局"按钮，可切换到"页面布局"视图，如图 10-9 所示。若要切换回"普通"视图，单击状态栏上的"普通"视图按钮田。

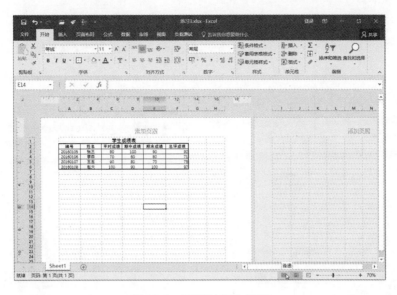

图 10-9 "页面布局"视图

2．使用"页面布局"选项卡

单击"页面布局"选项卡，如图 10-10 所示，其中与"打印"关系最为密切的是"页面设置"组中提供的各种功能。

图 10-10 "页面布局"选项卡

（1）设置打印页边距

在"页面布局"选项卡中单击"页面设置"组中的"页边距"按钮，在下拉列表中列出了"上次的自定义设置""普通""宽"和"窄"4 种模式，而且给出了每种模式下的上、下、左、右、页眉、页脚的具体设置值。若上述 4 种模式均不符合用户的需求，可选择"自定义边距"，显示图 10-11 所示的"页面设置"对话框的"页边距"选项卡，以便根据实际需要设置页边距。

（2）设置打印纸张及方向

在"页面布局"选项卡中单击"页面设置"组中的"纸张方向"按钮，在弹出的下拉列表中，用户可以选择"纵向"或"横向"方式来放置打印纸张。

（3）设置打印纸张大小

在"页面布局"选项卡中单击"页面设置"组中的"纸张大小"按钮，在弹出的下拉列表中列出了一些常用的纸张类型（如 A3、A4、B4、B5 等）供用户选择。若在下拉列表中没有希望使用的纸张类型，可选择"其他纸张类型"，显示图 10-12 所示的"页面设置"对话框的"页面"选项卡，以便根据实际需要设置纸张类型。

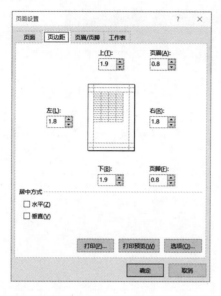

图 10-11 "页面设置"对话框的"页边距"选项卡　　图 10-12 "页面设置"对话框的"页面"选项卡

（4）设置打印区域

Excel 允许将工作表的一部分或某个图表设置为单独的打印区域。在工作表中选择了希望打印的区域或图表后，在"页面布局"选项卡中单击"页面设置"组中的"打印区域"按钮，在弹出的下拉列表中选择"设置打印区域"即可。若要取消打印区域的设置，选择"取消打印区域"选项。

（5）设置分隔符

在"页面布局"选项卡中单击"页面设置"组中的"分隔符"按钮，在弹出的下拉列表中选择"分页符"，可以在当前单元格的上方添加一个"分页符"，使分页符后面的内容自动打印到下一页。将当前单元格选定到分页符下方的任一单元格，选择下拉列表中的"删除分页符"，可取消已设置的分页。选择下拉列表中的"重设所有分页符"，可使工作表恢复到初始状态，即不再包含任何分页符。

（6）设置打印背景图片和页面标题

Excel 允许为工作表设置图片背景和每页都有的"页面标题"。在"页面布局"选项卡中单击"页面设置"组中的"背景"按钮，显示"工作表背景"对话框。通过该对话框，用户可选择一幅合适的图片作为工作表的背景。需要说明的是，插入到工作表中的背景图片只能显示，不能打印。若需要将其作为打印对象，需要将图片插入到页眉或页脚区域中。

在"页面布局"选项卡中单击"页面设置"组中的"打印标题"按钮，显示"页面设置"对话框的"工作表"选项卡，在"打印标题"中可以选择工作表中的文字作为每页都自动出现的打印标题（顶端标题和左端标题）。

 10.2.2　打印输出工作表、工作簿或选定的区域

在 Excel "文件"选项卡中单击"打印"标签，将显示图 10-13 所示的界面。通过该界面，用户可以完成打印工作的最后一些选项设置。

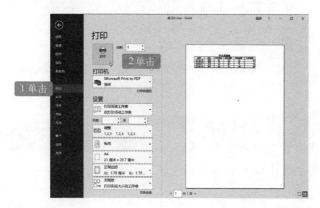

图 10-13　"文件"选项卡中的"打印"标签

在"打印"栏中可以设置本次需要打印的文件份数（默认为 1 份），单击"打印"按钮可以将文档发送至打印机打印输出。

如果计算机连接有多台打印机，则还可以在"打印机"栏选择使用哪一台打印机打印文档。

在"设置"栏中可以执行以下设置。

1）设置本次打印的是"活动工作表""整个工作簿"或"选定的打印区域"。

2）设置打印的页码范围是从第多少页到第多少页。

3）设置打印纸张的方向是"纵向"还是"横向"。

4）设置使用何种打印纸（默认为 A4 打印纸）。

5）设置使用页边距的状态为"普通""宽""窄"还是使用"上一个自定义边距设置"。

6）设置打印时是否对工作表执行缩放操作，可选项有"无缩放""将工作表调整到一页""将所有列调整到一页""将所有行调整到一页"，或显示"页面设置"对话框，帮助用户在"页面"选项卡中使用自定义的缩放比例。

 名师点拨

此外，在打印预览区的右下角有"显示边距"和"缩放到页面"两个按钮。单击"显示边距"按钮，可以将页边距指示线显示到屏幕上，使用户可以通过拖动指示线来改变页边距。单击"缩放到页面"按钮，可以将所有打印内容缩放到一页之中。

 高手速成——Excel 应用实例

某家电卖场要计算销售人员的奖金，规定销售人员促销的售价不低于 8 折（即售价不得低于定价的 80%），否则需要请示店面经理。售价高于 8 折的部分，提取 15%作为销售人员的奖金。由于每位销售人员卖出的产品的折扣各不相同，因此需要先对卖出商品折扣进行判断，再根据高出的部分计算出每位销售人员的奖金，如图 10-14 所示。

图 10-14　销售人员奖金计算结果

1）按图 10-15 所示输入销售数据，并将价格单元格的格式设置为"货币"，然后保存为"销售人员奖金统计.xlsx"。

图 10-15　"销售人员奖金统计"原始数据

2）通过公式求出卖出产品的折扣，在 H3 单元格中输入"=E3/D3"，计算出实际的折扣，然后使用填充柄复制公式，得到所有卖出产品的折 s 扣，如图 10-16 所示。

图 10-16　计算折扣

3）利用 IF 函数判断销售员的奖金系数，然后利用公式计算出每人的奖金。

奖金=（成交单价×数量-8 折价格×数量）×15%

　　　=（成交单价×折扣×数量-市场定价×

　　　　0.8×数量）×15%

　　　=市场定价×数量×（折扣-0.8）×15%

在 I3 单元格输入"=D3*F3*"后，单击编辑栏中的"插入函数"按钮 f_x，如图 10-17 所示。

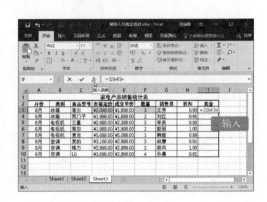

图 10-17　单击"插入函数"按钮

打开"插入函数"对话框，选择 IF 函数，如图 10-18 所示，单击"确定"按钮。

图 10-18　"插入函数"对话框

显示"函数参数"对话框，在 Logical_test（条件测试）参数框中输入"H3>0.8"，在 Value_if_true（条件成立）参数框中输入"D3*F3*(H3-0.8)*15%"，在 Value_if_false（条件不成立）参数框中输入"0"，如图 10-19 所示，单击"确定"按钮。

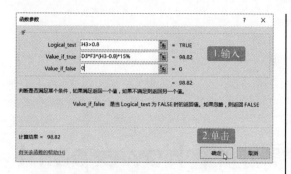

图 10-19 IF 函数的参数设置

得到计算结果，如图 10-20 所示。

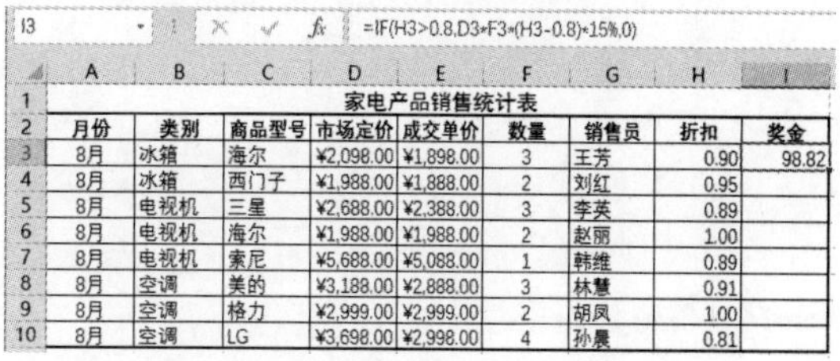

I3 =IF(H3>0.8,D3*F3*(H3-0.8)*15%,0)

	A	B	C	D	E	F	G	H	I
1	家电产品销售统计表								
2	月份	类别	商品型号	市场定价	成交单价	数量	销售员	折扣	奖金
3	8月	冰箱	海尔	¥2,098.00	¥1,898.00	3	王芳	0.90	98.82
4	8月	冰箱	西门子	¥1,988.00	¥1,888.00	2	刘红	0.95	
5	8月	电视机	三星	¥2,688.00	¥2,388.00	3	李英	0.89	
6	8月	电视机	海尔	¥1,988.00	¥1,988.00	2	赵丽	1.00	
7	8月	电视机	索尼	¥5,688.00	¥5,088.00	1	韩维	0.89	
8	8月	空调	美的	¥3,188.00	¥2,888.00	3	林慧	0.91	
9	8月	空调	格力	¥2,999.00	¥2,999.00	2	胡凤	1.00	
10	8月	空调	LG	¥3,698.00	¥2,998.00	4	孙晨	0.81	

图 10-20 I3 单元格的计算结果

使用填充柄复制公式，得到所有人的奖金，再将奖金单元格设置为“货币”数值格式，最终结果如图 10-14 所示。

第 11 章　演示文稿组件 Powerpoint 2016 的使用——快速入门

PowerPoint 是 Microsoft Office 办公套件的一个重要组成部分，是一款专门用于制作集文本、图形、图像、声音和视频等于一身的多媒体演示文稿的软件，它在教学、学术交流、演讲、工作汇报、产品演示、广告宣传等方面有着非常广泛的应用。

11.1 PowerPoint 的基本操作

PowerPoint 的基本操作包括新建、保存和打开演示文稿，编辑演示文稿，演示文稿版式应用，插入或删除演示文稿，复制和移动演示文稿，放映演示文稿等内容。

11.1.1 新建演示文稿

由 PowerPoint 创建的文档被称为"演示文稿"，它以.pptx 为文件的扩展名。演示文稿由若干"页"组成，每个独立的页称为"幻灯片"。所以，可以认为演示文稿就是幻灯片的集合。

新建演示文稿包括新建空白演示文稿和基于模板新建演示文稿两种。

1. 新建空白演示文稿

通常都是新建空白演示文稿，然后在空白演示文稿中输入文字、插入图片等。新建空白演示文稿有多种方法，常用的方法如下。

（1）在启动 PowerPoint 应用程序时新建演示文稿

通过"开始"菜单等快捷方式启动 PowerPoint 应用程序，显示 PowerPoint 2016 的"打开或新建"窗口，如图 11-1 所示，单击"空白演示文稿"模板。

打开 PowerPoint 2016 的编辑窗口，同时新建名为"演示文稿 1"的空白演示文稿，如图 11-2 所示。

图 11-1 "打开或新建"窗口

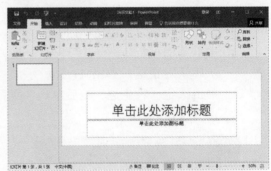

图 11-2 PowerPoint 2016 的编辑窗口

（2）在打开的现有演示文稿中新建演示文稿

如果已经启动 PowerPoint 应用程序，当前处在编辑窗口状态，如图 11-2 所示。需要新建演示文稿时，在功能区左端单击"文件"，显示"文件"选项卡的"打开"标签，如图 11-3 所示。

图 11-3 "文件"选项卡的"打开"标签

在左侧单击"新建"标签,右侧显示"新建"标签的具体选项,如图 11-4 所示,单击"空白演示文稿"模板。

显示图 11-2 所示的 PowerPoint 2016 编辑窗口。如果要返回 PowerPoint 2016 演示文稿编辑窗口,则单击"文件"选项卡上端的返回按钮◀或者按〈Esc〉键。

图 11-4　"文件"选项卡的"新建"标签

（3）在打开的现有文档中新建空白演示文稿

假设当前处在如图 11-2 所示的 PowerPoint 编辑状态,当需要新建空白文档时,按〈Ctrl+N〉组合键。或者,如果在"快速访问工具栏"中添加了"创建文档"按钮,那么单击该按钮▣,可新建一个空白演示文稿,并把编辑窗口切换到新建的空白演示文稿。

2. 使用模板新建演示文稿

PowerPoint 2016 提供了许多类型的文档模板,包括空白演示文稿、环保、离子、库等。

如果要新建空白演示文稿之外的模板演示文稿,可以执行以下操作。

● 在图 11-1 所示的"打开或新建"窗口中,或者在图 11-4 所示的"文件"选项卡的"新建"标签中,单击需要的模板,例如,"环保"。显示确认对话框,如图 11-5 所示,单击选定一种主题,然后单击"创建"按钮。

图 11-6 所示。接着,用户就可以用具体的内容代替文稿中的内容,或者删除不合适的内容,添加需要的内容。

图 11-6　用模板新建的演示文稿

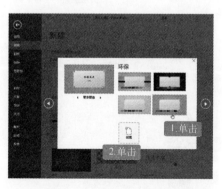

图 11-5　模板确认对话框

PowerPoint 将用该模板新建一个演示文稿,并打开新建演示文稿的编辑窗口,如

● 如果在图 11-1 所示的"打开或新建"窗口中,或者在图 11-4 所示的"文件"选项卡的"新建"标签中,没有找到需要的模板,可在"搜索联机模板和主题"框中输入关键字,下载联机模板和主题。

11.1.2   PowerPoint 2016 的窗口组成

PowerPoint 启动后，系统会自动创建一个仅包含一张幻灯片的空白演示文稿，如图 11-7 所示。该幻灯片通常可用作整个演示文稿的首页（封面页），故系统自动为该幻灯片添加了主、副标题占位符。

PowerPoint 2016 窗口主要由功能区、幻灯片缩略窗格、幻灯片编辑窗格、备注窗格、视图按钮等组成。PowerPoint 窗口的其他部分与 Word、Excel 等 Office 应用程序相同。

此外，PowerPoint 演示文稿的保存和打开方式与前面介绍过的 Word、Excel 基本相同，这里不再赘述。

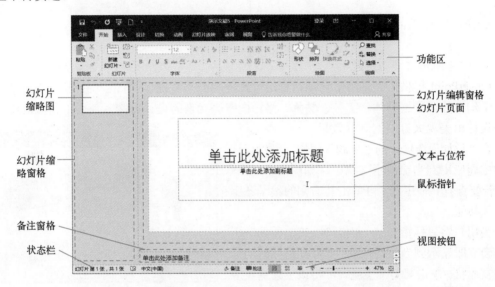

图 11-7   PowerPoint 2016 窗口的组成

 11.1.3   添加幻灯片及应用主题和背景

通过 PowerPoint 2016 的"开始"选项卡可向当前演示文稿中添加默认的"标题和内容"版式的新幻灯片，也可以在添加新幻灯片时指定需要使用的版式。

1. 添加幻灯片

PowerPoint 启动后会创建一个仅包含一张幻灯片的演示文稿，且这张幻灯片通常被用作整个演示文稿的"封面"。当需要向演示文稿中添加新幻灯片时，可按如下几种方法操作。

● 在"开始"选项卡的"幻灯片"组中，单击"新建幻灯片"按钮 或按〈Ctrl+M〉组合键，将按当前主题设置向当前幻灯片的后面添加一张"标题和内容"版式的新幻灯片。

● 在"开始"选项卡的"幻灯片"组中，单击"新建幻灯片"按钮 ，在下拉列表中显示当前可用的幻灯片版式，如图 11-8 所示，根据需要在下拉列表中选择，例如，"空白"版式、"标题和内容"版式等。

图 11-8 "新建幻灯片"下拉列表

选择后将在当前幻灯片的后面添加一

张指定版式的新幻灯片,如图 11-9 所示,添加的幻灯片是"标题和内容"版式。

图 11-9 插入指定版式的新幻灯片

2. 设置演示文稿的主题

PowerPoint 提供了大量用于自动设置幻灯片外观的"主题"。所谓"主题",指的是一整套关于幻灯片背景、字体、字号、颜色、修饰图案等元素的设计方案。使用主题可快速、简单地设计出美观大方的幻灯片效果。

在"设计"选项卡的"主题"组中,可以任选一种主题应用到当前演示文稿中,如图 11-10 所示。若要查看其他主题,可单击其右侧的滚动条上下箭头按钮。

当用户将鼠标指向某一主题时,该主题的应用效果会立即显示到当前幻灯片上,移开鼠标时幻灯片恢复原状。单击某一个主题,可将该主题真正应用到当前幻灯片。

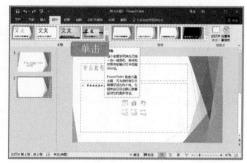

图 11-10 "设计"选项卡中"主题"组

 11.1.4 删除、复制和移动幻灯片

在演示文稿中删除、复制或移动幻灯片,是制作演示文稿的基本编辑方法。

1. 删除幻灯片

在 PowerPoint 窗口左侧的"幻灯片"窗格中,用鼠标右击希望删除的幻灯片,在快捷菜单中选择"删除幻灯片"命令,即可将指定幻灯片从演示文稿中删除。或者在"幻灯片"窗格中选择某幻灯片后,按键盘上的〈Delete〉键也可将其从演示文稿中删除。

在"幻灯片"窗格中选定某幻灯片后,单击"开始"选项卡"剪贴板"组中的"剪切"按钮 剪切,也可将幻灯片从演示文稿中移除。被移除的幻灯片会暂时存放在 Windows 的"剪贴板"中,使用"粘贴"按钮 可将其粘贴到其他位置。

2. 复制和移动幻灯片

将演示文稿中的一张或多张幻灯片复制或移动到演示文稿中的其他位置的操作方法有以下几种。

（1）使用剪贴板工具

这种方法与其他 Microsoft Office 组件中复制或移动对象的操作方法相同。在"幻灯片"窗格中单击选定某张幻灯片后，在"开始"选项卡的"剪贴板"组中，单击"复制"按钮 🗐 复制 ▾ 或"剪切"按钮 ✂ 剪切，将选中的对象复制或移动到 Windows 剪贴板。在"幻灯片"窗格中选定要复制或移动幻灯片的目标位置后，单击"剪贴板"组中的"粘贴"按钮 📋，即可实现幻灯片的复制或移动。有以下两点需要说明。

1）若希望在"幻灯片"窗格中选择多张连续的幻灯片，可在单击第一张幻灯片后，按下〈Shift〉键再单击最后一张幻灯片。配合〈Ctrl〉键单击幻灯片，可选择多张不连续的幻灯片。

2）"剪贴板"组中的"复制"按钮和"粘贴"按钮均有一个下拉按钮 ▾，单击该下拉按钮可显示下拉列表，如图 11-11 和图 11-12 所示。

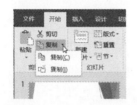

图 11-11 "复制"下拉列表

图 11-12 "粘贴"下拉列表

在"复制"下拉列表中选择 🗐 复制(C)，可将对象复制到剪贴板；选择 🗐 复制(I)，可将对象直接复制为新幻灯片。在"粘贴"下拉列表中单击 📋，表示粘贴到当前演示文稿中的幻灯片"使用目标主题"，也就是当前演示文稿应用的主题；单击 🗐 按钮表示"保留原格式"，也就是保留幻灯片原有的格式不变；单击 🗐 按钮表示将幻灯片粘贴为"图片"；单击 📋 按钮表示只保留文本。

（2）使用鼠标拖动

在"幻灯片"窗格中使用鼠标拖动的方法可以方便地实现幻灯片的移动和复制。移动幻灯片时，可直接将幻灯片拖动到目标位置。注意，拖动时在幻灯片窗格中会出现一个位置指示线。

如果希望复制幻灯片，先用鼠标拖动要复制的幻灯片，再按〈Ctrl〉键。此时，鼠标指针旁会出现一个"+"标记，表示当前的操作是复制操作，继续拖动幻灯片到新位置。

🡲 11.1.5　编辑幻灯片中的文字

幻灯片中可以包含的信息十分丰富，但表达这些信息的最基本方式还是文字。可以使用普通文字和艺术字来表达幻灯片中的文字信息。

1. 向幻灯片中添加文字

在 PowerPoint 中只能通过添加文本框的方式来输入文字。添加到演示文稿中的幻灯片会根据所选版式不同，自动插入一个或多个文本框。这些文本框也称为"占位符"。然后，用户可根据需要向文本框中输入文字。

由于文字是录入到文本框中的，因此它在幻灯片中的位置也是可以随文本框任意移动的。需要移动文本框时，可移动鼠标靠近文本框边界，当鼠标变成双十字箭头样式时，按下鼠标左键将其拖动到新的位置即可。如果在拖动文本框时按下了〈Ctrl〉键，则可实现文本框及其中文字的复制。

2. 设置文字和段落的格式

（1）设置文字格式

与 Word、Excel 相似，PowerPoint 中的文字可以通过"开始"选项卡"字体"组中提供的各工具来设置其格式，如图 11-13 所示。若需要进行其他字体格式设置，可以单击"字体"组右下角的对话框启动器按钮，显示"字体"对话框，并通过"字体"和"字符间距"选项卡所提供的功能进行设置。

"字体"组中的绝大多数工具与 Word 组件的"字体"组中的相应工具相同，具有 PowerPoint 特色的当属设置"阴影"按钮 **S** 。在选择了某些文本后单击该按钮，可以为文字添加一个阴影效果，使之在幻灯片中更加醒目。

（2）设置段落格式

幻灯片中文字的格式除了有"字体"格式外，还有"段落"格式。在"开始"选项卡的"段落"组中提供了一些常用的段落设置工具，例如，项目符号和编号、对齐方式、行距调整等。若需要进行其他段落格式设置，可单击"段落"组右下角的对话框启动器按钮，显示图 11-14 所示的"段落"对话框，并在"缩进和间距"和"中文版式"选项卡中进行适当的设置。

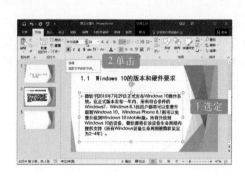

图 11-13　用"开始"选项卡的"字体"组设置字体　　　　图 11-14　"段落"对话框

3. 使用艺术字

使用艺术字可以增强文字的表现力，使幻灯片整体更具美感。与普通文字不同，艺术字实际上是一种图形对象。在 PowerPoint 中可以创建带有阴影、扭曲、旋转或拉伸效果的艺术字。向幻灯片中插入艺术字及设置艺术字外观的方法，与在 Word 中的相应操作基本一致。

4. 观看幻灯片设计效果

在幻灯片制作过程中，如果希望查看幻灯片的具体播放效果，可在状态栏中单击"幻灯片放映"按钮或按〈F5〉键，切换到全屏播放方式。查看完毕后，按〈Esc〉键或连续按〈Enter〉键返回普通视图。

5. 在幻灯片中添加备注

幻灯片的备注是为制作者提供注释的地方，在编辑某一个幻灯片时，如果要为该幻灯片添加备注，则单击 PowerPoint 窗口状态栏中的"备注"按钮 备注，在幻灯片下部出现备注区域，然后输入备注内容。备注内容在放映幻灯片时不被显示。

11.2 演示文稿的视图和母版

使用 PowerPoint 提供的视图功能，可以很方便地选择合适的编辑环境以便处理具体问题。在不同的视图中会有不同的功能选项卡和编辑窗口。使用 PowerPoint 提供的母版功能可以以最为简便的方式修改整个演示文稿的外观风格。

11.2.1 演示文稿的视图模式

为方便建立、编辑、浏览或放映幻灯片，PowerPoint 提供了以下几种不同的视图模式，即普通视图、幻灯片浏览视图、幻灯片阅读视图、幻灯片放映视图、备注页视图等。在不同的视图模式下，可以更加方便地完成特定的浏览或编辑任务。

1. 普通视图

普通视图是主要的幻灯片编辑视图，可用于撰写和设计演示文稿。普通视图将 PowerPoint 窗口划分成幻灯片缩略窗格、幻灯片编辑窗格和备注窗格 3 个区域。普通视图是 PowerPoint 的默认视图，前面在介绍 PowerPoint 2016 窗口的组成时就针对的是普通视图。从其他视图切换到普通视图最简单的方法，就是单击状态栏"常用视图切换按钮"中的回按钮，如图 11-15 所示。

- 幻灯片缩略窗格：该窗格位于窗口左侧，显示带有顺序号的幻灯片缩略图。拖动窗格的滚动条可快速浏览。若单击某幻灯片，则该幻灯片出现在右侧的幻灯片编辑区中。

图 11-15　普通视图

- 幻灯片编辑窗格：该窗格是普通视图中的主要工作区，窗格中仅显示当前幻灯片的大视图，以方便用户向其中添加文本，插入图片、表格、SmartArt 图形、图表、图形对象、文本框、电影、声音、超链接和动画等。
- 备注窗格：在幻灯片编辑区下方的备注窗格中，可以输入要应用于当前幻灯片但不显示到幻灯片中的备注，以便在需要的时候将备注打印出来，并在放映演示文稿时供演讲者参考。也可以将打印好的备注分发给受众，以增强受众对演讲内容的理解。

2. 幻灯片浏览视图

通过幻灯片浏览视图，用户可以以缩略图的形式查看幻灯片。在该视图中，用户可以通过鼠标拖动幻灯片，轻松地实现演示文稿中各幻灯片的排列顺序的调整和组织。

切换到幻灯片浏览视图的常用方法有以下几种。

● 单击状态栏中的"幻灯片浏览"按钮 ⊞。

● 在"视图"选项卡的"演示文稿视图"组中单击"幻灯片浏览"按钮 ▦。

幻灯片浏览视图的界面如图 11-16 所示。

3. 幻灯片阅读视图和幻灯片放映视图

幻灯片阅读视图与幻灯片放映视图十分相似，都是用来实际播放演示文稿的。两者不同的是，阅读视图主要用于播放给作者自己看，以达到审阅的目的。使用阅读视图展现演示文稿时，屏幕上保留 PowerPoint 窗口的标题栏和状态栏，是一种"准全屏"播放模式。幻灯片放映视图是完全的全屏播放模式，主要用于将演示文稿展现给受众。无论是在幻灯片阅读视图还是幻灯片放映视图，按〈Esc〉键均可返回到原来的视图中。在阅读视图中，由于状态栏并未被隐藏，故也可以通过单击状态栏中的视图切换按钮随时切换到其他视图中。

4. 备注页视图

在"视图"选项卡的"演示文稿视图"组中，单击"备注页"按钮 ▤，即可进入备注页视图，如图 11-17 所示。处于该视图时，页面被分为"幻灯片显示区"和"备注编辑区"两个部分。备注编辑区实际上是一个用于存放、编辑备注信息的文本框，用户可在其中输入备注文本。备注页视图与普通视图中的"备注窗格"有相似的功能，都是用于录入备注文本的。但备注窗格中只能录入文字信息，而不能设置备注文本的格式。若需要对备注文本进行修饰，只能在备注页视图中完成。

图 11-16　幻灯片浏览视图

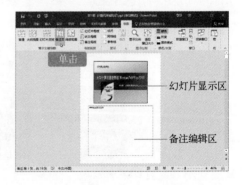
图 11-17　备注页视图

11.2.2　使用母版

"母版"类似于在 Word 中介绍过的"模板"，它用于设置幻灯片、讲义或备注页的基本样式。PowerPoint 为用户提供了"幻灯片母版""讲义母版"和"备注母版"三种视图。它们是存储有关演示文稿的信息的主要幻灯片，其中包括背景、颜色、字体、效果、占位符大小和位置。一个演示文稿中至少要包含一个幻灯片母版。

使用母版视图的一个主要优点是，在幻灯片母版、备注母版或讲义母版上，可以对与演示文稿关联的每个幻灯片、备注页或讲义的样式进行全局更改。例如，希望在每张幻灯片的固定位置都显示出公司的 Logo，最简单的处理方法就是将其添加到幻灯片母版中，而不必逐页添加。

1. 幻灯片母版

单击"视图"选项卡"母版视图"组中的"幻灯片母版"按钮![幻灯片母版]，切换到图 11-18 所示的"幻灯片母版"视图。单击"幻灯片母版"选项卡功能区最右侧的"关闭母版视图"按钮，可返回原视图状态。

在图中左窗格最上方较大的一个为当前演示文稿中使用的幻灯片母版，其后若干个是与幻灯片母版相关联的幻灯片版式。当鼠标指向某个版式时，系统会在鼠标指针旁显示该版式具体应用到了哪些幻灯片中。窗口主工作区显示的是当前选择的幻灯片版式的编辑界面。

演示文稿中的幻灯片母版一般来自于用户在创建演示文稿时所选择的"主题"，也就是说，用户在选择了某个主题时，自然也就加载并应用了与该主题相关的幻灯片母版。

当需要对幻灯片母版进行修改时，可首先在左侧窗格中选择希望修改的具体版式，而后像修改普通幻灯片一样在编辑区修改其中的内容，例如，字体、颜色、各元素的位置、背景色、添加修饰图片等。

修改幻灯片母版下的一个或多个版式，实质上是在修改该幻灯片母版。每个幻灯片版式的设置方式都不同，然而，与给定幻灯片母版相关联的所有版式均包含相同主题（配色方案、字体和效果等）。

需要注意的是，最好在开始构建各张幻灯片之前创建幻灯片母版，而不要在构建了幻灯片之后再创建母版。如果先创建了幻灯片母版，则添加到演示文稿中的所有幻灯片都会基于该幻灯片母版和相关联的版式。当需要修改演示文稿的版式时，必须在幻灯片母版上进行。

如果在构建了各张幻灯片之后再创建幻灯片母版，则幻灯片上的某些项目可能不符合幻灯片母版的设计风格。可以使用背景和文本格式设置功能在各张幻灯片上覆盖幻灯片母版的某些自定义内容，但其他内容（例如页脚和徽标）则只能在"幻灯片母版"视图中修改。

2. 讲义母版

讲义相当于教师的备课本，将一张幻灯片打印在一张纸上太浪费纸张，而使用讲义母版，可以将多张幻灯片打印在一张纸上。讲义母版用于将多张幻灯片打印在一张纸上时的排版。把讲义母版设置好，做好幻灯片后，打印时展开"打印预览"的"打印内容"下拉列表。如果只要把幻灯片打印出来，那么选择讲义（每页包含 1、2、3、4、6 或 9 张幻灯片）。选择 3、4、6、9，可大大节约纸张，这是打印演示文稿经常用到的。

单击"视图"选项卡"母版视图"组中的"讲义母版"按钮![讲义母版]，切换到图 11-19 所示的幻灯片讲义母版视图。视图中显示了每页讲义中幻灯片的数量及排列方式，显示了"页眉""页脚""页码"和"日期"在页面中的位置。在讲义母版视图中，可在"讲义母版"选项卡中设置打印页面、讲义的打印方向、幻灯片排列方向、每页包含的幻灯片数量，以及是否使用页眉、页脚、页码和日期。单击"讲义母版"选项卡功能区最右侧的"关闭母版视图"按钮，可返回原视图状态。

图 11-18 "幻灯片母版"视图

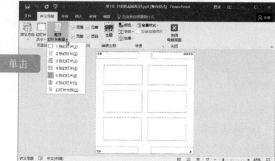
图 11-19 讲义母版视图

3. 备注母版

备注母版与前面介绍过的备注页视图十分相似。备注页视图是用于直接编辑具体备注内容的，而备注母版则用于为演示文稿中所有备注页设置统一的外观格式。

单击"视图"选项卡"母版视图"组中的"备注母版"按钮 备注母版，可进入图 11-20 所示的备注母版。在备注母版中，用户可完成页面设置、占位符设置等任务。单击选项卡功能区最右侧的"关闭母版视图"按钮，可返回原视图状态。

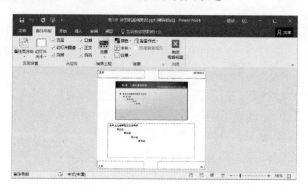
图 11-20 备注母版

11.3 在幻灯片中使用对象

在幻灯片中使用项目符号和编号、图片、形状、表格、图表、SmartArt 图形、音视频等对象，不仅可以使幻灯片包含更大的信息量，更加清晰地表达演讲者的思想，而且也可以使幻灯片更加美观大方。向幻灯片中插入图片和形状的操作方法与 Word 中的操作方法基本相同。

11.3.1 通过对象占位符插入对象

当一张新幻灯片以某种版式被添加到当前演示文稿中后，可以看到多数版式中都包含一个图 11-21 所示的"对象占位符区"。单击其中某个图标时，系统将引导用户将需要的对象插入到当前幻灯片中。

图 11-22 所示是在对象占位符区中单击"图片"图标后显示的"插入图片"对话框，在该对话框中选择需要的图片，然后单击"插入"按钮，即可将图片对象插入到当前幻灯片中。

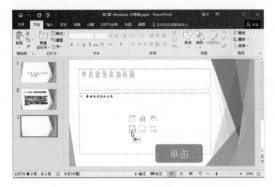

图 11-21 "标题和内容"版式中的对象占位符　　　图 11-22 单击"图片"图标后显示的对话框

11.3.2 使用表格和图表

在幻灯片中使用表格或图表可以更好地表示数据之间的关系，使数据更加具有层次感和直观性。PowerPoint 不仅允许用户向幻灯片中直接插入 PPT 表格或手动绘制表格，而且允许将 Excel 或 Word 表格插入到当前幻灯片中。

1. 插入表格

如果希望向幻灯片中插入表格，可以通过单击"对象占位符区"中的"插入表格"图标，并在显示的对话框中指定表格的行列数后，单击"确定"按钮。操作完成后，系统将按当前主题设置向幻灯片中插入一个指定行列数的表格。用户仅需向表格中填写必要的数据。

在"插入"选项卡的"表格"组中，单击"表格"按钮，显示图 11-23 所示的下拉列表，用户可以在其中通过拖动鼠标来指定所需的表格行列数，如本例"拖出"了一个 9 列 5 行的表格。在拖动鼠标时，可以在幻灯片编辑区看到实时的表格样式。放开鼠标后，指定行列数的表格将被插入到当前幻灯片中。

在"表格工具-设计"选项卡中，可以更改表格的外观，如图 11-24 所示。

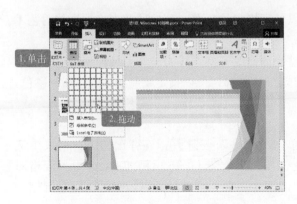

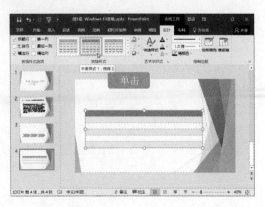

图 11-23 插入表格　　　　　　　　图 11-24 "表格工具"的"设计"选项卡

在下拉列表中选择"插入表格",与单击对象占位符区中的"插入表格"图标一样会显示一个对话框,要求用户输入所需表格的行列数。输入或选择了行列数后单击"确定"按钮可将表格插入到当前幻灯片中。

2. 手动绘制表格

若在下拉列表中选择"绘制表格",鼠标指针将变成一支铅笔的 ∅ 样式,然后在幻灯片中拖动鼠标"画出"所需的表格边框,如图 11-25 所示。放开鼠标后,将自动切换到"表格工具"相关的选项卡。

在"表格工具-设计"选项卡的"绘制边框"组中单击"绘制表格"按钮 ,可再次将鼠标指针变成 ∅ 样式。用户可使用该工具继续在表格框架中绘制其他需要的线条。

单击"擦除"按钮 ,可使鼠标指针变成一块橡皮的样式 。此时,用户可以通过拖动鼠标来"擦除"不再需要的线条。

单击表格中某单元格,在出现插入点光标后可向其中输入数据。当鼠标靠近表格边框时,鼠标指针会变成双十字箭头样式。此时,按下鼠标左键拖动可改变表格在幻灯片中的位置。单击表格边框选中表格对象后,按〈Delete〉键可删除表格。

名师点拨

需要说明的是,无论是通过对象占位符还是通过"插入表格"菜单或以手绘方式向幻灯片中插入表格,系统都会自动显示"表格工具",并进入"表格工具-设计"选项卡。表格创建完毕后,当用户再次单击表格区域的任何位置时,系统都会显示"表格工具",以方便用户对表格进行编辑和修改。

3. 设置表格样式

在"表格工具-设计"选项卡中排列有"表格样式选项""表格样式""艺术字样式"和"绘图边框"4 个组。

"表格样式选项"组:在该组中包含"标题行""汇总行""镶边行""第一列""最后一列"和"镶边列"6 个复选框。

"表格样式"组:在该组中,用户可以从预设样式列表中选择自己喜欢的样式应用到当前表格中。也可以通过"底纹""边框"和"效果"下拉列表中提供的功能修饰表格。

"艺术字样式"组:在该组中,用户可以使表格中的标题、列标题及表格数据使用艺术字表示。

"绘图边框"组:该组提供了用于手工绘制或修改表格框线的一些工具。使用这些工具可以指定绘制怎样的线型(例如实线、虚线或点画线等),可以指定绘制线条的粗细和颜色。"绘制表格"和"擦除"则用于指定鼠标处于"铅笔"还是"橡皮"状态。

4. 插入 Excel 电子表格

在"插入"选项卡的"表格"组中,单击"表格"按钮 ,在弹出的下拉列表中选择"Excel 电子表格",系统将向当前幻灯片中插入一个图 11-26 所示的 Excel 电子表格对象。当鼠标靠近对象边框时,鼠标指针会变成双十字箭头样式,此时,按下鼠标左键拖动可移动对象。

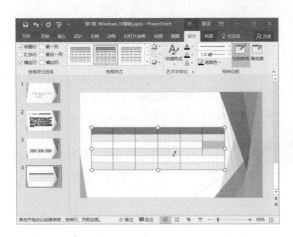

图 11-25　绘制表格

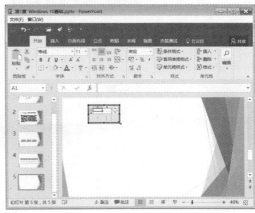

图 11-26　插入 Excel 电子表格对象

可以通过拖动对象四周出现的 8 个控制点或四角来改变对象的大小，如图 11-27 所示。当将 Excel 电子表格插入到幻灯片后，系统会自动在功能选项卡区显示 Excel 的功能选项卡，用户可以像使用 Excel 软件一样编辑 PowerPoint 环境中的 Excel 电子表格。编辑结束后，系统将隐藏 Excel 电子表格的特征（例如行列标号栏、工作表标签等），将其显示成一个普通的表格外观。

5. 使用图表

在"插入"选项卡的"插图"组中单击"图表"按钮 ▉▉。显示"插入图表"对话框，在左侧窗格中选择某种"模板"，再在右侧窗格中选择具体的图表样式，如图 11-28 所示，最后单击"确定"按钮。

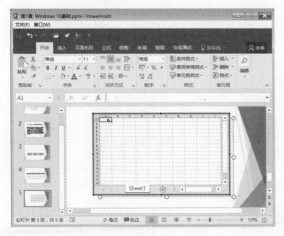

图 11-27　改变表格对象的大小

图 11-28　"插入图表"对话框

打开一个包含示例数据的 Excel 电子表格窗口，如图 11-29 所示，同时在当前幻灯片中自动插入一个根据 Excel 中示例数据创建的图表。

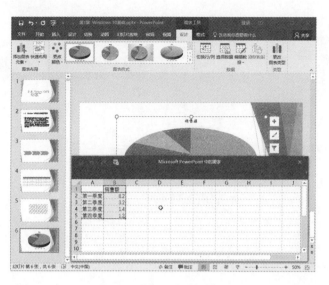

图 11-29　向幻灯片中插入图表

可根据实际需要，在 Excel 中对示例数据进行修改，这些修改将自动表现到幻灯片的图表中。示例数据编辑完毕后可直接单击 Excel 窗口右上角的"关闭"按钮❌退出 Excel。

🔍 名师点拨

需要说明的是，插入到幻灯片中的图表所使用的数据，虽然是以 Excel 电子表格的形式展现的，但这些数据并没有保存到一个可见的 Excel 工作簿中，而是以嵌入到 PowerPoint 文档的形式保存到当前演示文稿文件中。

11.3.3　使用 SmartArt 图形

SmartArt 图形包含了一些模板，例如列表、流程图、组织结构图和关系图等，使用 SmartArt 图形可简化创建复杂形状的过程。使用 SmartArt 图形功能可以通过模板调用快速、高效地创建各种用于表达各类数据关系的、具有专业水准的图形。另外，系统为修改、编辑 SmartArt 图形提供了大量操作简便的工具。

1. 插入 SmartArt 图形

在"插入"选项卡的"插图"组中，单击"SmartArt"按钮，或在前面介绍过的对象占位符区中单击图标，都会显示"选择 SmartArt 图形"对话框，如图 11-30 所示。该对话框分为 3 个部分，左侧列出了 SmartArt 图形的分类，中间部分列出了每个分类中具体的 SmartArt 图形样式，右侧显示出了该样式的默认效果、名称及应用范围说明。效果图中的横线表示用户可以输入文本的位置。本例选择了"循环"类中的"基本循环"，该图形的应用说明是"用于显示非有序信息块或者分组信息块。可最大化形状的水平和垂直显示空间。"。替换图中的文本，未使用的"文本"不会显示，但是，如果切换布局，这些文本仍将可用。单击"确定"按钮。

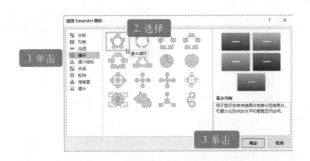

图 11-30 "选择 SmartArt 图形"对话框

所选 SmartArt 图形将以默认样式插入到当前幻灯片中,如图 11-31 所示。由于昆虫的生长过程只有 4 个状态,插入的图形默认有 5 个,这时就要删掉一个小图(也称为形状)。

在幻灯片中删掉部分形状的方法是:在幻灯片中单击选中某形状,出现控点,如图 11-31 所示,按〈Delete〉键;或者在幻灯片左侧的"在此处键入文字"窗格中,删除不需要的文本和其前面的黑点,则图形会自动调整,显示完整的图形,如图 11-32 所示。

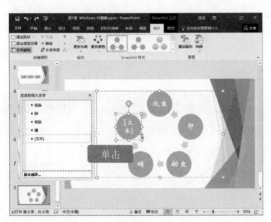

图 11-31 基本循环的默认样式

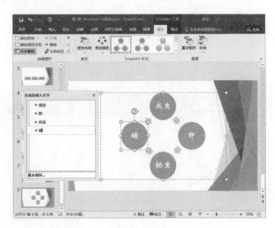

图 11-32 删掉一个图元后的基本循环

在幻灯片中添加形状的方法是:在幻灯片左侧出现的"在此处键入文字"窗格中,按〈Enter〉键,下一行开头将出现黑点,然后输入文本,则在右侧幻灯片中自动添加图形。

2. 修改 SmartArt 图形

将 SmartArt 图形插入到幻灯片后,显示图 11-33 所示的"SmartArt 工具-设计"选项卡和图 11-34 所示的"SmartArt 工具-格式"选项卡,其中包含大量用于设置和修改 SmartArt 图形的工具。

图 11-33 "SmartArt 工具-设计"选项卡

图 11-34 "SmartArt 工具-格式"选项卡

（1）添加形状

"形状"是构成 SmartArt 图形的基本图形，如图 11-35 中外围的"小圆"图形。若希望向 SmartArt 图形中添加形状，那么在"SmartArt 工具-设计"选项卡中，单击"创建图形"组中的"添加形状"按钮 □ 添加形状 ▾。若单击该按钮右侧的 ▾ 按钮，在下拉列表中可选择把添加的形状放在何处。添加形状后，显示如图 11-35 所示。

（2）向 SmartArt 添加文字

插入到幻灯片中的 SmartArt 图形默认会在形状中带有一些文本占位符，单击这些占位符可向形状中添加文字。文字的默认格式由幻灯片主题决定，可以根据实际需要使用"开始"选项卡"字体"组中提供的工具修改或对文字应用某种艺术字样式。

在"SmartArt 工具-设计"选项卡的"绘制图形"组中，单击"文本窗格"按钮 □ 文本窗格，将在 SmartArt 图形旁边显示一个"在此处键入文字"窗格（默认显示），如图 11-36 所示。可以在该窗格中按照示例提示输入或编辑文本，输入完毕后，如果要关闭该窗格，则单击窗格右上角的"关闭"按钮。

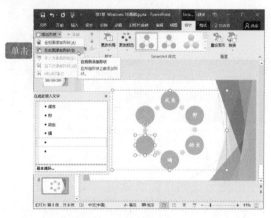

图 11-35 添加形状

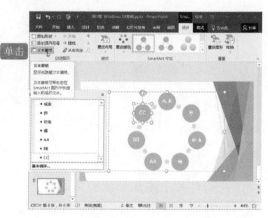

图 11-36 添加文字

若需要修改形状中已有的文字或向新添加的形状中输入文字，除了可使用"在此处键入文字"窗格外，还可以用鼠标右击需要修改文字的形状，在快捷菜单中选择"编辑文字"命令，将切换到文字编辑状态（形状中出现插入点光标）。

SmartArt 图形默认各形状的排列顺序为"从左向右"（或"顺时针"）方向，在"SmartArt 工具-设计"选项卡的"创建图形"组中，单击"从右向左"按钮 ⮂ 从右向左，可变更各形状的排列顺序。需要说明的是，该操作仅在已输入了各形状的文本后才有意义。

（3）设置 SmartArt 图形的布局和样式

在"SmartArt 工具-设计"选项卡的"布局"组中，用鼠标指向某布局样式，会立即在幻灯片中将该样式显示到 SmartArt 图形上。用鼠标单击某布局样式可将其应用到 SmartArt 图形。

　　在"SmartArt 工具-设计"选项卡的"SmartArt 样式"组中，单击"更改颜色"按钮，显示颜色方案列表，如图 11-37 所示，单击某方案可将其应用到 SmartArt 图形上。

　　此外，"SmartArt 样式"组中还提供了一些用于设置 SmartArt 图形效果的选项列表，鼠标指向某效果时，SmartArt 图形会立即显示该效果的预览，单击某效果图标可将其应用到 SmartArt 图形，如图 11-38 所示。

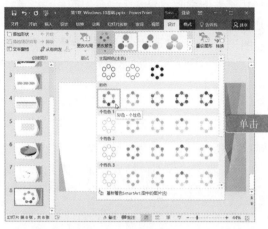

图 11-37　更改颜色

图 11-38　更改样式

（4）设置 SmartArt 图形中形状的格式

　　SmartArt 图形是由一些特定的形状组成的，而前面介绍的各种修改、设置方法主要是将系统预设的整体方案应用于整个 SmartArt 图形，并不直接针对单个形状。若需要对组成 SmartArt 图形的各形状进行修改和设置，可用鼠标右击 SmartArt 图形中希望修改的某个形状，在快捷菜单中选择"设置形状格式"命令，如图 11-39 所示。

　　显示"设置形状格式"任务窗格，如图 11-40 所示，在该窗格中可以对所选形状的各种参数（如填充效果、线条颜色、线型、阴影等）作单独设置。

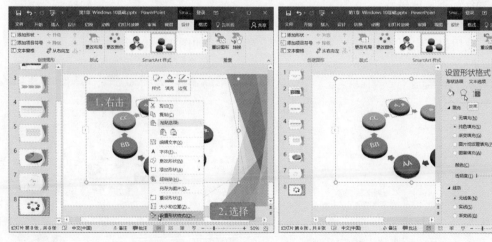

图 11-39　形状的快捷菜单　　　　　图 11-40　"设置形状格式"任务窗格

　　除了使用"设置形状格式"对话框外，对于一些常用的形状格式设置，可通过"SmartArt 工具-格式"选项卡中的工具来设置。

3. SmartArt 图形的转换

在 "SmartArt 工具-设计" 选项卡的 "重置" 组中，单击 "转换" 按钮，将显示下拉列表，其中包含 "转换为文本" 和 "转换为形状"。前者将选中的形状转换成以项目符号分层显示的文本，后者要拆散 SmartArt 图形使之变成由独立的形状组合而成的组合体。用鼠标右击该组合体，在快捷菜单中选择 "取消组合" 命令，可将各形状分离成完全独立的状态。将 SmartArt 图形转换成形状，并执行 "取消组合" 操作对设置 SmartArt 图形的动画效果是十分有用的。

如果在幻灯片中输入了一些以项目符号来分层的文本，则可在选中文本后单击鼠标右键，在快捷菜单中用鼠标指向 "转换为 SmartArt 图形"，并在显示的样式列表中选择某个希望的样式来将文本转换成 SmartArt 图形。

11.3.4 使用音频和视频

在幻灯片中使用音频或视频可以表现一些特殊场景。例如，可以在无人值守播放时使用背景音乐，在幻灯片中插入旁白、原声提要等，从而使演示过程不再枯燥无味。因此，可以将一段视频插入到演示文稿的适当位置，以表达普通动画无法表达的场景。此外，还可以对插入的音频或视频进行一些简单的编辑。

1. 在幻灯片中使用音频

（1）向幻灯片中插入音频

在 PowerPoint 主窗口的幻灯片窗格中，选择希望插入音频对象的幻灯片，在 "插入" 选项卡 "媒体" 组中单击 "音频" 按钮 🔊。显示下拉列表，其中包含 "PC 上的音频" 和 "录制音频" 选项，这里选择 "PC 上的音频"。显示 "插入音频" 对话框，如图 11-41 所示，在该对话框中选择希望插入到幻灯片中的音频文件后，单击 "插入" 按钮。需要说明的是，单击 "插入" 按钮 插入(S) 右侧的下拉按钮 ▾，在下拉列表中选择 "插入"（将音频文件嵌入到幻灯片中）或 "链接到文件" 两种处理方式。单击 "音频文件" 下拉按钮，显示 PowerPoint 所支持的所有音频文件格式。

将音频文件插入到幻灯片后，PowerPoint 将其显示为一个扬声器图标和一个相关联的播放工具条，使用鼠标可以将其拖动到幻灯片的任何位置，如图 11-42 所示。

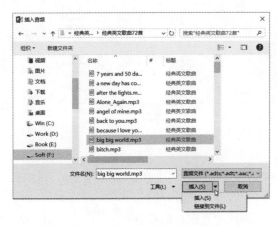

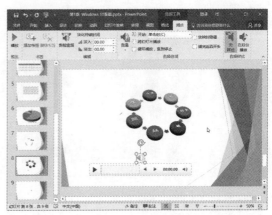

图 11-41 "插入音频" 对话框   图 11-42 插入到幻灯片上的音频

（2）设置音频播放方式

将音频对象插入到幻灯片后或再次选中音频图标时，会显示"音频工具-格式"和"音频工具-播放"两个选项卡。"音频工具-格式"选项卡中提供了用于设置播放图标外观的一些功能，而最常用的播放方式功能设置则集中在"音频工具-播放"选项卡中，如图 11-42 所示。

单击"预览"组中的"播放"按钮图标▶，将开始播放插入的音频对象。当音频播放到某位置时，单击"书签"组中的"添加书签"按钮🔖，可在音频文件的当前位置添加一个标记，以方便用户随时跳转到该位置。单击"删除标签"按钮可清除在音频文件中添加的所有标记。

在"音频选项"组中，可以设置何时开始播放音频。默认选项为"单击时"，也就是当在播放到包含有音频对象的幻灯片时，单击鼠标就开始播放。

在"音频选项"组中，单击"开始"栏▶ 开始: 单击时(C) ▾ 右侧的▾按钮，在下拉列表中有"自动"和"单击时"两个选项。"自动"表示在播放幻灯片的同时开始播放音频。"单击时"表示单击时播放音频。如果希望音频作为背景音乐使用，应当选择"自动"。

若选择了"音频选项"组中的"放映时隐藏"复选框，则在幻灯片放映时不显示表示音频对象的扬声器图标和与之关联的播放工具条。

若选择了"音频选项"组中的"循环播放，直到停止"复选框，表示音频在本幻灯片显示期间循环播放，直到切换至其他幻灯片才停止播放。若选择"播放完毕返回开头"，则表示音频播放完毕后返回到开头并停止播放。

2．在幻灯片中使用视频

（1）向幻灯片中插入视频

在 PowerPoint 主窗口的幻灯片窗格中，选择希望插入视频对象的幻灯片，在"插入"选项卡的"媒体"组中单击"视频"按钮📹，从下拉列表中选择"PC 上的视频"；或单击显示在幻灯片对象占位符区中的🖥图标。将显示"插入视频"对话框。在对话框中选择要插入到幻灯片中的视频文件后，单击"插入"按钮，或者，单击"插入"按钮 插入(S) ▾ 右侧的▾按钮，在下拉列表中可以选择"插入"（将视频文件嵌入到幻灯片中）或"链接到文件"。单击"视频文件"下拉按钮可以选择 PowerPoint 所支持的视频文件格式。

将视频文件插入到幻灯片后，将显示播放窗口和相关联的播放工具条。可以用鼠标将该对象拖动到幻灯片的任何位置，也可通过拖动其四周的 8 个控制点改变视频播放窗口的大小。

在"插入"选项卡"媒体"组中单击"视频"按钮，在下拉列表中选择"联机视频"。显示"插入视频"对话框，如图 11-43 所示，从而从 Internet 中插入视频。

大多数包含视频的网站都有嵌入代码，但嵌入代码的位置会因网站的不同而不同。若某些视频没有嵌入代码，那么就无法链接到这些视频。另外须澄清一点，虽然这些代码被称为"嵌入代码"，但实际上是通过它链接到视频，而不是将其嵌入演示文稿中。

下面以在幻灯片中从新浪视频网站链接视频为例，说明插入"联机视频"的操作方法。

在浏览器中打开新浪视频网页，选择并播放希望使用的视频，视频开始播放后将鼠标靠近右侧边框，单击显示的"分享"。显示"社交分享"对话框，如图 11-44 所示，单击"HTML地址"按钮，将嵌入代码复制到 Windows 剪贴板。

图 11-43　"插入视频"对话框　　　　　　图 11-44　在浏览器中播放视频

将复制到剪贴板的"嵌入代码"粘贴到"插入视频"对话框的"来自视频嵌入代码"文本框中，如图 11-45 所示，单击"插入"按钮。

在幻灯片中将出现一个视频播放窗口，根据需要调整该窗口的大小和位置，放映该幻灯片时将显示该网站的视频。

如果该嵌入代码不被 PowerPoint 2016 支持，将显示提示对话框，如图 11-46 所示。

图 11-45　粘贴嵌入代码　　　　　　　　图 11-46　提示对话框

（2）设置视频播放方式

将视频对象插入到幻灯片后或再次选中视频播放窗口时，会显示"视频工具-格式"和"视频工具-播放"两个选项卡。"视频工具-格式"选项卡中提供了用于设置播放窗口外观的一些功能，而最常用的播放方式功能设置则集中在图 11-47 所示的"视频工具-播放"选项卡中。

图 11-47　"视频工具-播放"选项卡

视频工具提供的播放设置功能有一些与前面介绍过的音频工具所提供的播放设置功能相似。视频工具所特有的设置有以下两项。

● 淡化持续时间：表示在视频的开始或结束的指定时间内使用淡入淡出效果。
● 音量：单击"音量"按钮![音量图标]，在下拉列表中选择高、中、低和静音 4 种音量设置方式。

3. 剪裁音频和视频

在"音频工具"或"视频工具"下的"播放"选项卡中，单击"编辑"组中的"剪裁音频"或"剪裁视频"按钮，将分别显示"剪裁音频"或"剪裁视频"对话框，分别如图 11-48 和图 11-49 所示。在对话框中可通过设置开始时间和结束时间来实现音频或视频的剪裁。

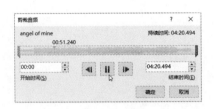

图 11-48 "剪裁音频"对话框   图 11-49 "剪裁视频"对话框

第 12 章　演示文稿组件 Powerpoint 2016 的使用——高手速成

在播放 PPT 演示文稿时，增加恰当的幻灯片切换效果可以让整个放映过程体现出一种连贯感，还能让观众更加集中精力观看。通过放映幻灯片，可将创建的演示文稿展示给观众。

12.1 使用动画和幻灯片切换效果

向幻灯片中添加文本、表格、图表、图形、图像等对象后，可以为这些元素添加动画效果，使其在播放时更具有表现力，更加生动有趣。PowerPoint 中预设了大量丰富的可应用于各对象和幻灯片切换的动画效果，用户可直接调用。对于一些特殊的需求，系统允许用户自定义动画的表现方式。

 ## 12.1.1 使用动画效果

动画可使演示文稿更具动态效果，有助于提高信息的生动性。最常见的动画效果类型包括"进入""强调"和"退出"，分别用于展现对象出现（进入）时或消失（退出）时的动画效果，以及展现幻灯片中需要特别提醒的内容（强调）。用户也可以通过添加声音辅助来增加动画效果。

1. 选择动画样式

PowerPoint 提供了多种预定义的动画方案，用户可以直接调用这些方案，无须单独设计。在演示文稿中应用预定义动画方案的操作方法如下。

首先选中幻灯片中希望设置动画的对象（例如文本框、图片、SmartArt 图形等），单击"动画"选项卡，如图 12-1 所示，显示了用于幻灯片中对象动画设置的工具。

图 12-1 "动画"选项卡

在"动画"组的动画样式列表中单击需要的样式，单击"预览"按钮★，可在幻灯片编辑窗口中查看动画的实际效果。如果希望使用更多的动画样式，单击"高级动画"组中的"添加动画"按钮★，显示动画列表，如图 12-2 所示，选择需要的动画。

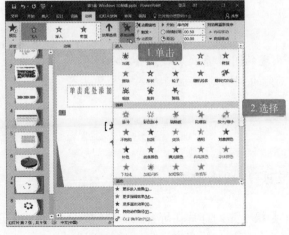

图 12-2 添加动画

2. 设置动画效果

"动画"组中的"效果选项"用于更加详细地设置动画的表现形式。需要注意的是，不同的对象对应的"效果选项"下拉列表可能不同。

这里选择了一个已设置动画样式的文本框，单击"动画"组中的"效果选项"按钮。显示下拉列表，如图 12-3 所示。下拉列表中主要包括"方向"和"序列"两类选项，"方向"类选项用于设置动画运动的方向，"序列"类选项用于设置如何发送按不同项目级别的文本。

单击"高级动画"组中的"动画窗格"按钮，将在 PowerPoint 主窗口右侧显示"动画窗格"，如图 12-4 所示。窗格中列出了按照执行顺序排列的各对象的动画设置情况。在选择了某项后，单击上下箭头按钮可调整播放顺序。

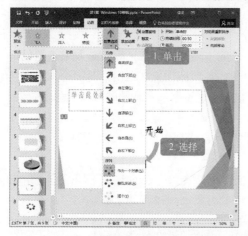
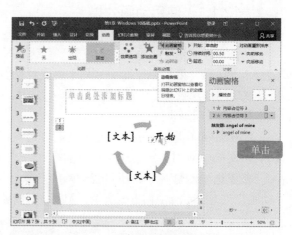

图 12-3 "效果选项"下拉列表   图 12-4 动画窗格

单击"高级动画"组中的"触发"按钮，可在弹出的下拉列表中选择动画开始的特殊条件。例如，单击了幻灯片中的某个对象或音视频播放到了某个书签位置时执行该动画。

在"动画"选项卡的"计时"组中，可以设置满足怎样的条件才开始显示动画，设置动画的"持续时间"（播放时间）和"延迟"时间（条件满足后，多长时间开始播放动画）。

 名师点拨

如果希望在动画出现的同时播放某种声音加以强调，可单击"动画"组右下角的  按钮，在显示的对话框中进行选择，如图 12-5 所示。

图 12-5 "淡出"对话框

12.1.2 设置幻灯片切换效果

幻灯片的切换效果是指一张幻灯片在屏幕上出现的方式，用户既可以为一组幻灯片设置一种切换方式，也可以为每张幻灯片设置不同的切换方式。

单击"切换"选项卡，显示如图 12-6 所示，该选项卡提供了用于设置幻灯片切换效果的功能。在"切换到此幻灯片"组中单击选择某切换效果后，即可将该效果应用到当前选定的幻灯片中。选择某效果后单击"计时"组中的"全部应用"按钮，即可将选定的效果应用到演示文稿包含的所有幻灯片。

图 12-6 "切换"选项卡

针对不同的切换样式，PowerPoint 提供了不同的"效果选项"。例如，选择了"推进"式切换效果后，可选的"效果选项"就有"自底部""自左侧""自右侧"和"自顶部"4 个选项。选择了"淡出"式切换效果后，可选的"效果选项"只有"平滑"和"全黑"2 个选项。

在"切换"选项卡的"计时"组中，用户可以设置幻灯片切换所用时长、切换幻灯片时是否使用音效及使用何种音效。在"换片方式"栏中，用户可以选择是通过单击鼠标执行换片，还是按固定的时间自动换片。

放映幻灯片

制作好的演示文稿，最终是要放映给观众看的。通过放映幻灯片，可将创建的演示文稿展示给观众，以表达制作者想要说明的问题。幻灯片放映方式主要是设置放映类型、放映范围和换片方式等。相关功能设置集中在图 12-7 所示的"幻灯片放映"选项卡中。

图 12-7 "幻灯片放映"选项卡

 12.2.1 广播幻灯片和自定义放映

广播幻灯片可以使用户通过网络与远程的受众分享演示文稿。使用广播幻灯片需要拥有一个 Windows Live ID 账号，使用该账号可以通过"PowerPoint 广播服务"（PowerPoint Broadcast Service）将演示文稿分享到网络，并获取"分享链接"地址。其他用户则可通过"分享链接"观看远程演示文稿。

单击"开始放映幻灯片"组中的"自定义幻灯片放映"按钮，在下拉列表中选择"自定义放映"。显示"自定义放映"对话框，如图 12-8 所示，单击"新建"按钮。

显示"定义自定义放映"对话框，如图 12-9 所示，设置播放哪些幻灯片，按怎样的顺序播放。例如，将一个包含 30 张幻灯片的演示文稿分为若干个"自定义放映"，每个自定义放映中包含若干张幻灯片，并且这若干张幻灯片的播放顺序可以随意调整。每个自定义放映都有自己唯一的名称，这就使得演示文稿可以同时适用于对不同受众的演讲（不同的深度和广度），演讲时只需调用不同的自定义放映名即可。

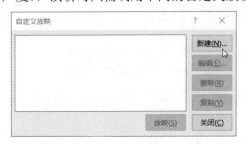

图 12-8 "自定义放映"对话框

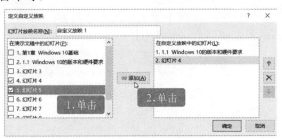

图 12-9 "定义自定义放映"对话框

12.2.2 设置放映方式

单击"幻灯片放映"组中的"设置幻灯片放映"按钮。显示"设置放映方式"对话框，如图 12-10 所示。在该对话框中，可以选择放映类型、放映哪些幻灯片或使用哪个自定义放映。在"放映选项"栏中，可以指定是否使用循环放映，是否使用旁白，放映时是否加载动画，以及设置"绘图笔"或"激光笔"的颜色。在"换片方式"栏中，可以指定是手动放映还是使用排练计时。所谓"排练计时"，是指用户可以通过"排练"计算出每张幻灯片出现时需要的讲解时间。PowerPoint 能自动将该时间设置为该幻灯片播放时的停留时间，时间到后将自动切换到下一张。"排练计时"功能可以使演讲者无需对演示文稿作任何干预，仅需专注于自己的演讲即可。

图 12-10 "设置放映方式"对话框

12.2.3 录制幻灯片演示

录制幻灯片演示功能可以记录幻灯片的放映时间，同时允许使用鼠标、激光笔或麦克风（旁白）为幻灯片加上注释。也就是说，制作者对演示文稿的一切相关的注释都可以使用录制幻灯片演示功能记录下来，从而使得幻灯片的互动性能大大提高。而其最实用的地方在于，录好的幻灯片可以脱离讲演者来放映。单击"录制幻灯片演示"按钮，或者单击其旁的 ，在下拉列表中选择某一项，显示"录制幻灯片演示"对话框，单击"开始录制"按钮录制幻灯片演示，如图 12-11 所示。

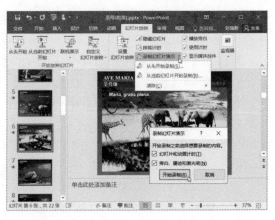

图 12-11 录制幻灯片演示

12.3 高手速成——Powerpoint 应用实例

使用公司的 Logo 创建一个具有公司特点的幻灯片模板。

1）新建一个空白演示文稿，默认只有标题幻灯片，如图 12-12 所示。

图 12-12　新建空白演示文稿

2）在"视图"选项卡的"母版视图"组中，单击"幻灯片母版"按钮，切换到母版编辑视图。在缩略图窗格中，右击幻灯片母版下的第 1 张幻灯片，在快捷菜单中选择"设置背景格式"命令，如图 12-13 所示。

图 12-13　母版页的快捷菜单

显示"设置背景格式"窗格，选中"渐

变填充"单选按钮，如图 12-14 所示。

图 12-14　修改幻灯片母版背景

3）修改标题幻灯片版式，添加背景图片，插入 Logo 图片，调整标题和副标题占位符的位置、大小和格式，设计后的效果如图 12-15 所示。

图 12-15　修改标题幻灯片版式

4）在缩略图窗格中，单击第 2 张幻灯片，修改标题和内容版式，从第 1 张标题幻灯片版式中复制背景图片和 Logo 图标并调整位置，如图 12-16 所示。

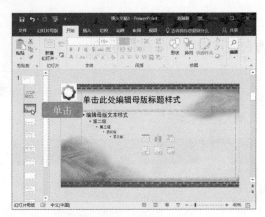

图 12-16　修改标题和内容版式

5）在"插入"选项卡的"文本"组中，单击"幻灯片编号"按钮。显示"页眉和页脚"对话框，如图 12-17 所示。在该对话框中，可以控制日期和时间显示与否及其显示方式，可以添加页眉、页脚的内容和页码显示与否。

图 12-17　"页眉和页脚"对话框

6）在"幻灯片模板"选项卡中，单击"关闭母版视图"按钮。

7）在"开始"选项卡的"幻灯片"组中，单击"新建幻灯片"下拉按钮，在下拉列表中选择"标题和内容"，如图 12-18 所示。

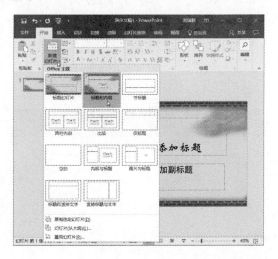

图 12-18　插入新幻灯片

添加"标题和内容"幻灯片，如图 12-19 所示，新添加的幻灯片的样式就是在母版中设置的样式，然后根据需要添加标题、内容。

图 12-19　添加的"标题和内容"幻灯片

8）重复步骤 7），添加新的幻灯片。

第 13 章　数字笔记本组件 OneNote 2016 的使用

OneNote 组件就像数字笔记本，它可把文本、图片、数字手写墨迹、录音和录像等信息全部收集并组织到一个数字笔记本中。OneNote 还可用于收集资料、知识管理，它提供了强大的搜索功能和易用的共享功能。可以把 OneNote 同时安装在 PC、手机和平板电脑中，当使用同一个微软账户登录时，将会自动同步 OneNote 中的记录。使用 OneNote 将给日常工作带来很大便利。

13. 1　OneNote 的基本操作

熟练地使用 OneNote，将为用户的工作和生活提供极大的便利。

13.1.1　新建笔记本

OneNote 使用笔记本、分区和页面进行内容组织。在 Windows 的 "开始" 菜单的 "所有应用" 中单击　，将运行 OneNote 2016。

1. 配置 OneNote 2016

1）如果是安装 Office 2016 后第一次启动 OneNote 2016，将显示 "连接到云" 对话框，要求用户连接到云，如图 13-1 所示，单击 "登录" 按钮。

2）显示 "登录" 对话框，如图 13-2 所示，输入 Microsoft 账户，然后单击 "下一步" 按钮。

图 13-1　"连接到云" 对话框

图 13-2　"登录" 对话框

3）如图 13-3 所示，输入 Microsoft 账户和密码，单击 "登录" 按钮。

4）显示 "正在设置您的笔记，请稍候" 对话框，如图 13-4 所示。

图 13-3　"登录" 对话框

图 13-4　"正在设置您的笔记，请稍后" 对话框

5）当首次安装、配置和运行 OneNote 2016 时，系统将自动为用户创建一个笔记本，如图 13-5 中的 "瑞新 的笔记" 所示。笔记本中只有一个 "快速笔记" 活页夹标签。活页夹标签在 OneNote 2016 中被称为分区，由于没有在 "快速笔记" 分区中添加 "页"，所以显示 "此分区为空"。

图 13-5　第一次打开 OneNote 2016 应用程序窗口的显示

名师点拨

　　每当打开 OneNote 时，该笔记本都将自动打开。可以使用一个笔记本存放所有笔记，也可以根据需要创建更多笔记本。

2. 新建笔记本

　　可以随时创建新的笔记本并根据需要拥有任意数量的笔记本。在如图 13-5 所示的 OneNote 2016 应用程序窗口中，单击"文件"选项卡，显示"文件"选项卡的"信息"标签，在左侧选项中单击"新建"，右侧显示"新笔记本"，如图 13-6 所示。

图 13-6　新笔记本

　　选择要在其中创建新笔记本的位置，例如，OneDrive 或"本地电脑"。如果单击"这台电脑"，笔记本将保存在"C:\Users\用户名\Documents\OneNote 笔记本"文件夹中。建议单击"浏览"，然后把笔记本保存到其他硬盘分区中，以方便备份。

　　最好在 OneDrive 中或在另一个共享位置上创建笔记本，这样当笔记本处于云中时，它仍然是私有的（除非你选择与他人共享它）。将笔记本存储在云中的最大好处是能够从计算机、智能手机或任何连接到 Web 的设备访问它，并且它始终保持最新状态。如果已在计算机上创建笔记本，则可以将笔记本移动到 OneDrive。如果用户同时使用 PC、平板电脑、手机的 OneNote 来记录笔记，应该把笔记保存在"OneDrive-个人"中，笔记将保持同步。下面将以保存到"OneDrive-个人"为例来介绍。

　　在图 13-6 所示的"新笔记本"中，单击选中"OneDrive-个人"，然后在"笔记本名称"文本框中输入要创建的笔记本名称，例如"日志 2016"，最后单击"创建笔记本"按钮。

　　显示"您的笔记已创建完毕。是否与他人共享？"提示，如图 13-7 所示，这里单击"现在不共享"按钮。

图 13-7　与他人共享对话框

　　创建新的笔记本后，将在笔记本列表中显示。每个新笔记本包含一个含空白页的分区，如图 13-8 所示。另外，可以随时在笔记本中创建其他分区和添加新页。

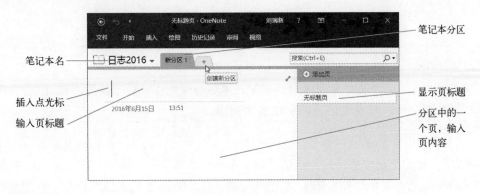

图 13-8　空白笔记本

3. 保存笔记本和笔记

不同于其他 Office 组件，OneNote 2016 中没有"保存"按钮。这是因为 OneNote 会自动保存工作，无论做了多少更改都是如此。甚至在不关闭笔记本或手动保存任何工作的情况下，随时都可以安全地退出 OneNote。OneNote 将自动保存并检索所有内容。

 名师点拨

　　无论何时记笔记、切换至其他页或其他分区以及关闭分区和笔记本，OneNote 都会自动且连续地保存笔记。即使在记完笔记时，也不需要手动保存它们。

4. 切换或添加笔记本

笔记本的名称相当于文档的名称，用于区别大类。在 OneNote 中可以创建多个笔记本，例如，工作笔记本、家庭笔记本、学习笔记本等。

打开 OneNote 2016 后，当前正在使用的笔记本的名称显示在"笔记本"列表中，可以通过单击当前笔记本名称或旁边的下拉按钮▼，显示笔记本名称列表，如图 13-9 所示，在列表中单击想要切换到的笔记本名。

单击"添加笔记本"，将显示"新笔记本"选项卡，如图 13-6 所示，可新建笔记本。

5. 从列表中删除笔记本（关闭笔记本）

当使用完某个笔记本时，例如学期结束或项目完成后，可以从笔记本列表中删除它。单击当前正在使用的笔记本的名称，显示正在使用的笔记本列表。右击想要删除的笔记本，从快捷菜单中选择"关闭此笔记本"命令，如图 13-10 所示。

图 13-9　切换或添加笔记本

图 13-10　关闭笔记本

 名师点拨

　　当从笔记本列表中删除笔记本时，该笔记本不会被删除，它可以再次被打开。如果需要永久删除笔记本，可在文件资源管理器中删除。

6. 打开笔记本

可以把关闭的笔记本重新打开，使其显示在笔记本列表中，以便再次使用它。单击"文件"选项卡，显示"文件"选项卡的"信息"标签，在左侧选项中单击"打开"，右侧显示"打开笔记本",如图 13-11 所示。

从可用选项中,执行下列操作之一。

● 如果所需的笔记本存储在 OneDrive 上,则在"从 OneDrive 中打开"下方找到它,单击笔记本名称即可将其打开。

● 如果需要的笔记本未存储在当前打开的笔记本所在的位置,则单击"从其他位置打开"下方选择一个可用位置。

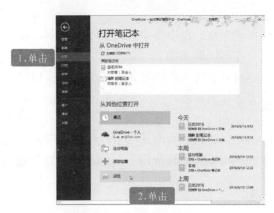

图 13-11 打开笔记本

 名师点拨

打开笔记本后,其名称将显示在"笔记本"列表中。通过单击当前笔记本标题旁边的下拉按钮来查看该名称。单击"笔记本"列表中的某个笔记本名称可在笔记本之间进行切换。

使用多个笔记本是保持几套笔记分开的便捷方式,例如,分别创建名为"工作"和"学校"的两个笔记本。如果还要与其他人共享笔记,还可以创建专门分享的笔记本。

如果使用 OneNote 存档重复性工作信息,例如团队状态报告、项目计划或客户合同,可为每个日历年创建一个单独的笔记本。这样单个笔记本就不会过于庞大。

13.1.2 创建分区和添加页

1. 创建分区

每个笔记本都可以创建多个分区。利用分区,可以按实际的活动、主题或人员来组织笔记。例如,创建"待办事项""会议安排""网购记录""好帖收藏"等。

单击"创建新分区"按钮,则显示"新分区 2"选项卡,在分区名称文本框中输入新分区的名称。如果要修改分区的名称,右击分区名称,在分区名称文本框中输入新分区的名称。分区创建完成后,显示如图 13-12 所示。

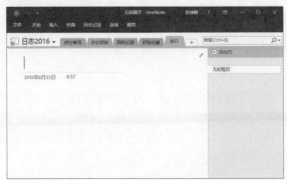

图 13-12 创建多个分区后的笔记本

2. 在分区中添加页

在 OneNote 2016 中的单个页上能添加的内容量不受限制。如果想要进行整理,可以随时添加更多页。每个页中的内容不要太多，以方便查找和阅读，可以将内容按日期、内容等方式分在不同的页中。

打开要插入页的笔记本或分区。在窗口右侧的页选项卡栏上方，单击"添加页"按钮。若要添加页标题，在左侧编辑区，单击页面顶部的标题区域，输入页面标题，然后按〈Enter〉键。标题还会显示在页面右侧附近的页选项卡中，如图 13-13 所示。

可以通过在页面选项卡栏中向上或向下拖动选项卡来整理页面。要想获得所需的确切外观，既可以将模板应用于页面，也可以创建新子页。

 名师点拨

如果意外创建了不需要的页，右击其页选项卡，从快捷菜单中选择"删除"命令。

3．在页上输入或撰写笔记

若要创建输入笔记，在左侧编辑区的页上单击要添加笔记的任意位置，然后输入内容。OneNote 将为输入或撰写的每个文本块创建一个笔记容器，如图 13-14 所示。

图 13-13　输入页标题　　　　　　　　　图 13-14　在页上输入或撰写笔记

如果想要在页的其他位置开始做笔记，只需单击该处，将新建一个笔记容器，然后即可在该笔记容器中输入内容。

4．添加更多页

为了让笔记本具备更多的空间，可以添加任意数量的页。在要添加页的笔记本分区中（页右侧附近），单击"添加页"按钮。然后在页标题区域输入页标题，最后按〈Enter〉键。

 名师点拨

若要更改页的顺序，请将任何页标签拖动到新位置。

5．添加更多分区

使用 OneNote 可以拥有任意数量的分区。右击当前页顶部的任意分区选项卡，然后从快捷菜单中选择"新建分区"命令。然后为新分区输入标题，最后按〈Enter〉键。

新分区总是包含一个新的空白页。用户既可以在此页上开始做笔记，也可以删除此页，并从您喜爱的模板中的页开始做笔记。

6．保存笔记

OneNote 没有"保存"按钮。因为在 OneNote 中，无论所做的更改有多大，OneNote 都将自动保存所有内容。这将让用户能够专注于项目、思考和构思，而无须担心计算机文件。

13. 2 在 OneNote 中做笔记

13.2.1 记录手写笔记

如果计算机具有触摸屏，则可以使用 OneNote 2016 手写笔记。在功能区上单击"绘图"选项卡，如图 13-15 所示。在"工具"组中，选择笔或荧光笔，然后在屏幕上手写笔记或绘图。若要停止绘图，单击"绘图"选项卡中的"键入"按钮。

图 13-15 手写

13.2.2 将手写内容转换为文本

OneNote 提供了转换工具，以便用户将手写文本更改为输入的文本。将手写内容转换为文本的操作如下。

1）在"绘图"选项卡上，单击"套索选择"按钮，然后在要转换的手写内容上拖动选择范围，如图 13-16 所示。

2）在"绘图"选项卡上，单击"转换"按钮，在下拉列表中选择"文字墨迹"，即可将手写内容转换为文本"，如图 13-17 所示。

图 13-16 使用"套索选择"

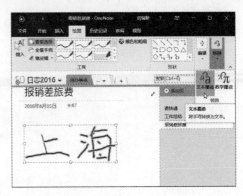

图 13-17 选择"文本墨迹"

手写内容转换为文本后的效果如图 13-18 所示。

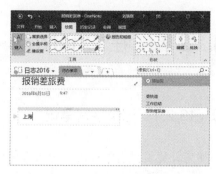

图 13-18　转换后的文本

 13.2.3　添加文件附件到笔记中

OneNote 可以将任何主题或项目的所有信息（包括相关文件和文档的副本）保存在一个位置。

在笔记中，转到要插入文件或文档的页，单击"插入"选项卡，在"文件"组中单击"文件附件"按钮，如图 13-19 所示。

图 13-19　单击"文件附件"按钮

显示"选择要插入的一个或一组文件"对话框，选择一个或多个文件，然后单击"插入"按钮，如图 13-20 所示。

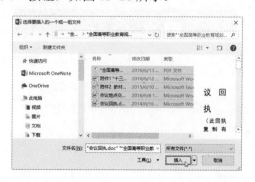

图 13-20　"选择要插入的一个或一组文件"对话框

插入的文件在笔记页上显示为图标，如图 13-21 所示，双击任何图标可打开相应的文件。

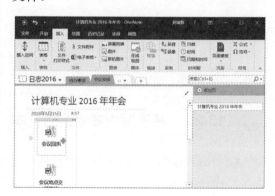

图 13-21　插入到笔记本中的文件

 名师点拨

插入的文件只是副本。如果原始文件改变，OneNote 不会自动更新副本。

13.2.4　添加文件打印样式到笔记中

如果希望在笔记中显示插入文件内容的打印样式，那么可以将数字图像发送到笔记本。图像显示在页面上后，用户可以向其添加备注。单击"插入"选项卡，在"文件"组中单击"文件打印样式"按钮。显示"选择要插入的文档"对话框，在该对话框中选择要插入的一个或多个文件，然后单击"插入"按钮。

添加到笔记中的文件会转换为图片，如图 13-22 所示。此时，既可以将图片拖动到页面上的其他位置，也可以拖动图片周围出现的文件控点调整其大小。

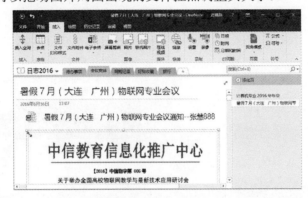

图 13-22　添加文件打印样式到笔记中

名师点拨

如果要插入受密码保护的文档，则需要先输入正确的密码，然后才能将文档插入到 OneNote 中。

添加到 OneNote 中的文件会显示为图片。若要编辑图片中的文字，可以在 OneNote 中从图像提取文字并"粘贴"为可编辑文本。

 13.2.5　将网页中的信息添加到笔记中

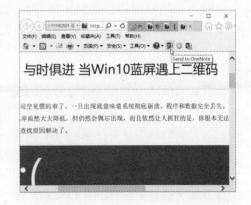

如果用户要保存网页中的信息，那么 OneNote 2016 是理想的保存位置。在 Internet Explorer 中单击"Send to OneNote"按钮，可将网页上的部分或全部信息快速复制到笔记中。

1. 将整个网页复制到笔记中

在 Internet Explorer 中，打开要复制到笔记中的网页。在 Internet Explorer 窗口中，单击"Send to OneNote"（发送至 OneNote）按钮，如图 13-23 所示。如果"Send to OneNote"按钮不可见，则单击 Internet Explorer 窗口工具栏中的"工具"按钮，然

图 13-23　单击"Send to OneNote"按钮

后选择"Send to OneNote"。

显示"选择 OneNote 中的位置"对话框，如图 13-24 所示，选定保存网页的分区，例如，"好贴收藏"，然后单击"确定"按钮。

发送到笔记中的网页，如图 13-25 所示。很多网页中都包含复杂的格式和样式信息。当将所需的网页内容复制到 OneNote 中时，如果该内容的格式丢失，则尝试以屏幕剪辑形式捕获该内容。

图 13-24 "选择 OneNote 中的位置"对话框

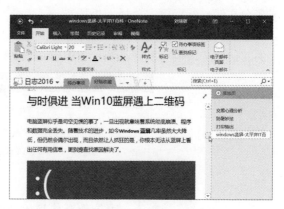

图 13-25 发送到笔记中的网页

2. 将网页中的选定内容复制到笔记中

在 Internet Explorer 中，打开包含要复制到笔记中的信息的网页。拖动鼠标指针选定要复制的任何文本或图像，然后在 Internet Explorer 窗口工具栏中，单击"Send to OneNote"按钮。

13.2.6 在笔记中插入屏幕剪辑

捕获计算机屏幕上的可视信息是保留最终可能改变或过期的内容的绝好方法，例如突发新闻故事或具有时效性的列表。使用 OneNote 2016 可以获取计算机屏幕上的任意部分的屏幕剪辑，并将其作为图片添加到笔记中。在笔记中插入屏幕剪辑的具体操作如下。

查看要捕获的信息（例如网页）。切换到 OneNote，将光标放在要添加屏幕剪辑的笔记位置，然后单击"插入"选项卡中的"屏幕剪辑"按钮，如图 13-26 所示。

此时 OneNote 被最小化，并返回最后查看的页面，该页面显示为灰色，然后使用指针或手指选择要捕获的屏幕区域，如图 13-27 所示。

完成选择后，所选择的区域会显示为笔记中的图像。另外，在笔记页中还能显示图片的地址及相关信息来源，如图 13-28 所示。同时，

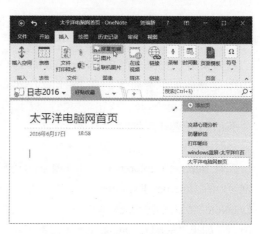

图 13-26 单击"屏幕剪辑"按钮

它还会被复制到 Windows 剪贴板，以便可以将屏幕剪辑粘贴到笔记本中的其他页面上或其他应用中。

图 13-27　捕获屏幕区域

图 13-28　笔记中的屏幕剪辑

屏幕剪辑是代表信息快照的静态图像。如果信息来源有所更新，屏幕剪辑保持不变。屏幕剪辑和原始来源之间不存在链接。可以在 OneNote 中从图像提取文字并粘贴为可编辑文本。

如果更喜欢使用键盘快捷方式，则按〈Windows+Shift+S〉组合键以获取屏幕剪辑。

13.2.7　将信息打印到 OneNote 笔记本

通过打印至 OneNote 这一功能，可将 IE、Word、Excel 或 PDF 中的信息保存到笔记中。在 IE、Word、Excel 中，执行打印命令后，显示"打印"对话框，如图 13-29 所示，在"选择打印机"下单击"Send To OneNote 2016"（发送至 OneNote 2016），最后单击"打印"按钮。

显示"选择 OneNote 中的位置"对话框，如图 13-30 所示，选择保存打印信息的分区，然后单击"确定"按钮。

图 13-29　"打印"对话框

图 13-30　"选择 OneNote 中的位置"对话框

此时，打印机驱动程序并不真正在纸张上打印文件，而是通过电子方式将打印样式发送到笔记中，并且会显示为笔记中的图像，如图 13-31 所示。在将打印样式置于页面上后，可以在打印样式上输入或编写附加的笔记，从而为打印样式添加批注。此外，也可以将打印样式放在页面上的任意位置，并且可以将打印样式中的文本复制和粘贴到笔记中的任意地方，以便进行编辑。

图 13-31　打印到笔记中的信息

13.2.8　插入图片

屏幕剪辑、照片、扫描的图像、手机照片和任何其他类型的图像都可以被插入到笔记中。在任何页上，将光标置于要插入图片的位置。单击"插入"选项卡，然后单击下列按钮之一。

- 屏幕剪辑：对计算机屏幕的任意部分进行抓图，并将图片插入到笔记中。
- 图片：插入存储在计算机、网络或其他磁盘驱动器（如外部 USB 驱动器）上的图片文件。
- 联机图片：从 Bing 图像搜索、OneDrive 账户或 Web 上的其他位置查找图片并插入。
- 扫描的图像：如果计算机连接了扫描仪，将显示本按钮，可将图片扫描到 OneNote。
- 粘贴图片：把剪贴板中的图片粘贴到笔记中。

插入到笔记中的图片可以调整大小，如图 13-32 所示。

图 13-32　插入图片

13.2.9　从图片和文件打印输出中提取文本

OneNote 2016 支持光学字符识别（OCR），这种工具允许从图片或文件打印输出中复制文本，并将其粘贴到笔记中，以便更改其中的词语。OCR 有多种实用的功能，例如从扫描到

OneNote 中的名片复制信息。提取文本后，即可将其粘贴到 OneNote 中的其他位置或其他程序中，如 Outlook 或 Word。

1. 从图片中提取文本

若要从已添加到 OneNote 的一张图片中提取文本，可执行以下操作：右击图片，然后在弹出的快捷菜单中选择"可选文字"命令，如图 13-33 所示。

显示"图片可选文字"对话框，"可选文字"框中显示识别的文字，改正识别错误的文字，在框中选中需要复制的文字，按〈Ctrl+C〉组合键，如图 13-34 所示。将光标置于在要粘贴已复制文本的位置处，然后按〈Ctrl+V〉组合键。

图 13-33 图片的快捷菜单

图 13-34 "图片可选文字"对话框

也可以在快捷菜单中选择"复制图片中的文字"命令，将不显示对话框，然后直接按〈Ctrl+V〉组合键。

> **名师点拨**
>
> 光学字符识别的准确率取决于所处理图片的质量。粘贴图片或文件打印输出中的文本后，最好先检查一遍，确保文本识别正确。

2. 从打印输出中提取文本

要从文件打印输出的图像中提取文本，可执行以下操作：右击任意图像，弹出快捷菜单，如图 13-35 所示，然后执行下列操作之一。

- 选择"复制此打印输出页中的文本"命令，以便仅复制当前选定图片（页面）中的文本。
- 选择"复制所有打印输出页中的文本"命令，以便复制所有图像（页面）中的文本。

然后将光标置于要粘贴已复制文本的位置处，最后按〈Ctrl+V〉组合键。

此外，也可以在快捷菜单中选择"可选文字"命令，在显示的对话框中校对识别的文字

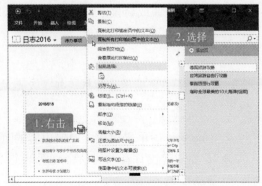

图 13-35 从打印输出中提取文本

后，再粘贴出来。

13.2.10　插入表格

在笔记中单击要插入表格的位置，然后单击"插入"选项卡中的"表格"按钮，将鼠标指针移到网格上以选择所需的表格大小，然后单击以插入表，如图 13-36 所示。

图 13-36　插入表格

若要快速修改表格或其任何部件，右击任何表格单元格，在弹出的快捷菜单中选择"表格"命令，然后再具体设置。

> **名师点拨**
>
> 　如果表格过于复杂，可以在 OneNote 中将其转换为真正的电子表格。右击表格，然后在弹出的快捷菜单中选择"转换为 Excel 电子表格"命令。

13.2.11　录制音频或视频笔记

在演讲、访谈或会议中，可以使用 OneNote 2016 来录制音频或视频笔记。

> **名师点拨**
>
> 　开始之前，请确保计算机连接了麦克风和网络摄像机，并且两者都在 Windows 控制面板中进行了设置。

在 OneNote 中单击要放置录制内容的页面上的某个位置，然后执行下列操作之一。
- 若要创建仅有音频的录音，则单击"插入"选项卡中的"录音"按钮，如图 13-37 所示。

图 13-37　录制音频笔记

● 若要创建带有可选音频的录像，则单击"插入"选项卡中的"录像"按钮。

OneNote 将媒体图标添加到页面后即开始录制，录音显示如图 13-38 所示，录像显示如图 13-39 所示。

图 13-38　录音　　　　　　　　　　　　　图 13-39　录像

要结束录制，请单击"正在录制"选项卡中的"暂停"按钮或"停止"按钮。

若要播放录制内容，则双击页面上的媒体图标。

如果在录制过程中记录笔记，则它们会链接到使用 OneNote 创建的音频和视频。这样便可以搜索笔记以及查找录音或录像的特定部分。

 名师点拨

如果单击"音频和视频-播放"选项卡中的"观看播放"按钮，那么 OneNote 会将光标自动放置于录制时所做的笔记中。例如，如果正在录制访谈并将两分钟的剪辑作为笔记，则每次播放剪辑时，OneNote 都会跳转到笔记中的该部分，并转到这两分钟标记处。这对于保留已录制事件以及在该事件中某一特定时刻的反应、想法和观点间的上下文极为有用。

 13.2.12　在笔记中插入链接

只要输入的文本被 OneNote 识别为链接，OneNote 都将自动把其格式设置为链接。例如，如果在笔记中输入"www.microsoft.com"，OneNote 会将其转变为链接。单击该链接，将在浏览器中打开 Microsoft 网站。

根据需要，用户还可以将链接（包括指向文本、图片以及笔记本的其他页和分区的链接）手动插入到笔记中，具体操作如下：选择希望变为链接的文本或图片，然后单击"插入"选项卡中的"链接"按钮，如图 13-40 所示。

显示"链接"对话框，将链接的目标 URL 输入到"地址"文本框内，然后单击"确定"按钮，如图 13-41 所示。

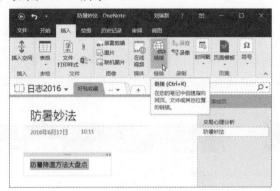

图 13-40　插入链接　　　　　　　　　　　图 13-41　"链接"对话框

插入笔记中的链接如图 13-42 所示，单击链接则打开该链接。

图 13-42　插入笔记中的链接

也可以在笔记之间建立链接，从而实现笔记之间的跳转显示。在"链接"对话框中的"所有笔记本"中选择目标笔记即可。

13.3　高手速成——OneNote 应用实例

 13.3.1　搜索笔记

相对纸质笔记本，OneNote 2016 的主要优势之一是支持检索所有的笔记，从而迅速搜索到所需内容。

1. 使用"搜索文本框"

若要在所有笔记中，甚至跨多个笔记本搜索一个关键字或短语，执行下列操作。

1）在右上角的搜索框中，单击放大镜图标右侧的下拉按钮 🔍▾，然后在显示的下拉列表中选择"所有笔记本"。

2）在搜索框中，输入关键字或短语，如图 13-43 所示。

图 13-43　检索笔记

3）在输入时，OneNote 开始返回与搜索词或短语匹配的页结果。单击搜索结果，可检索匹配的笔记，检索到的笔记将显示出来。

4）完成搜索后，按〈Esc〉键。

如果要缩小搜索范围，则选择放大镜图标右侧的下拉按钮，然后在显示的下拉列表中选择搜索条件，如"在此页上查找""此分区""此分区组""此笔记本"或"所有笔记本"。若要在大量的搜索结果间更轻松地循环切换，调整搜索范围和对搜索排序，可以锁定搜索结果窗格，只需按〈Atl+O〉组合键。

2. 在音频和视频剪辑中搜索字词

如果已经启用了"录音搜索"功能，OneNote 可识别录音和录像中的字词语音。此选项默认设置为关闭，因为它会降低搜索速度。要启用"录音搜索"，可执行以下操作：单击"文件"选项卡中的"选项"。显示"OneNote 选项"对话框，选择"录音和录像"，如图 13-44 所示，选中"录音搜索"下的"允许在录音和录像中搜索字词"复选框，然后单击"确定"。

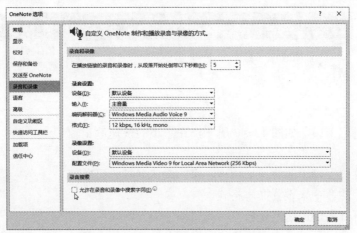

图 13-44　"OneNote 选项"对话框

13.3.2　插入和计算简单的数学公式

无需计算器，OneNote 2016 可以立即计算出简单数学公式的结果。

在笔记中，输入要计算的公式，例如，输入"95+83+516"，或输入"SQRT(15)"，在公式之后紧接着输入一个等号"="，然后按空格键，答案将出现在等号之后。

名师点拨

　　不要在公式中使用空格。公式要作为一个连续的文本字符串，数字、运算符和函数之间都不能有空格。

　　函数代码不区分大小写。例如，SQRT(3)=、sqrt(3)=和 Sqrt(3)=计算得出的答案完全相同。若要在结果后面创建一个新行，则在等号后按〈Enter〉键（而非空格键）。

　　如果只希望在笔记中显示答案，计算后，可以删除前面的公式，答案将保留在笔记中。例如，输入"(6+7)/(4*sqrt(3))="，然后按空格键，如图 13-45 所示。

13.3.3　创建快速笔记

　　快速笔记（以前称为便笺）的作用类似于电子版形式的黄色小便利贴。新创建的快速笔记会立即保存到 OneNote 2016 笔记本中，所以可以对其进行搜索和组织。

1. 在 OneNote 2016 中创建快速笔记

　　可以在 OneNote 运行时创建新快速笔记。单击"视图"选项卡中的"新建快速笔记"按钮，如图 13-46 所示。

图 13-45　简单计算示例

图 13-46　"视图"选项卡

　　显示快速笔记窗口，如图 13-47 所示，在小小的快速笔记窗口中输入笔记。

　　单击快速笔记窗口顶部的···，出现一个浮动工具栏，可以使用浮动工具栏上的命令来设置文本格式。

　　可以同时打开多个快速笔记窗口，对要创建的任何其他快速笔记重复上述步骤。可以将快速笔记移到屏幕上的任意位置，并将其保留在该位置，直到不再需要参考它们。当不再需要某个快速笔记时，可以关闭其窗口。

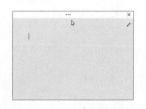

图 13-47　快速笔记窗口

　　关闭快速笔记窗口不会删除该笔记。与正常笔记一样，在创建快速笔记以及每次对其进行编辑之后，OneNote 会自动保存快速笔记。快速笔记存储在默认笔记本中的"未归档笔记"分区中。可以通过打开笔记本列表来快速查找，单击笔记本名旁的向下按钮，并查看快速笔记的列表底部，如图 13-48 所示，单击"快速笔记"。

　　显示"快速笔记"标签，如图 13-49 所示，在标签中输入内容。

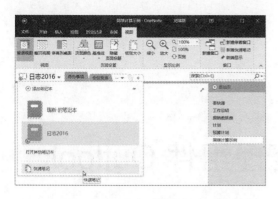

图 13-48　打开"快速笔记"

图 13-49　在"快速笔记"标签中输入内容

2．在 OneNote 未运行时创建快速笔记

即使尚未打开 OneNote，也可以创建快速笔记。在键盘上按〈Windows+N〉组合键，显示快速笔记窗口后，在快速笔记窗口中输入笔记。

若要在 OneNote 运行之后打开其他快速笔记，则在键盘上按〈Windows+Alt+N〉组合键。

3．将重要快速笔记固定到屏幕

如果要使用快速笔记来保持小提醒和重要信息始终可见，那么可以将其固定，以使其始终保持在计算机屏幕的任何其他窗口之上。在要保持可见的任何快速笔记中，单击"视图"选项卡"窗口"组中的"前端显示"按钮。如果未看到此按钮，则单击快速笔记窗口顶部的 ···。用户可根据需要将每个固定的笔记移到屏幕上任何位置。

若要停止将笔记固定到屏幕顶部，再次单击"视图"选项卡"窗口"组中的"前端显示"按钮（该按钮是一个开关）。

4．审阅所有快速笔记

无论是如何或何时创建的快速笔记，OneNote 2016 都可以随时轻松地审阅所有快速笔记。若要审阅笔记，用户可在当前页的顶部附近，单击当前笔记本的名称，或在笔记本列表的底部，单击"快速笔记"，如图 13-48 所示。在快速笔记分区中，单击要审阅的页面的选项卡。

根据需要，用户既可以将快速笔记归档在快速笔记分区中，也可以将选定的笔记移到笔记本的其他部分。 若要移动页面，右击页面选项卡，选择"移动或复制"命令，然后按照提示操作。

第 14 章　邮件管理组件 Outlook 2016 的使用

Outlook 是微软公司的办公套件 Microsoft Office 的组件之一。Outlook 的功能很多，可以用它来收发电子邮件、管理联系人信息、记日记、安排日程、分配任务等。

14.1 配置 Outlook 2016

使用 Outlook 之前需要先配置 Outlook 账户。在 Windows 的"开始"菜单的"所有应用"中单击 0⬛ Outlook 2016 ，运行 Outlook 2016。

14.1.1 自动设置账户

1）当首次启动 Outlook 时，将启动自动账户向导，显示"欢迎使用 Microsoft Outlook 2016"对话框，如图 14-1 所示。若需要配置 Outlook 账户，单击"下一步"按钮。

图 14-1 "欢迎使用 Outlook 2016"对话框

2）显示"Microsoft Outlook 账户设置"对话框，如图 14-2 所示，单击选中"是"单选项，然后单击"下一步"按钮。

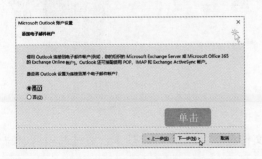

图 14-2 "Microsoft Outlook 账户设置"对话框

3）显示"添加账户"对话框，添加的电子邮件账户可以是在微软网站申请的，也可以是在其他网站申请的，例如新浪（sina.com）、搜狐（sohu.com）、网易（163.com）邮件账户等。如果添加的邮件账户是微软的邮件账户，则单击选中"电子邮件账户"单选按钮，让向导自动设置账户，填写相关的姓名、电子邮件地址、密码信息，如图 14-3 所示，单击"下一步"按钮。

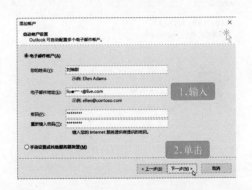

图 14-3 "添加账户"对话框

若选中"手动设置或其他服务器类型"单选按钮，则需要设置更多的邮件服务器选项，后文将介绍这个选项。

4）显示"正在搜索您的邮件服务器设置"界面，如图 14-4 所示，这里会需要一点时间与邮件服务器建立连接。

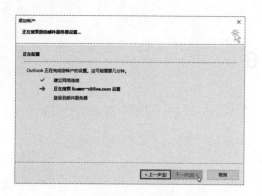

图 14-4 "正在搜索您的邮件服务器设置"界面

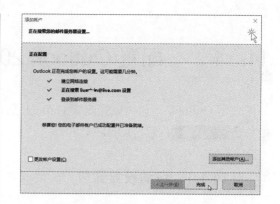

图 14-6 配置完成

在此期间，也可能显示"Windows 安全"
对话框，要求再次输入密码，如图 14-5 所
示。输入该账户的密码，选中"记住我的凭
据"复选框，单击"确定"按钮。如果输入
的电子邮件地址和密码都正确，但是再次显
示该对话框，则表示无法通过自动账户设
置，单击"上一步"按钮，改选"手动设置
或其他服务器类型"单选按钮。

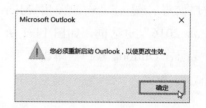

图 14-7 提示重新启动 Outlook

6）启动 Outlook，显示 Outlook 2016 窗
口，如图 14-8 所示。Outlook 2016 与 Office
2016 的其他组件一样，它们有相同的窗口结
构视图，操作也非常简单。Outlook 2016 窗
口主要由功能区、导航窗格、列窗格、阅读
窗格、状态栏等组成。

图 14-5 "Windows 安全"对话框

当对话框中显示"恭喜您！您的电子邮
件账户已成功配置并已准备就绪。"时，单
击"完成"按钮，如图 14-6 所示。

5）显示"您必须重新启动 Outlook，以
便更改生效"，如图 14-7 所示，单击"确定"
按钮。

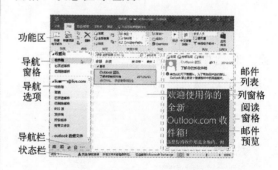

图 14-8 Outlook 2016 窗口

功能区包括"文件""开始""发送/接收""文件夹""视图"等选项卡，通过选项卡中的
按钮实现 Outlook 的主要功能。

- 导航窗格中包含多个导航选项，例如收藏夹、添加到 Outlook 的邮箱等选项。
- 列窗格中主要显示邮件列表。
- 阅读窗格显示在邮件列表中选中的邮件预览。

- 导航栏中包含邮件✉、日历▦、联系人👥、任务☑和设置导航选项···。
- 状态栏显示项目数量、视图按钮（▭普通视图、🕮阅读视图）、缩放等选项。

14.1.2 手动设置账户

前面配置了一个微软的邮箱账户，而用户通常都会有多个邮箱账户，如果需要，可以添加其他邮箱账户到 Outlook 中。通过 Outlook 收发邮件，而不用登录到邮箱网站，将更加方便。手动设置账户或添加一个电子邮件账户的方法如下。

1）在 Outlook 2016 的功能区中，单击"文件"选项卡。

2）显示"信息"标签，在右侧"账户信息"下方，单击"添加账户"按钮，如图 14-9 所示。

图 14-9 单击"添加账户"按钮

3）显示"添加账户"对话框，选中"手动设置或其他服务器类型"单选按钮，然后单击"下一步"按钮，如图 14-10 所示。

图 14-10 "添加账户"

4）选择所需账户的类型。如果需要添加微软的邮箱账户，例如@outlook.com、@hotmail.com、@live.com、@msn.com，则选中"Outlook.com 或 Exchange ActiveSync 兼容的服务"单选按钮；如果需要添加其他 POP 或 IMAP 邮箱，例如@163.com、@126.com、@sina.com、@sohu.com、@qq.com 等，则选中"POP 或 IMAP"单选按钮。由于本例中要添加一个@sohu.com 邮箱账户，因此选中"POP 或 IMAP"单选按钮，然后单击"下一步"按钮，如图 14-11 所示。

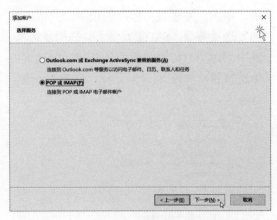

图 14-11 选中"POP 或 IMAP"单选按钮

5）显示"POP 或 IMAP 账户设置"对话框，输入要添加邮件账户的信息，包括姓名、电子邮件地址、"账户类型、接收邮件服务器、发送邮件服务器、用户名和密码，选中"记住密码"复选框。单击"其他设置"按钮，如图 14-12 所示。

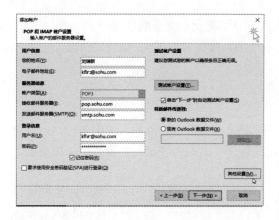

图 14-12　输入要添加邮件账户的信息

 名师点拨

　　在使用 Outlook 之前请先登录到自己的网络邮箱中，邮箱设置中有 POP3 选项，选择开启或启用，只有 POP3 开启，邮箱才可以收发邮件。此外，在"接收邮件服务器"和"发送邮件服务器"文本框中输入的服务器名称要与邮箱网站提供的相同。

　　6）显示"Internet 电子邮件设置"对话框，单击"发送服务器"选项卡，选中"我的发送服务器（SMTP）要求验证"复选框，选中"使用与接收邮件服务器相同的设置"单选按钮，如图 14-13 所示，单击"高级"选项卡。

图 14-13　"发送服务器"选项卡

　　"高级"选项卡如图 14-14 所示，有些

邮件服务器的端口不是默认值，可在这里进行修改；接收邮件后，如果需要在邮件服务器中保留，则选中"在服务器上保留邮件的副本"复选框，根据需要选择其他两项复选框。单击"确定"按钮关闭"Internet 电子邮件设置"对话框。

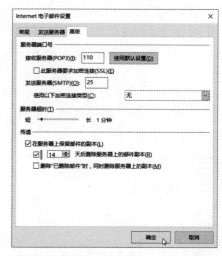

图 14-14　"高级"选项卡

　　返回图 14-12 所示的"POP 或 IMAP 账户设置"对话框，单击"下一步"按钮。

　　显示"测试账户设置"对话框，当显示"已完成"后，单击"关闭"按钮，如图 14-15 所示。

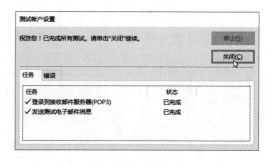

图 14-15　"测试账户设置"对话框

 名师点拨

　　如果测试失败，请检查接收服务器（POP3 或 IMAP）或发送服务器(SMTP)的特定端口。

7）最后显示"设置全部完成"，单击"完成"按钮，如图 14-16 所示。

图 14-16　设置全部完成

添加邮箱账户后，在 Outlook 窗口的文件夹窗格中，可以看到已经添加的邮箱账户，如图 14-17 所示。

图 14-17　邮件账户的快捷菜单

14.1.3　删除电子邮件账户

删除添加到 Outlook 中的电子邮件账户的常用方法有两种。

- 在 Outlook 窗口的邮件✉选项中的导航窗格中，右击需要删除的邮件账户，在快捷菜单中选择"删除×××"命令，如图 14-17 所示。询问"是否继续"，如图 14-18 所示，单击"是"按钮。

图 14-18　"是否继续"提示对话框

- 在"文件"选项卡的右侧窗格中，选择"账户设置"下的"账户设置"选项，如图 14-19 所示。

图 14-19　"文件"选项卡的"账户设置"

显示"邮件设置"对话框的"电子邮件账户"界面,选中要删除的账户,然后单击"删除"按钮,如图 14-20 所示。弹出"是否继续"提示对话框,如图 14-18 所示,单击"是"按钮。

图 14-20 "邮件设置"对话框的"电子邮件账户"界面

14.2 邮件的基本操作

电子邮件的基本操作包括创建邮件、接收邮件、回复邮件和转发邮件等。

14.2.1 创建邮件

1)在"开始"选项卡的"新建"组中,单击"新建电子邮件"按钮,或者按〈Ctrl+N〉组合键,如图 14-21 所示。

图 14-21 新建邮件

2)打开"邮件"新窗口,如果在 Outlook 中配置了多个电子邮件账户,单击"发件人"按钮,从列表中选择一个发送邮件的账户。在"收件人""抄送"或"密件抄送"文本框中输入收件人的电子邮件地址或名称。如果要发送给多个收件人,则用分号分隔多个收件人的邮件地址。在"主题"文本框中,输入邮件的主题。在邮件正文区中输入邮件的内容,如图 14-22 所示。

3)在功能区的"邮件"选项卡中,单击"附加文件"按钮,可添加附件。添加附件后,显示如图 14-22 所示。

4)在"邮件"选项卡中,使用"普通文本"组中的工具,可以对邮件正文内容更改字体、外观等样式。

5)撰写完邮件后,单击"发送"按钮,如图 14-23 所示。默认情况下,在单击新邮件窗口中的"发送"按钮后,电子邮件会自动发送。

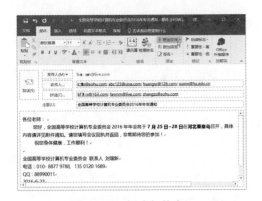

图 14-22　新建邮件窗口

图 14-23　添加附件后的邮件

6）"邮件"窗口自动关闭，返回 Outlook 主窗口，状态栏中显示"正在发送邮件"。在导航窗格中的"已发送邮件"下可以看到已经发送的邮件信息，如图 14-24 所示。

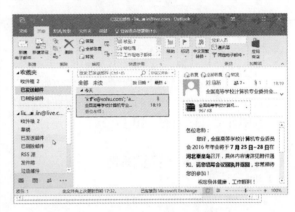

图 14-24　已发送邮件

14.2.2　接收邮件

1）在 Outlook 主窗口的邮件选项中，单击功能区"发送/接收"选项卡中的"发送/接收所有文件夹"按钮，如图 14-25 所示。

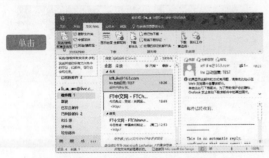

图 14-25　发送/接收所有文件夹

显示"Outlook 发送/接收进度"对话框，如图 14-26 所示，邮件发送/接收完成后，自动关闭本对话框，返回 Outlook 主窗口。

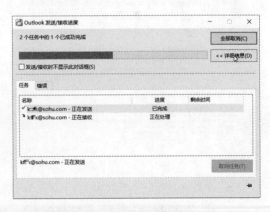

图 14-26　"Outlook 发送/接收进度"对话框

2）邮件接收完后，在导航窗格中的邮件账户下的"收件箱"名称后显示收到的邮件数量；在右侧的"收件箱"窗格中，显示邮件的基本信息，如图 14-27 所示。

图 14-27　收件箱的邮件列表

3）在"收件箱"窗格中，双击邮件列表中要查看的邮件，打开"邮件"窗口，查看邮件的具体内容。图 14-28 所示是打开前

面发送给自己的邮件。单击"邮件"窗口的"关闭"按钮 ✕ 关闭邮件窗口。

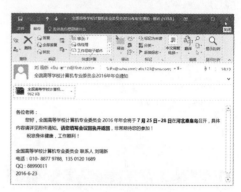

图 14-28　查看邮件的内容

14.2.3　回复邮件

回复邮件时，不需要填写接收邮件的地址。

1）在查看邮件时或在收件箱的邮件列表窗口中，都可以回复邮件。

● 在查看邮件时回复邮件。如图 14-28 所示，在"邮件"窗口的"邮件"选项卡中，单击"响应"组中的"答复"按钮。显示邮件窗口，如图 14-29 所示。

图 14-29　回复邮件

● 在收件箱的邮件列表窗口中回复邮件。如图 14-27 所示，在邮件列表中，单击需要回复的邮件，然后在"开始"选项卡中，单击"响应"组中的"答

复"按钮。打开"邮件"窗口，如图 14-29 所示。

2）在正文区中输入需要补充的内容。原邮件的内容默认是保留在邮件中的，用户可以根据需要删除或修改。单击"发送"按钮完成邮件的回复，如图 14-29 所示。邮件发送后，自动关闭"邮件"窗口。

3）在 Outlook 主窗口中，在"已发送邮件"中，可以看到发送和回复的邮件，如图 14-30 所示。

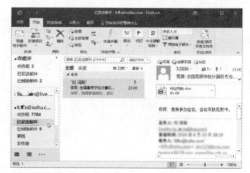

图 14-30　查看已发送邮件

14.2.4　转发邮件

转发邮件是把收到的邮件原文保持不变或稍微修改后，发送给其他邮件地址。

1）在查看邮件时或在收件箱的邮件列表窗口中，都可以转发邮件。

- 在查看邮件时转发邮件。如图 14-28 所示，在"邮件"窗口中的"邮件"选项卡中，单击"响应"组中的"转发"按钮。弹出"邮件"窗口，如图 14-31 所示。
- 在收件箱的邮件列表窗口中转发邮件。如图 14-27 所示，在邮件列表中，单击需要转发的邮件，然后在"开始"选项卡中，单击"响应"组中的"转发"按钮；或者右击要转发的邮件，从快捷菜单中选择"转发"命令。显示"邮件"窗口，如图 14-31 所示。

2）在"收件人"文本框中输入收件人的邮件地址。在正文区中输入需要补充的内容。原邮件内容默认保留，用户可以根据需要删除或修改。单击"发送"按钮完成邮件的转发，如图 14-31 所示。邮件发送后，自动关闭"邮件"窗口。

图 14-31　转发邮件

14.3　管理联系人

14.3.1　添加联系人

保存为联系人的信息包括姓名、电子邮件地址、地址、多个电话号码、个人资料图片等详细信息。添加联系人后，可以在电子邮件中输入其姓名的前几个字母，Outlook 将填入其电子邮件地址。或者只需单击数次，就可以呼叫该人员，而不必查找其电话号码。

1. 从头开始添加联系人

1）在 Outlook 主窗口的邮件选项中，单击"开始"选项卡"新建"组中的"新建项目"按钮，弹出下拉列表，选择"联系人"，如图 14-32 所示。

图 14-32　新建联系人

2）打开"联系人"窗口，输入联系人姓名，以及该联系人的其他信息，如图 14-33 所示。可以保存多个电话号码、电子邮件地址或邮寄地址。例如，在新联系人卡片上的"电子邮件"文本框中输入联系人的第一个电子邮件地址。若有其他的邮件地址，那么单击"电子邮件"旁边的下拉按钮，选择"电子邮件 2"，第一个电子邮件地址将被保存，然后在字段中输入第二个。可以添加联系人的照片，单击头像图标，在"添加联系人图片"框中找到要使用的图片，然后单击"确定"按钮。

图 14-33 "联系人"窗口

3）如果要立即创建另一个联系人，则

2. 从电子邮件添加联系人

1）在收件箱的邮件列表中，双击打开邮件窗口。

2）右击相应姓名、邮件地址，弹出快捷菜单，如图 14-34 所示，然后选择"添加到Outlook 联系人"命令。

图 14-34 打开收件箱中的邮件

3）随即打开一个添加联系人卡片，如图 14-35 所示。Outlook 将在"电子邮件"文本框中插入该联系人的电子邮件地址，并将邮件中提供的该联系人的其他相关信息分别插入相应的文本框。如果联系人与用户在同一个组织中，则此类信息可能包括其职务、部门、电话和办公室。可在其中填写所需详细信息。最后单击"保存"按钮。

图 14-35 添加联系人卡片

单击"保存并新建"按钮，这样就无需在添加每个联系人时从头开始操作一遍。新联系人信息输入完后，单击"保存并关闭"按钮。

 名师点拨

如果想要添加来自同一公司的联系人，只需单击"保存并新建"下拉按钮，然后选择"同一个公司的联系人"。

 名师点拨

如果收件人、抄送列表没有显示出来，那么单击"更多"按钮，将显示收件人、抄送列表，如图 14-36 所示。

图 14-36 收件人、抄送列表

双击需要添加到联系人中的邮件地址，打开收件人卡片，如图 14-37 所示，单击"添加"按钮。显示图 14-35 所示的添加联系人卡片，填写相关信息，最后单击"保存"按钮。

图 14-37 收件人卡片

14.3.2　创建联系人组

创建联系人组后，用户可以向某个联系人组中的所有人员发送电子邮件。这样，在每次向他们发信时，就不需要添加每个姓名，只需添加联系人组。创建联系人组的方法如下。

1）在 Outlook 主窗口的邮件选项中，单击"开始"选项卡"新建"组中的"新建项目"按钮，在下拉列表中选择"其他项目"中的"联系人组"，如图 14-38 所示。

图 14-38　"联系人组"选项

2）打开"联系人组"窗口，在"名称"文本框中输入该组的名称，如图 14-39 所示。

图 14-39　"联系人组"窗口

3）在"联系人组"选项卡中单击"添加成员"按钮，显示下拉列表，如图 14-40 所示，然后从通讯簿或联系人列表添加联系人。这里选择"来自 Outlook 联系人"。

图 14-40　"添加成员"下拉列表

名师点拨

若要添加的联系人不在通讯簿或联系人列表中，则选择"新建电子邮件联系人"。

4）显示"选择成员：联系人"对话框，在联系人列表框中选中需要添加的联系人，单击"成员"按钮，如图 14-41 所示；如果要添加多个联系人，则重复上面的操作步骤。把所有联系人添加完成后，单击"确定"按钮，关闭本对话框。

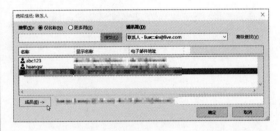

图 14-41　"选择成员：联系人"对话框

5）在"联系人组"窗口中可以看到添加到组中的成员，如图 14-42 所示，可以继续添加成员或删除成员。最后单击"保存并关闭"按钮，关闭"联系人组"窗口。

图 14-42　"联系人组"窗口中的组

14.3.3　将人员添加到联系人组

若要将人员添加到已有的联系人组中，执行下列操作。

1）在导航窗格底部的导航栏中，单击"联系人"图标👥，如图14-43所示，以查看联系人。

图14-43　在导航栏上单击"联系人"图标

2）切换到"联系人"视图，在"我的联系人"下单击"联系人"。例如，单击"软件开发组"，如图14-44所示。

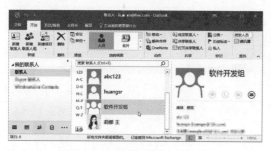

图14-44　"我的联系人"列表

3）双击要向其添加成员的联系人组。例如，双击"软件开发组"。显示"联系人组"窗口，如图14-45所示。单击"添加成员"按钮，然后选择要从中添加联系人的列表。例如，选择"从Outlook联系人"。

图14-45　"联系人组"窗口

4）显示"选择成员：联系人"对话框，如图14-46所示，在"搜索"文本框中输入姓名。双击该姓名以将其添加到"成员"列表框中，然后单击"确定"按钮，关闭"选择成员：联系人"对话框。

图14-46　"选择成员：联系人"对话框

5）返回到图14-45所示的"联系人组"窗口，如果不再添加成员，单击"联系人组"选项卡中的"保存并关闭"按钮，关闭"联系人组"窗口，返回到图14-44所示的"我的联系人"列表。

14.4　高手速成——使用日历

使用日历可以安排约会、安排会议、设置提醒等。

14.4.1　安排约会

约会是在日历中计划的活动，不涉及邀请其他人或保留资源。通过将每个约会指定为忙、闲、暂定或外出，可以让其他 Outlook 用户知道自己的空闲状况。

1. 创建约会

1）在导航窗格底部的导航栏中单击"日历"图标，显示日历内容，如图 14-47 所示。

图 14-47　显示"日历"

2）在"开始"选项卡的"新建"组中，单击"新建约会"按钮。或者按〈Ctrl+Shift+A〉组合键。

3）打开"约会"窗口，在"主题"文本框中输入说明文字。在"地点"文本框中输入地点。再输入会议开始和结束时间，如图 14-48 所示。

图 14-48　"约会"窗口

 名师点拨

在"开始时间"和"结束时间"框中可以输入特定的字词和短语，而不是日期。例如，可以输入"今天""明天""元旦""从明天开始的两周""元旦前的三天"，以及大多数节假日名称。

2. 查看约会

"日历"显示当天的约会和会议。若要查看日程安排，可采用下面的方法。

4）若要向他人表明在此期间的空闲状况，则在"约会"选项卡的"选项"组中单击"显示为"下拉按钮，然后选择"闲""在其他地方工作""暂定""忙"或"外出"。

5）若要使约会成为定期约会，则在"约会"选项卡的"选项"组中，单击"重复周期"按钮。然后设置约会重复发生的频率（"按天""按周""按月""按年"），最后单击"确定"按钮。

名师点拨

向约会中添加约会周期后，"约会"选项卡的名称将更改为"约会系列"。

6）默认情况下，在约会开始前 15 分钟就会显示提醒。若要更改提醒的显示时间，在"约会"选项卡的"选项"组中，单击"提醒"下拉按钮，然后选择新的提醒时间。若要关闭提醒，则选择"无"。

7）在"约会"选项卡的"动作"组中，单击"保存并关闭"按钮，关闭"约会"窗口。

 名师点拨

双击日历网格上的任意空白区域即可创建新的约会。

1）在导航窗格底部的导航栏中，单击"日历"图标，即可弹出日历。日历有多种显示方式，在"开始"选项卡的"排列"组中，单击"天""工作周""周""月"或"日程安排视图"按钮，即可显示相应形式的日历。默认按"月"显示日历，如图14-49所示。可以看到所创建约会的日期与其他日期的显示不同，在导航窗格中，用粗体显示日期，而在内容窗格中，则带有一个小箭头。

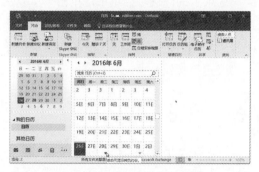

图 14-49 按"月"显示日历

2）若要查看其他日期，则从自己的日程安排旁边的月视图中选择一个日期。

如果所需的日历不是默认日历，则从导航窗格中"我的日历"部分选择所需日历。如果当前月份中没有要查找的日期，则使用月份名旁边的"上月"按钮◀和"下月"按钮▶转到所需的月份。

若要查看某个项目的详细信息或对其进行更改，则单击该项目，例如，单击28E。

3. 更改约会

1）打开要更改的约会。在"天""周"或"日程安排视图"中，双击要更改或创建的日期。

2）打开"约会"窗口，如图14-48所示，更改想要更改的选项，如主题、地点和

3）切换到按"天"显示该天的日程详细信息，如图14-50所示。在"排列"组中，单击"月"按钮可以切换到图14-49所示的按"月"显示日历。

图 14-50 按"天"显示日历

当到约会的提醒时间或约会的时间过期时，Outlook会自动弹出约会提醒，如图14-51所示，此时可以单击"消除"按钮关闭提醒；也可以单击"暂停"按钮，让系统在一定的时间段后再次提醒。

图 14-51 约会提醒

时间。

3）在"约会"选项卡上，更改所需的选项。

4）修改完成后，在"约会"选项卡的"动作"组中，单击"保存并关闭"按钮。

 名师点拨

在"日历"中，可将约会拖动到不同的日期，例如，在图14-50所示的按"天"显示的月历中，把约会内容拖动到导航窗格中的某个日期。还可以对主题进行编辑，例如，在图14-50所示的按"天"显示的月历中，单击说明文字，然后更改内容。

4．将现有约会设置为定期约会

1）打开要设置为定期约会的约会。

2）在"约会"选项卡上的"选项"组中，单击"重复周期"按钮，如图 14-52所示。

图 14-52　设置定期约会

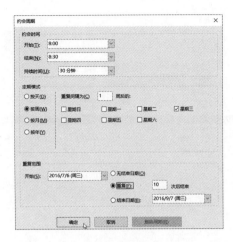

图 14-53　"约会周期"卡片

3）显示"约会周期"卡片，如图 14-53所示，单击希望约会定期进行的频率，"每天""每周""每月"或"每年"，然后选择频率的其他选项。

4）在"约会系列"选项卡的"动作"组中，单击"保存并关闭"按钮，如图 14-54所示，关闭当前"约会系列"窗口。

图 14-54　保存并关闭

5．添加约会标签

可以根据约会类别的不同，为约会添加不同的标签。

1）单击"视图"选项卡，在"当前视图"组中，单击"更改视图"按钮，在下拉列表中选择"列表"，如图 14-55 所示。

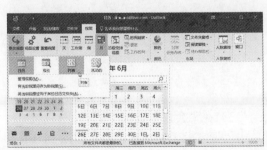

图 14-55　更改视图

2）约会将以列表形式显示，如图 14-56所示。在"视图"选项卡的"排列"组中，

单击"添加列"按钮。

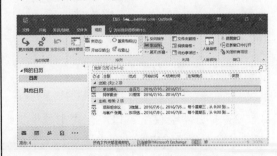

图 14-56　约会以列表形式显示

3）显示"显示列"对话框，在"可用列"列表框中选择"标签"选项，如图 14-57所示，单击"添加"按钮，"标签"选项将添加到"按此顺序显示这些列"列表框中，

然后单击"确定"按钮。

图 14-57 "显示列"对话框

4）约会列表中将增加"标签"列，在某个约会行的"标签"列中单击，显示如图 14-58 所示，在显示的下拉列表中选择添加的标签。

图 14-58 "标签"列

14.4.2 安排会议

1．安排和他人的会议

发送一封会议请求以确定与他人的会议时间，并跟踪哪些人接受了此请求。

1）在日历中，单击"新建会议"按钮，如图 14-59 所示。

图 14-59 新建会议

2）打开"会议"窗口，在"主题"文本框中输入会议的内容。在"地点"文本框中输入召开会议的地点。如果使用 Microsoft Exchange 账户，则单击"会议室"按钮，以检查可用性并预定会议室。在"开始时间"和"结束时间"中，选择会议的开始和结束时间。如果选中了"全天事件"复选框，表明此事件为完整的 24 小时事件，即从第一

天午夜持续到第二天午夜。在窗口下部的文本框中，输入需要与收件人分享的所有信息。用户也可以根据需要添加"附加文件"，如图 14-60 所示。

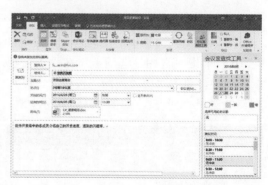

图 14-60 "会议"窗口

3）在"会议"选项卡的"显示"组中，单击"调度助手"按钮。显示如图 14-61 所示，Exchange 账户的计划助手可通过分析收件人和会议资源（例如会议室）的可用时间，帮助确定会议的最佳时间。如果未使用 Exchange 账户，则单击"安排"按钮。

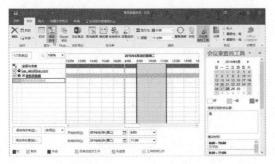

图 14-61　调度助手

单击"添加与会者"，打开"联系人"对话框，然后在"必需""可选"或"资源"文本框中输入收件人的名称、电子邮件地址或者资源名称（以分号隔开）。如果未使用 Exchange 账户，则选择"添加其他"中的"从地址簿中添加"。另外，可通过在"搜索"框中输入来搜索收件人，然后单击"转至"

按钮。单击结果列表中的姓名，然后单击"必需""可选"或"资源"。

垂直线表示会议开始时间和结束时间。可以单击并拖动到新的开始时间和结束时间线。对于 Exchange 账户，闲/忙网格显示与会者的可用性。

对于 Exchange 账户，"会议室查找工具"窗格中包含会议建议的最佳时间，即当大多数与会者空闲时。若要选择会议时间，单击"建议时间"中的"会议室查找工具"窗格中的时间建议，或在忙/闲网格上选择时间。

4）添加与会者后，要切换回会议请求，在"会议"选项卡的"显示"组中，单击"约会"按钮。

5）除非用户希望此为定期会议，否则单击"发送"按钮。

2. 查看、修改会议

1）在日历▦中，在"开始"选项卡的"排列"组中，单击"工作周""周"等按钮，显示安排会议的日期，如图 14-62 所示。

图 14-62　显示会议安排的日期

2）在日历中单击会议安排，在右侧窗格中将显示会议安排，如图 14-63 所示。

图 14-63　显示会议安排

3）在"会议"选项卡中，可以对会议内容进行修改。在"动作"组中单击"打开"按钮，将打开"会议"窗口，如图 14-64 所示。例如，要安排会议定期重复，单击"重复周期"按钮。

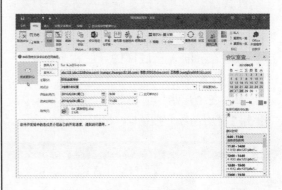

图 14-64　"会议"窗口

4）单击"发送更新"按钮，发送会议请求。

14.4.3 设置或删除提醒

可以为不同的项目设置不同的提醒，如电子邮件提醒、会议提醒和约会提醒。

1. 日历约会和会议

（1）对于现有的约会或会议

1）在导航窗格底部的导航栏上，单击"日历"图标。

2）打开已有的某个约会或会议。

如果打开定期项目中显示的约会或会议，则执行下列操作之一。

- 要设置一系列的约会或会议的提醒，则选择此实例，然后单击"确定"按钮。
- 要设置一系列的所有约会或会议提醒，则选择整个序列，然后单击"确定"按钮。

3）在"约会"（或"约会系列"）或"会议"（或"会议序列"）选项卡上的"选项"组中单击"提醒"下拉按钮，然后选择提醒时间，如图 14-65 所示。要关闭提醒，则选择"无"。

图 14-65 设置提醒时间

名师点拨

对于全天事件，默认提醒时间为提前 18 个小时。虽然无法更改创建的所有全天事件的默认值，但是可以更改每个约会的提醒时间。

（2）对于所有新约会或会议

1）在导航窗格底部的导航栏上，单击"日历"图标。

2）在"开始"选项卡的"排列"组中，单击"日历选项"按钮<span></span>，如图 14-66 所示。

图 14-66 日历

3）打开"Outlook 选项"对话框，如图 14-67 所示，要打开或关闭所有的新约会或会议的默认提醒，在"日历选项"下选中或清除"默认提醒"复选框。如果选中此复选框，输入希望在约会或会议之前多长时间显示提醒。

图 14-67 "Outlook 选项"对话框

为某封电子邮件添加标记后，"任务"
的"待办事项"列表中和"任务"视图上会
显示该邮件。但如果删除邮件，则该邮件将
从"任务"的"待办事项"列表和"任务"
视图中消失。为邮件添加标记并不会创建单

独的任务。

如上所述，从邮件创建任务时，新的单
独任务独立于该邮件。即使删除原始邮件，
任务仍然可用，包括复制的邮件内容。

2. 电子邮件

1）在导航窗格中底部的导航栏上，单
击"邮件"图标。

2）打开需要设置标志的一个电子邮件。

3）在"开始"选项卡的"标记"组中，
单击"后续标志"按钮，显示下拉列表，选
择"添加提醒"，如图 14-68 所示。

4）显示"自定义"对话框，如图 14-69
所示，选中或清除"提醒"复选框。如果选
中此复选框，输入显示提醒的日期和时间，
单击"确定"按钮。

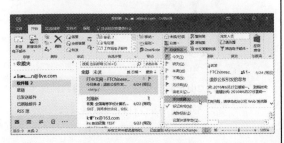

图 14-68 添加标志

图 14-69 "自定义"对话框

> 名师点拨
>
> 使用提醒可以快速将电子邮件标记
> 为待办事项。右击邮件列表中的"标记状
> 态"列。或者，如果已有邮件打开，那么
> 在"邮件"选项卡的"标记"组中，单击
> "后续标志"按钮，然后选择"添加提醒"。

推 荐 阅 读

Excel 2016 办公应用从入门到精通

书号：978-7-111-53870-7

定价：65.00

Office 2016 商务办公应用从入门到精通

书号：978-7-111-52274-4

定价：79.00（含 1DVD）

PowerPoint 2016 幻灯片设计从入门到精通

书号：978-7-111-54427-2

定价：55.00

Word/Excel/PowerPoint 2016 办公应用从入门到精通

书号：978-7-111-55273-4

定价：65.00

Word/Excel 2016 办公应用从入门到精通

书号：978-7-111-54748-8

定价：65.00